大灾害时代：
日本三大地震启示录

［日］五百旗头真 著
［日］秋原雅人 杨 晶 王怡玲 译

南京大学出版社

DAISAIGAI NO JIDAI: SANDAI SHINSAI KARA KANGAERU
by Makoto Iokibe
© 2023 by Kaoru Iokibe
Originally published in 2023 by Iwanami Shoten, Publishers, Tokyo.
This simplified Chinese edition published in 2025
by Nanjing University Press Co., Ltd., Jiangsu
by arrangement with Iwanami Shoten, Publishers, Tokyo

江苏省版权局著作权合同登记　图字：10-2024-446 号

图书在版编目(CIP)数据

大灾害时代：日本三大地震启示录/(日)五百旗头真著；(日)秋原雅人，杨晶，王怡玲译. --南京：南京大学出版社，2025.6. --ISBN 978-7-305-29261-3

Ⅰ.P316.313

中国国家版本馆 CIP 数据核字第 2025RT4614 号

出版发行	南京大学出版社
社　　址	南京市汉口路 22 号　　邮　编　210093
书　　名	DA ZAIHAI SHIDAI: RIBEN SAN DA DIZHEN QISHILU 大灾害时代：日本三大地震启示录
著　　者	〔日〕五百旗头真
译　　者	〔日〕秋原雅人　杨　晶　王怡玲
责任编辑	甘欢欢
照　　排	南京紫藤制版印务中心
印　　刷	南京玉河印刷厂
开　　本	880 毫米×1230 毫米　1/32　印张 11　字数 228 千
版　　次	2025 年 6 月第 1 版　2025 年 6 月第 1 次印刷
ISBN	978-7-305-29261-3
定　　价	76.00 元

网　　址：http://www.njupco.com
官方微博：http://weibo.com/njupco
官方微信：njupress
销售咨询热线：(025)83594756

* 版权所有，侵权必究
* 凡购买南大版图书，如有印装质量问题，请与所购图书销售部门联系调换

岩波现代文库版·序

2023 年是日本史上人员伤亡最惨重的 1923 年关东大地震百年,刊行这个文库增补版恰逢其时,令人欣慰。"大灾害时代"远未结束,要知道我们生活在受地壳变动与气象反常两面夹击,除了首都直下型地震和南海海沟地震,还有伴随地球变暖而频发风灾水患的大灾大难时代。

日本列岛的自然景观丰富秀丽,得天独厚。但与此同时,日本列岛在世界上也以自然灾害最多著称。而这两方面,是同一历史现实的产物。距今约 2300 万年前,亚洲大陆东边缘带断裂,开始了向附近海域的漂移之旅。这就是日本列岛的起源。不过,这个向附近海域的漂移被西进与北上的板块运动阻隔,于大约 1500 万年前,日本列岛几乎在当下位置折曲并停止了漂移。以每年 8—10 厘米高速前进的太平洋板块和以每年 3—5 厘米进度自南北上的菲律宾海板块,抑制了日本列岛南下,更向日本列岛之下俯冲,将列岛拱出托起,使它变成了山岳列岛。在两个板块下潜的持续挤压与逆冲作用下,日本列岛内部成了活断层的安栖之所,而且如南阿尔卑斯山的赤石岳,至今仍保持着每年隆起数毫米的造山运动。

海洋板块的沉潜不仅周期性生成沿日本海沟的东日本大地震型地震海啸，而且使日本列岛上的活断层频繁活动，接连产生直下型断层地震。另外，随着海洋板块潜入日本列岛之下裹挟大量海水，沉入地下与高温地热混成岩浆，沿日本的脊梁山脉生成火山带，火山喷发不止。

潜入西南日本地底的菲律宾海板块西端是相模海沟，它在持续向关东平原的俯冲运动中，引发了本书第一章所及1923年的关东大地震。

也许有人会质疑：为何要居住在这般危险之地？但灾害是当人们把它忘记时不请自来的非常态事件。平时，日本列岛不仅山水灵秀，还有优良渔场，是物产丰盈之地。列岛居民逾2000年来积累了与自然共生、抗避灾害的秘籍。世界银行在其东日本大地震报告中，援引釜石的中小学生从地震发生后至海啸到达的30—40分钟内全体撤离到高地逃生的例子，指出若没有多年来积累的经验，东日本大地震的伤亡必将更为惨重！[①]

明治后推行的现代化带来了技术进步，社会的灾害应变能力得到增强。本书针对的正是近现代时期，特别是1995年（平成七年）阪神淡路大地震后，日本列岛进入震灾频仍的地震活跃期。在悲惨中，日本社会前所未有地加大了防灾减灾力度。本书即该发展过程现在进行时的记录。

本书主要围绕近代日本的三大震灾展开论述。三大地震灾害，第一是1923年的关东大地震，它摧毁了日本中枢的首都圈，造成105385人遇难，人数之多创下日本历史之最。第二是1995年的阪神淡路大地震，它直捣日本第二大的京阪神都会区，造成6434人（包括灾害相关死亡）遇难。第三是2011年3月11日的东日本大地震。这场震级为9.0级、日本史上有记载的最强烈地震，给日本东北地区太平洋沿岸带来大海啸，夺走了2.2万余人的性命。不仅如此，它同时引发福岛第一核电站的凶险事故，致使周边居民失去住所，给日本社会的未来投下阴影。

本书旨在对三大地震抽丝剥茧，分别做出全面阐释。灾害，无不具有独特性，同时又是多面性的，我将留意其多样性的不同侧面，同时呈现总体样貌。

首先让人关切的是灾害的肌理性方面。究竟是怎样的地壳运动机制在撼动大地，扰动海洋呢？它给人类社会带来了哪些灾害？是单一灾害，还是复合型灾害？

但我并非自然科学家，而是关怀人文与社会的历史学家。因此，我将更多关注人与社会方面的应对，而非灾害的肌理性一面。灾害并非大自然一厢情愿强加于人类社会的，而是两者相互作用的结果。从这个观点出发，探讨社会如何防灾减灾，兹事体大。采取什么样的防范体制，其影响波及从危机管理中灾害突发时的应急，到恢复、重建的全过程。

灾害个个不同，本质上是一次性的，但从近代日本灾后社会应对及再生过程，可见其共性的模式。

以阪神淡路大地震这样的都市直下型内陆地震为例。第一阶段是以黄金72小时搜救行动为中心的紧急救援期。要在灾害中生存下来，首先以自助（自救）为原则。当丧失自助能力，例如被困在倒塌房屋下，则需要借助家人和社区之力，即互助。（阪神淡路大地震中，七八成幸存者得益于互助。）这些仍不够时，就需要等候警察、消防、自卫队等一线部队的公助了。对于地震引发的火灾的应对，则是第一时间行动的重要课题，不亚于人命救护。以上关于灾害突发后的紧急救援活动，可谓生死一线牵，基本给定了罹难者规模。

至于海啸灾害，则是非本人自救而不能的，设法逃离海啸的自助，其重要性得以凸显。靠亲友的互助解救被海啸卷走的人几乎无望。海啸连父母怀里的婴儿也会不客气地掳走。那些以一己之力爬到树上或逃上房顶的人，要等待公共机构的直升机前来救援。这是海啸灾害中的"救生"意义所在。与震灾中通过公助或互助搜救被埋受困者不同，其实质是将依靠自己从海啸中逃生的人再转移到安全地点的"自助＋公助"。

极其偶然的机会就决定了生死。这是大灾下的现实。而在极端情况下劫后余生的人们也有流不尽的泪水。佛教天台宗有"一念三千"的教义，意思是一念之中，蕴含从神佛到鬼魅、善恶不分的大千世界。在丧失秩序的极限状况下，这种哲理会成为现实。在关东大地震中身陷震害火灾涂炭的难民中，出现了杀害朝鲜人等外来族群的集体歇斯底里现象。此外，越是在极端环境下越是不畏强暴、见义勇为、可歌可泣的案例亦比比皆是。灾区是最丑陋和最光彩的世界并存不悖的地方。本书也将关注虽处悲惨的深渊却展现出熠熠闪光的人格的个案。

第二阶段是，对于失去安居之所的灾民，各级政府（日本是以基层政府为中心）提供避难场所，送水送粮以支撑当下生存。

因震害而水、电、煤气等生命线设施中断的情况下，灾民有赖于未受灾的近邻以及全国、全世界提供的生活物资。两三个月之内，通信、道路、铁路、学校、电、气、水等社会基础设施都得以突击抢修，一排排临时板房拔地而起。在大约三个月内，灾害幸存者从无隐私可言的避难所，来到虽窄小但属于自己的临时板房，并找回家——若有幸存的家人——的感觉。

第三阶段是，对永久性家居和街道重建的期盼期，在临时板房内边维持生计，边渴望私宅重建或灾害公营住宅的建设等。在灾区或其他地方自行重建私宅，1—3年可见成效，然而若是街区本身要进行土地规划或转移到高地重建，则要5—10年了。

以上全部三大震灾，都存在着围绕复兴思想的对立。即"复旧"（单纯恢复到灾前面貌）和"创造性复兴"（以灾害为契机重新打造美好家园）之间的角逐。

例如，就关东大地震而言，内务大臣后藤新平提出了创造性复兴计划——把东京改造成堪与巴黎、柏林媲美的声名赫赫的帝都（被讽喻为"狮子大开口"），这一计划招致地主阶层以及财政稳健派的强烈反对。复兴预算被大幅削减，但好歹让东京旧貌换新颜成为现代城市。对于阪神淡路大地震，灾区所在兵库县知事贝原俊民提倡创造性复兴，中央政府却表示政府开支仅限于恢复重建，而对于个人住宅等私有财产，基于自我责任论，将不投入国家财政重建。兵库县毫不气馁，在贝原知事带领下推进了几个由县基金（借款）支持的创造性复兴项目。经过这样的对立，菅直人内阁在东日本大地震之时就以内阁决议确定了创造性复兴的方针。继而，他们通过新征复兴税保证财源，对海啸高发的三陆海岸实行升级改造，推动了应对海啸的安全街区项目的打造。

本书将关注涵盖上述复兴思想演变的社会意识嬗蜕，对三大震灾中的应变与复兴展开比较研究。

在本书日文版原著完稿在即的 2016 年 4 月，发生了熊本地震。我在任神户大学教授时经历了 1995 年的阪神淡路大地震，我位于西宫市的家遭受了震级 7 级的强震的剧烈摇晃。就任防卫大学校长期间，我遭遇了 2011 年的东日本大地震，并参与了其复兴工作。而我到熊本县立大学走马上任伊始，又迎头赶上 2016 年的熊本地震。所以我被人戏称为"地震男"。

我 68 岁从防卫大学校长卸任退休后担任熊本县立大学理事长，是应熊本县知事蒲岛郁夫之邀，我们自 1977 年在哈佛大学邂逅，已有 40 余年的老交情。熊本地震主震的两天后，他打来电话要我拿出复兴计划。我们为此成立了委员会，一个月后提交报告书给出回复意见：不能只求恢复到震前旧貌，创造性地复兴、打造更完美的熊本是共同的课题。

相较阪神淡路大地震，东日本大地震的遇难人数更多、受害程度更为严重，而此时，日本的财政每况愈下。尽管如此，国民对灾区有更强的共情，支持创造性复兴这一主张，因此国民接受了增设复兴税。由于反复无常的灾害，日本累积了大量教训和应对知识，它们在新的灾害中又派上用场，继而形成了某种传承链，即阪神淡路大地震及 2004 年袭击新潟县的中越地震亲历者驰援东日本大地震，而以东松岛市为首的东日本大地震的受灾者又来支援熊本地震。

我自己亲历近年的地震，也许对本书的基调产生了影响。关东大地震的记述，完全基于历史性研究。由于我本人是阪神淡路大地震的受灾者，本书的记述融入个人体验，加之在复兴事业中，我又是震灾口述历史项目的实施负责人，所以运用了大量来自灾区和国家相关人员的一手资料。就东日本大地震而言，因出任复兴构想会议议长，我掌握了复兴计划出笼的经过，这在本书中得到了反映。

本书日文版原著，是在《每日新闻》自2012年起每月连载、历时3年8个月的文字的基础上修订而成的，并由每日新闻出版社于2016年6月以单行本出版。防灾类研究多属理工科范畴，但本书有所不同。正如山崎正和先生在《每日新闻》2016年9月4日《本周的书架》上刊发的书评所指出的，本书从人类社会历史的视角论述了地震全貌。承蒙先生美意，这个书评作为英文版前言收入，也作为本文库版前言照录。（其后，先生于2020年仙逝。在此谨致谢忱，并祈冥福。）

原著入选出版文化产业振兴财团（JPIC）英文出版项目，经密歇根大学时任日本研究中心主任筒井清辉先生推介，已由密歇根大学出版社出版发行。日本是典型的灾害国家，能让世界上众多国家分享日本的灾害体验和其积累的应变经验不无裨益，所以出版英文版值得庆幸。

另外在出英文版时，我在"东日本大地震"一章新增补了"盟友援助"一节。日美两国在"二战"后保持了同盟关系，但像东日本大地震时那样，一方有难，另一方进行军队援救的情况却是绝无仅有的。这次援助不仅规模甚大，而且为日美关系谱写了新的篇章。

随着新增"盟友援助"，我将篇幅过大的"东日本大地震"一章一分为二，重新构成以着眼海啸现场为主的第三章、讨论国家与社会应变能力的第四章。在这个意义上，本文库版是增补版，而非单纯的日文版原著再版。

我所敬爱的受业弟子罗伯特·D. 埃尔德里奇（Robert D. Eldridge）在东日本大地震时，作为海军陆战队政治军官前往仙台，极力促成日美两国的携手合作，我在"盟友援助"一节将做详述。他在本书英文版付梓时，不遗余力，发挥了堪称监译者的作用。此外，本书英文版和增补文库版出版时，青海泰司先生不吝赐教。在此向他们一并致以深深的谢意。

本文库版的出版，是岩波书店编辑部伊藤耕太郎先生全力鼓动促成的。对编辑部仓持丰先生秉承岩波传统进行的缜密把关，也致以谢忱。

我是至今仍用手写书稿的"濒危物种"那种人。就书稿的增补部分，感谢本田薰、良辅二位先生做成规整的电子文档。

于 2023 年 7 月　关东大地震百年前夕

五百旗头真

注释

① 世界银行编著，《从大灾害中学习——东日本大地震的教训》，华盛顿 DC，2012 年。

前　言

　　回顾历史，日本曾多次出现大地震频发期，即地震活跃期，有9世纪从贞观地震到仁和地震时代，16到17世纪的天正、庆长地震群，19世纪含安政地震的活跃期等，不胜枚举。而今天，莫非以阪神淡路大地震为开端，日本再次进入"大灾害时代"？作者以忧时忧国之心命意谋篇。

　　作者本人即阪神淡路大地震的受灾者，当时作为神户大学教授为复兴献计献策，现在仍担任为纪念震灾而创建的研究机构理事长。他在东日本大地震时临危受命，应政府之邀出任复兴构想会议议长，穷心尽力，在熊本地震后也因缘际会，肩负起复兴专家会议主席的大任。洞悉"大灾害时代"降临，索解其真面貌，他在这方面是无出其右的不二人选吧。

　　这部皇皇巨著的魅力，由两条线索交织构建而成。老辣历史学家史实记录缜密，对庞大的当事人证言统统附有出处，其严谨性令人钦佩。而更令读者入迷的是，作者对受灾者、获救者、复兴当事人的悲天悯人之心，以及其人物形象刻画上感召读者与其爱心共振的笔力。不幸的、善意的、勇敢的人物肖像遍布在300多页字里行间，带着各色小说无法企及的实在感呼之欲出。

　　本书第一章涉及的是战前的关东大地震，第二章是阪神淡路大地震,第三、四章(原著为第三章)是东日本大地震,如此筛选本身即反映着作者的历史观。因为以历次复兴为契机,日本的灾害复兴思想逐步蜕变,而复兴行政制度和体制上也展示了卓越的进步。

关东大地震复兴的领导者是内务大臣后藤,其理念用今天的词表达是创造性复兴,即抓住发展机遇,经过改革,把一片废墟的东京街道打造成名副其实(作为首都)的近代城市,而不是简单地恢复旧貌。众所周知,这个计划因财政的窘迫,被大刀阔斧缩减,但作者仍认为其成果不菲。后辈官僚恪尽职守、补苴罅漏,得以在相当程度上实质性地实现了理想。

进入第二章,作者自己因是受灾者,行文骤然平添了紧迫感。此处的关键词是"共助",受灾者邻里共同体的互相帮助跃然纸上。80％的幸存获救者都是共助的结果,留下了不少美谈。神户商船大学(当时)寄宿生们的搜救行动感动人心,地方政府干部关于"有节祭活动的街道有更多幸存获救者"的说法信而有征。

也许为反映这一点,复兴理念也幡然更新,虽上承创造性复兴之余绪,但其推手主体从中央政府转移到地方政府。兵库县知事贝原俊民一马当先,各地方政府首长踔厉奋斗,既有独立设立的"阪神淡路大地震复兴基金",也有其后出于同一理念兴起的许多研究机构、增添的文化设施。同时,共助精神如燎原之火,自愿服务者云集灾区,盛况空前的"志愿者元年"指的就是此时。

据我作为读者之见,第三、四章的英雄就是作者其人。虽然他落笔谨慎，但我们可以看出当时复兴构想会议纷扰不清的局面，主持会议的作者面对的是一场苦战恶斗。他面对着疲弱无力的政府和人殊意异的委员们，毫不夸张地说作者忍受着寝不安席的困苦。最终诞生的"复兴倡议"成为划时代的文件，不仅史上首次将创造性复兴作为国家目标明确记入文件，而且宣布相关支出由公费覆盖。这直接反映在法律中，包括住宅的高地迁移在内的私有财产援助也首次有了法律保障。

同时，阪神淡路大地震后16年间，复兴环境也发生了显著变化，警察、自卫队都大力升级了应急救援体制，国土交通省也做好了直面一线的必要准备。作者满怀信心地告诉我们，地方政府也增强了救灾意识，关西广域联合会、杉并区、远野市等地方政府前往援助灾区；而以三菱商事、大和运输为龙头，不少企业也在各自擅长的领域做出贡献。

然而，最见作者功力的神来之笔，还是对平凡英雄的着墨渲染。东北的自卫队中有不少队员的家属受灾，就在海啸来袭一刻，一个队员的电话里传来妻子求救的悲鸣。虽心如刀绞却恪尽职守执行搜救任务的队员，不久接到了最给力的第二通电话："我没事，你去帮助其他人吧。"作者一句"宛如天使般的声音"的抒怀，足以感发人心。

作者对人的爱心与信任，贯穿通篇，始终不动摇。他相信人类面对大灾害时代的潜能，断然拒绝嘲讽式悲观论的姿态，仿佛太古那激励并救出被幽囚之众的伟大传道者。

山崎正和

目　录

写在前面 / 1

  1　立足于"三大震灾" / 1
  2　日本人的自然观与天灾观 / 5
  3　日本列岛的地震活跃期 / 10

第一章　关东大地震 / 15

  1　海洋板块型与内陆直下型的连锁 / 15
  2　地震灾区的惨状 / 22
  3　江户时代·明历大火 / 31
  4　行政当局的地震灾害应对 / 37
  5　自警团的屠杀 / 41
  6　政治角逐中的创造性复兴 / 46

第二章　阪神淡路大地震 / 64

  1　撕裂并摧毁战后和平的直下型地震 / 64
  2　安全保障的一线部队 / 75
  3　自卫队出动 / 86
  4　生存救援与"地震带" / 98
  5　各地首长们的灾害初期应对 / 110
  6　首相官邸的初期应对 / 119

7　恢复与重建的方方面面 / 127
　　8　创造性重建的未来发展 / 134

第三章　东日本大地震1：巨大海啸的现场 / 151
　　1　海沟型大地震引发的巨大海啸 / 151
　　2　海啸频繁来袭的三陆海岸 / 164
　　3　消防队员的苦战 / 177
　　4　警察的灾害应对能力 / 182
　　5　自卫队的任务 / 188
　　6　现场主义的奋斗 / 194
　　7　地方政府间的广域支援 / 201

第四章　东日本大地震2：国家、社会的应对 / 217
　　1　日本政府的初期应对 / 217
　　2　福岛的现场 / 223
　　3　盟友援助 / 235
　　4　复兴构想会议 / 259
　　5　致力于构建安全城市 / 281

第五章　在地震的活跃期中生存 / 298
　　1　与里斯本地震的对比 / 298
　　2　灾害应对后的当下 / 305

后　　记 / 313

参考文献 / 316

译后记 / 332

写在前面

1 立足于"三大震灾"

谁承想"大地震时代"叫我们赶上。以1995年的阪神淡路大地震为标志,日本列岛的地震活动从平静期转入活跃期。16年后,2011年爆发的东日本大地震带来了复合型超级巨灾。而问题的严重性在于,你无法将它视为地震活动的终点。

我身在阪神淡路大震灾中。虽然家人都平安无事,但家宅遭遇全毁。我奉职的神户大学,包括我的研究课题组学生森涉君在内39名学生遇难。而6434名(含灾害相关死亡)遇难者尸陈阪神淡路大地的景象,完全超乎生活在战后日本的和平时代的人们的认知。受灾地疮痍满目,如此凄惨的灾害不会再来吧?不,绝对不能让它再来!我们暗暗立下誓言:必须重构更强固的免灾社会。

事实上,神户并非奇特突出的例外。它宣告着"大地震时代"的到来。

那之后,与格言所说"你忘记时灾害就来了"截然相反,灾害让人应接不暇,来不及忘记它。仅从地震来看,神户的大城市直下型地震之后,经过2000年的鸟取县西部地震(7.3级),2004年中山间地区(即丘陵地区)的新潟县中越地震(6.8级),然后是2008年岩手宫城内陆地震(7.2级)变着法、换着角度轮番轰炸,终至2011年东日本大地震海啸袭击了整个列岛。

表 0-1 近年来袭击日本的大地震

年 月 日	地震名称	震级(M)
1995年1月17日	阪神淡路大地震	7.3
2000年10月6日	鸟取县西部地震	7.3
2001年3月24日	芸予地震	6.7
2004年10月23日	新潟县中越地震	6.8
2005年3月20日	福冈县西方海域地震	7.0
2007年3月25日	能登半岛地震	6.9
2007年7月16日	新潟县中越海域地震	6.8
2008年6月14日	岩手宫城内陆地震	7.2
2011年3月11日	东日本大地震	9.0
2016年4月16日	熊本地震	7.3

出处:据自然科学研究机构国立天文台编《理科年表(2017年版)》(丸善出版,2016年)等资料制作。

需要留意三点。

第一,从过去的灾害中汲取教训是必要的,但不能只囿于眼前的重大灾害,被它牵着鼻子走。

与嘲讽"将军打仗的经验之谈或外交官谈判的套路"一样,大自然也不会按规矩出牌,往往乘机发动新的奇袭。若是生搬硬套认死理,很容易成为其饵食。要建立稳固的认知立场,需要三脚架。至少需要剖析三个主要案例,得到整体性认识。

这是本书以近代日本有代表性的三大地震——关东大地震、阪神淡路大地震、东日本大地震为研究对象的理由所在。我希望通过研析这三大地震灾害，为列岛将发生的大量地震做好知识储备。

此外，也不能忘记天正十三年（1586年）那类内陆大地震。这次大地震中，因为泥石流，归云城下整条街化为乌有。不仅如此，面向日本海的高冈城、太平洋一侧木曾川河口的长岛城，以及琵琶湖畔的长滨城也坍塌了。①一般认为这是以飞驒为中心的几个活断层联动的结果，今后也必须考虑到大裂谷带或中央构造线级别的内陆大断层走滑。

第二，大自然在天灾分配上并非平均主义者。

战后美苏对决的冷战时期没有大动干戈就告终，甚至被评为"长和平"［美国历史家约翰·刘易斯·加迪斯（John Lewis Gaddis）语］。这个时期的日本忌避战争，主观上有鉴于宪法第9条的大义，客观上则由于日美安全体制和冷战的胶着状况，享受了史上罕见的和平。不可思议的是大自然也肯帮忙，冷战时期也是日本列岛的地震平静期。然而冷战结束后，充满动荡、危机四伏的时代开始了，以1995年的阪神淡路大地震为契机，日本的大地开启了躁动的时代。平静期与活跃期的交替出现是大地的生理周期。

第三，始于神户的地震活跃期，是否以东日本大地震收官是个大问题。在那之后，不仅东日本大地震的广大区域及其周边余震频发，而且这片大地的强震动产生的巨大能量可能向远距离区域传导，从而诱发各地的断层或火山运动的作用，这令人忧心忡忡。

关于地震发生机制的研究，近年有迅猛发展，但关于地震的科学数据积累还很薄弱，作为一门新学问才刚刚上路。大地底下发生的事儿终究令人难以捉摸。

日本列岛是四大板块（欧亚大陆板块、北美板块、太平洋板块、菲律宾海板块）盘根错节之所在，是板块之间相互挤压而浮出水面的岛屿。如果单纯模型化，太平洋板块以每年10厘米的高速向东日本的北美板块之下俯冲。其接触面有平滑滑移部分和粘连滑动部分。当后者被拉伸到极限，难以承受时，就会发生剧烈跳动，形成海洋板块型地震并引发海啸。

日本列岛，尤其关东地区是四个板块错综复杂地交集之地，也许其多元联立方程不得解，不少事件也是事发后才被认知的。

话虽如此，地震研究的发展令人瞠目。地球物理学的动力机制研究、计算机模拟建模，加之钻探调查的地层分析、通过地下和海底设置测量仪器对大地运动的更精准测定，以及参考历史文献的研究，这些手段使经年灾害的实像得以还原，对新一轮可能发生事态的预估，与十年、二十年前不可同日而语。

引用身边的一个案例：1923年的关东大地震曾被看成一场大地震，但中央防灾会议的研究项目对近年研究成果再评估的结果表明，这是在六七分钟之间接连发生的三个地震所造成的灾害。甚至9世纪的贞观地震，也逐渐被纳入我们的认知射程。

未来并不比过去有数据可凭依。但是切中肯綮地分析过去，会成为预测未来更坚实的基础。为鉴往知来计，我将回顾关于日本列岛我们所知的地震活跃期。

我不是地震学者，而是历史学家，是政治学者。我将更多地述及日本人及日本社会应对地震的历史，而非地震的机制。

受近代三大地震袭击的当地人，身陷怎样的悲惨处境？对灾害理应迅速反应的一线部队，以及国家与社会是如何应对的？其时的政府能力如何？关于恢复和复兴，那个时代哪种思想占据主导地位？是否开展了创造性复兴？我们希望通过这些考察，探究活在大灾害时代的我们的共同命运，思考其中的列岛居民如何超越悲惨活得更好。

2　日本人的自然观与天灾观

进入近代大灾的分题专论之前，我想在这里先关注一点，即日本列岛的居民们是如何与自然灾害，不，与自然本身相生相长的。

人类经历了漫长的农耕生活，农耕即人类对自然的活用。水果谷物交给自然照样成熟，但人类可以提高效率，人类可密植、引水灌溉、改良品种，稳定地收获更多粮食。这个道理不分东西。不过，从人类对待自然的态度，可以看出东西方相差很远。

石材建筑的西洋住房，将自然拒之门外。他们隔绝、规避、压制、支配自然。当然西方人也热爱自然，并把它融入庭园或城市环境中，但基本上不喜欢自然支配人类。自然对人类的文明社会有所裨益，但西方文明是根据其需要来裁处自然的。

日本文明则不然。自古以来，日本人就在大自然赋予春夏秋冬的丰饶怀抱中得到滋养。自然不是应对峙的敌人。日本的传统房屋就是不隔绝外部空气来呼吸的。我们用木材、草皮和土坯建房。日本列岛居民是敬畏自然、与自然共生的。

我任防卫大学校长时,试乘过F-15喷气式战斗机和滑翔机,感受到了类似的对比。F-15撕裂大气,逆重力(G)成锐角急速上升。滑翔机则不同。被放飞升空的滑翔机没有动力,竟意外地长时间飘浮。飞行员说:"右前方有缓慢的上升气流旋涡。"我定睛凝神,却什么也看不见。他能感知到最细微的气流变化,并顺势而为,使自己长时间飞行。古往今来,日本列岛居民的生活方式,无非也是如此吧。

大自然时而会露出狰狞面目,极尽暴虐之能事。人们是怎么与之周旋的呢?猛者莫能与之争。唯有缩颈躬背,耐着性子等待风暴过去。幸好天灾撑不了多久,是短暂的。台风一过,海啸一过,翌日清晨照样槌声欢快,在同一块土地上,再建同样的木材、草皮和土坯房,就为享受丰饶的自然滋养。这难道不是列岛居民对付天灾的基本姿态吗?

在民众层面,尽管这种对自然与天灾的姿态是本然的,但国家与社会在应对时却不能随便敷衍。我曾读过一篇文章,说在海啸中失去父母兄弟幸存的女孩,冲着平静的大海高喊:"海和尚,你这妖魔!海,你这浑蛋!"这种痛切的民声表明,即便当时无以马上应对,这种问题也是国家与政治不能漠然置之的。因为大自然的暴虐迟早会重演,悲惨越是反复,当局的责任越重。

民众与政府之间,即使实际没有签字仪式也存在契约关系。民众赋予政府巨大的特权,只要政府仍在保护国民的安全、增进福利,民众就允许他们排他垄断性地拥有征税权和军事力量。假如政府持续背离人民的安全与福利,便丧失了统治的合法性。

忍耐的程度因国家和时代不同而不同,这是放之四海而皆准的原理。不仅因为有约翰·洛克(John Locke)等人的社会契约论,东方的易姓革命论亦然。倘若权力不能保护人民免受外敌和天灾,农民弃田而流民化,那就说明天命要变革了。

农耕社会必须保护农田和农民免遭天灾,需要治水和灌溉。在日本,农耕在弥生时代正式开始,那时可见各地小国分立。最初,人们通过蓄水池引水灌溉,以期农村共同体收获稳定高产。由于引进青铜器和铁器技术,社会的能力得到提高。伴随农耕规模的扩大,在河上筑坝对水利和治水显然更有效,这催生了更强大的政权的建立。

治山治水的能力,不仅关乎民众的经济生存,也是权力合法性的重要因素。8世纪前半叶,僧人行基[1]在各地筑堤建桥、增进民众福利,政府开始修筑像天龙川那样的大河的堤坝。那时的贤帝圣武天皇信守儒家和佛教思想,把各种天灾和瘟疫理解为上天对统治者的警告和惩罚,以紧急救援、减税、恩赦等善政应对,为此付出了艰苦卓绝的努力。[2]

在战国时代实力雄厚的诸侯中也出现了为治水技术带来飞

---

[1] 行基(668—749),奈良时代高僧。和泉人,俗姓高志。24岁受戒,改名行基,学法相宗;巡游诸国布教、教化民众,并架桥、筑堤,被称为行基菩萨。743年应圣武天皇之请协助建造东大寺大佛;745年被赐封为最初的日本佛教界最高位"大僧正";749年在营造大佛时于喜光寺圆寂。(本书脚注均为译者注。)

跃的人物。例如仙台藩伊达政宗[1]，此次东日本大地震中重新聚焦于用他的名字命名的贞山渠。

1611年的庆长三陆地震海啸，地震虽不大，海啸却相当凶险，仅仙台伊达藩就有1783人丧生，以三陆海岸为中心，南部藩和津轻藩有3000人以上的受害者。东日本大地震以后，研究者开始重新评估庆长三陆地震海啸的巨大冲击。

鉴于灾情严重，才思敏捷的实力派诸侯伊达政宗投入全力改造北上川、开凿运河。冠以他名字的贞山渠，就是他亲自谋划，由后世建设完成，连接北上川和阿武隈川海岸沙丘内陆侧的水渠。它既是肩负运输粮食等重任的经济动脉，同时也是致力于海啸减灾的国土保护事业。事实上，1611年的庆长三陆地震海啸后汲取教训建成贞山渠以来，直到2011年东日本大地震前的400年间，没发生过超越沙丘和贞山渠的海啸。

在西国，有加藤清正在肥后治水上大展宏图。以阿苏山为源头的白川自古就是一条不被驯服的河流，涨水期只能让南熊本的低洼地形成溢洪湖来保护街市。清正采用修筑熊本城石墙的技术来加固白川堤防，同时通过分水工程将坪井川引入护城河，确保白川治水无误。这样，船只可从海上驶入熊本城的护城河，再将南熊本的低洼地变成粮仓地带，加上其他新田开垦，据

---

[1] 伊达政宗(1567—1636)，伊达氏第十七代家督，安土桃山时代奥羽地方著名武将，江户时代仙台藩始祖。幼年因患天花右眼失明，故人称"独眼龙政宗"。继位后先后消灭畠山、芦名氏，势力遍及整个会津及奥州；后对丰臣秀吉称臣出征朝鲜；关原合战中加入德川阵营；战后成为仙台藩主；1636年在江户去世。

信,肥后的实收从54万石跃升至73万石。这是一项提升安全性、收成,促进水运,几近国家改造的治水工程。

但是若论超大规模治水工程的国土改造,还得说始于德川家康的江户幕府的关东大改造。这一工程浩大,将流入江户湾动辄泛滥的利根川东迁至遥远的铫子入海,把江户湾周边的低湿地改成水田与居住地。

实力派的战国诸侯不仅会打仗。获取战争胜利的外交自不待言,但如果不能经营好领国的经济社会,是无法在漫长的战国时代坚持到最后的。战国日本的再统一,正是织田信长、丰臣秀吉这些国家改造和国家经营的天才以近畿地区为轴心全力推进的。在这个过程中,因为近畿地区的城堡和城市建设消耗了大量木材,所以自然资源被销蚀,山林疲惫不堪。家康及其继承者们不是在逾越千年营造的都城所在地,而是通过一大土木工程,将环绕江户湾未开垦的关东平原变成可用资源,打造出一个新的日本中心。

农耕社会需要的治山治水,促使政治权力扩大和强化,而权力则从农耕社会获得稳定的粮食供给,以此为经济社会的根基,德川幕府维持了250年的长期和平。德川幕藩体制无疑是农耕社会的政治性完结形态,即使花再大力气治山治水、开垦新田,日本列岛总体能养活的人口充其量就是3000万出头,这是不争的事实。可以说这是稻米本位制的农耕社会本身的局限性。

如此看来,为维持农耕社会的发展,国家和社会自古以来就竭力治水和灌溉,面对灾害的脆弱性也相应得到了改善。

话虽如此,有权有势的人姑且不论,对于朝不保夕的广大民众而言,不可能因为台风、地震、海啸毁了家就迁居到安全的地方,或再填筑地面,重建一所结实的大宅。除了在同一块土地上重建同样的家园,别无他途。加之,治山治水的技术能力虽说在不断发展,但总体来说仍是有限,而对在"忘记时"来袭的天灾,公权力很难更多地投入捉襟见肘的财力。

在这个意义上,更规范的治水要等到近代的技术革命发生之时。

3　日本列岛的地震活跃期

离开亚洲大陆的岛屿在当下位置构成日本列岛,是在约1500万年前,这个列岛的居民留下绳文土器始于公元前13000年左右。日本人留下文字记录要一直等到六七世纪前后,而现存的《理科年表》③频频记下地震的发生,则是8世纪到9世纪以后才开始的。识字阶层遍布全国各地之前,即使发生地震也不会留下记录。此处概观一下自有记录以来约1300年间的主要地震活跃期。

[1] 贞观、仁和时期——863—887年(24年间)

主要是869年的三陆贞观地震海啸和887年南海海沟发生的仁和地震海啸。作为前震,有863年的越中越后地震、868年据信为山崎断层引发的播磨地震以及864年的富士山喷发。典型的大灾四分之一世纪。

869年的贞观地震与此次东日本大地震相似,在东北地区引发了大海啸。所以，贞观地震情节备受当今专家的关注。此后，日本各地的断层滑动，连当时的都城京都也发生了地震。18年后的887年，发生了南海、东南海联动的南海海沟地震，即仁和大地震海啸，至此可视为活跃期的结束。几乎没有专家认为这次的东日本大地震标志着活跃期已过巅峰。日本列岛仍积蓄着生成地震的扭曲，除了在各地引发内陆地震之外，二三十年内或将带来南海海沟地震海啸，这令人惴惴不安。

［2］天正、庆长时期——1586—1611年（25年间）

战国时代的天正、庆长年间是地震的一大活跃期。仅仅25年间就有4次历史性大地震袭击了日本列岛。

（1）1586年以飞驒地区为中心的内陆天正大地震。由于巨大的山崩，归云城和城下町整个街市从世上消失。地震巨大，靠日本海的高冈城、太平洋一侧的长岛城以及琵琶湖畔的长滨城也被毁。

（2）10年后的1596年，孕育巨大断层的中央构造线两侧相继发生大地震。首先在最西部发生了庆长丰后地震，别府湾岸的高崎山崩塌掉一半，瓜生岛沉入海中。

翌日，西侧的有马-高规构造线滑移，发生了致使秀吉伏见城坍塌的庆长伏见地震。

（3）9年后的1605年，发生似从东海到九州联动的巨大南海海沟庆长地震海啸。

（4）进而6年后的1611年，庆长三陆地震海啸袭来，造成从三陆到北海道的巨大灾害。这是距2011年的东日本大地震整

写在前面　11

400年前发生的巨大海啸。

这些灾害相继袭来。在战国时代、幕末时期、20世纪的两次世界大战等政治社会动荡期,大自然也来凑热闹,地震活跃期频繁肆虐。

[3] 元禄、宝永时期——1700—1715年(15年间)

这一活跃期以1703年相模海沟引起的元禄关东地震和1707年看似由南海海沟一次性滑动引发的宝永地震海啸为中心。两者都是相模海沟、南海海沟的最大规模的地震海啸,其前后内陆各地地震频发,富士山喷发也很剧烈。

值得一提的是,琉球海沟深嵌冲绳列岛的东侧,其危险程度仅次于日本海沟和南海海沟,定期引起地震海啸。特别是1771年的明和大海啸,袭击了八重山、宫古诸岛。推测高达40米的海啸袭击了石垣岛,相当于今天石垣市的村落和居民全部化为乌有。逆流而上的海啸越过85米高的鞍部流入岛背面的平原。虽然如此的超级海啸属于例外,但冲绳本岛等沿海有大量人口居住的低地,应保持高度警惕。

[4] 安政时期——1854—1859年(5年间)

1854年12月23日,安政东海地震(8.4级)摇撼了关东到东海地区,大海啸袭击了房总到伊势湾周边。死亡人数估计为2000—3000人,停在下田湾的普查丁(Putyatin)率领的俄罗斯"狄安娜"号(Diāna)也遇难了。经过短暂的喘息,在32小时后,南海地震(8.4级)联动,摇撼了以近畿为中心的中部到四国地区。海啸在串本高达15米,也扑向纪伊半岛和四国沿岸,导致数千人死亡。

安政的南海海沟地震,不似东日本大地震广域断裂面一下子滑动,不是只动一部分,而是有一天多时差,几乎全面联动。不是一个主震、其他为余震的关系,而是推测两个均为8.4级的强震。东海的骏河海沟也在此时滑走,此后至今160年间未动。即使在"二战"晚期的1944年和1946年,南海海沟时隔两年滑移时,骏河海沟也没有动静。为此,从20世纪70年代起这里就被视为"何时震动都不奇怪"的地区,静冈县还破例推行了事前应对。

安政地震海啸的前后,日本各地爆发了内陆地震。次年1855年11月11日,以江户湾北部荒川河口一带为震源的江户安政地震(6.9级)袭击了日本的中枢,还引发了火灾,深川、本所等东部地区约7000人死亡。继而1856年8月,大型台风袭击了关东地区,暴风雨和风暴潮使东部沿岸被水淹,损失惨重。

近年来,因温室效应,强台风在本土频繁登陆,防灾相关人员不禁回想起安政时期的南海海沟地震海啸、江户直下逆断层地震和巨型台风的相继来袭,这些历史信息令人不寒而栗。今天何止是"大震灾时代",可以说是"大灾害时代"。

在以上历史性的地震活跃期中,似乎也应列入近代从大正到昭和时期的25年间(1923年的关东大地震、1933年的昭和三陆海啸、1944年和1946年以两年之差发生的南海海沟东西两侧海啸,直到1948年的福井地震)。不过,也有专家认为它不是像其他活跃期那样规整的地壳变动期。

相对而言,今天的平成时期是不亚于史上各种先例的大活跃期,对此有异议的人恐怕不多吧。

[5] 平成、令和时期——1995—

始于1995年的阪神淡路大地震,经过鸟取地震、中越地震、岩手宫城的内陆地震,到2011年引发了史上空前的太平洋板块地震海啸的东日本大地震。之后,伴随各地的地震、火山喷发,2016年熊本地震发生了。令人担心的是,再过二三十年,这一系列的地震会最终导致南海海沟地震。

注释

① 寒川旭,《地震的日本史——大地在说些什么(增补版)》,中公新书,2011年。

② 森本公诚,《圣武天皇:责任全在我一人》,讲谈社,2010年。

③ 自然科学研究机构国立天文台编,《理科年表(2017年版)》,丸善出版,2016年。

第一章

关东大地震

1 海洋板块型与内陆直下型的连锁

地震发生机制

诸位读者,您可曾有过地震的亲身经历?若是日本人,几乎都知道大地是会震动的。不过,大多数人恐怕只知道震级在5级以下的"普通地震"吧。

多数人知道的"普通地震",有如下表现:

嘎嗒嘎嗒、轰隆轰隆,前震开始。也许是地震?人们心中先是一怔,并掂量着地震的来头有多大。前震时间的长短与到震中的距离成正比。这就是弹性抖动传播速度快的所谓 P 波(纵波)的地震通报。猝然间,发生强烈的主震。S 波(横波)到达。震度[①]在三四级时人们尚能镇定自若,心想震得够意思。倘若震度超过5级,人们就会大惊失色。危险!架子上的东西要往下掉,得赶快躲到桌下。正准备屈膝钻桌子时,地震也扬长而去。仿佛大地魔神留下话——别小瞧了大自然,知道就好!

大多数的普通地震懂得有所节制,只是向人们发出警告敲打敲打,并没有动真格的。

然而在关东地区经历过2011年"3·11"(3月11日)大地震的人,想必都见识了与上述标准型大不相同的境况吧。

我本人当时在市谷的防卫省开完会,在高速公路上跑了一个多小时,回到横须贺位于小原台的防卫大学校长室后不久,缓慢悠长的前震开始了。我意识到距离震中虽远,但可能是大地震。而后,相当大的震动来了。至此仍在"普通地震"范畴内。可是在一般情况下该离开的时间,铺天盖地的剧烈摇晃开始了。电灯电视全灭了!好家伙,太厉害啦!那是从未经历过的大地震。

太平洋板块以每年8—10厘米的高速,向擎起日本列岛的北美大陆板块之下俯冲。"3·11"大地震是从宫城海域130公里、地下24公里的板块接触面开始的断裂,它向南北连锁引起从岩手海域到福岛海域,南北500公里、东西200公里各处的大断裂。震级为9.0级,是日本列岛周边有记载的史上最强的一次地震。

海洋板块型大地震,通常引发板块层面的复数断裂,而不是一条断裂带。拿1995年袭击阪神淡路的"1·17"(1月17日)地震做比较更浅显易懂。地震是从淡路岛北部迪六甲山南麓约40公里的断裂带滑移的直线型断裂,威力是7.3级。然而,由于是在大城市神户与阪神间至近距离(10—20公里)的直下型,地震本身造成的社会破坏力远远大于"3·11"东日本大地震。东日本大地震以最大震度达7级的震动袭击了距震源174公里的宫城县栗原市,震度为6级的震动席卷了东北三县广大区域。尽管如此,东日本大地震中约 2 万人的生命损失几乎是海啸惹的祸,而因地震晃动以致房屋倒塌造成的压死占比很小。再看阪神淡路大地震,数千人遇难,大多是因为伴随房屋倒塌的压死。即使同为震度 7 级,直下型的震动后果也大相径庭。

直下型地震,没有前述标准型的前震晃动,冷不防"哐"地从下逆冲弹起。对于置身其中的我来说,这一击的巨大冲力,犹如飞机坠落或山崩袭来砸到我家。人醒了,正摸不着头脑时,猛烈的晃动开始了。地震了!却不是我们知道的那个懂节制的地震。大地的魔神用两臂把我家一把攫住,狠命撕扯,似乎非要把这个家毁掉,把这家人赶尽杀绝才肯罢休。到底为什么!别把事做绝了啊!那是杀气腾腾的疯狂进攻。房子被扭成菱形发出哀鸣,黑暗中也能感到室内家具横飞。若不是一家四口各自睡在二楼的床上,安知这条性命还能否保全!

没有临场体验的诸位尤其难以想象的是,上下狂颠的直下型地震最初一击的骇人蛮力,能让不管多笨重的房子也好电车也好一跃而起。因为离开地面腾空状态下再左右摇晃,所以我家客厅靠南一角的钢琴飞向了北墙。好在地震发生在凌晨 5 点 46 分,停着的电车被猛力抛向空中,又一个左右摇晃造成车轮脱轨,轨道上没有留下划痕。传统施工法的二层住宅中,承重柱被从地面掀起后再经左右摇晃,个个像吊起来再挨扫堂腿的"侧踹脚"一样,二楼斜向压垮一楼,倒塌的房屋比比皆是。

体验了两种震动的震灾

以上比较了海洋板块型大地震与直下型地震的晃动。那么，1923年"9·1"（9月1日）关东大地震的灾民们，遇到的是哪类晃动呢？

诚然，东京市民或者神奈川县民，经历的震动方式迥乎不同。即使同在东京，地面松软的洼地和台地状区域，其震动方式也大相径庭。但若问是板块型震动还是直下型震动，东京的灾民们却是不可避免地同时遭遇了两者的袭击。

这是为什么？因为"9·1"大地震是沿着被称为相模海沟浅谷部分的面断裂所形成的。在这个意义上它是一次海洋板块型地震。然而，它不似"3·11"发生在远距离海域，其震源地就是从相模湾上来到湘南海岸一带，距离极近。

关东大地震的震源地，据近年研究表明，在位于小田原以北约10公里内陆地区的松田附近。距离东京约100公里，但请留意海沟型地震为面断裂。虽然最初断裂发生在小田原，但约10秒后三浦半岛之下又一条断裂接踵而来。考虑到热海遭受了高达12米的海啸，靠近房总半岛顶端的富崎村相滨（今馆山市）被近9米高的海啸袭击[2]，只能认定相模湾下也发生了断裂。

这些合力酿成了东京的一场大地震，在距离100公里的前震后，发生了剧烈的主震。其强烈程度，从包括东京大学地震研究所在内的东京所有地震仪的指针统统被甩爆而无法计测，亦可想而知。推测规模7.9级，据近年重新计算，是相当于8.1级的大地震。地面形如波浪，此起彼伏，人们难以站立。

在阪神淡路地震现场，我的实际感受是被大地的魔神毫不留情地摧残了足足两三分钟。后来官宣的记录为震动20秒，令人难以相信。受灾者面临命悬一线的险境，哪怕20秒也感觉是两三分钟。关东大地震的受灾者，实际上不得不忍受无尽的痛苦折磨。

以为长时间的剧烈震颤终于到头了，东京市民却再次遭遇被猛然弹起的震荡。最初的大震3分钟后，以东京湾北部为震源的7.2级直下逆断层地震被诱发。东京市民经受了与阪神淡路的7.3级规模相差无几的直下型地震的密集轰炸。有不少证言称，这第二波的震动虽然异常剧烈，但时间短促。这是正确的观察。相对于8级面扩散的海洋板块型地震，对东京的人们来说第二波是震源近且单发型的地震。

就在2分钟后，出现了以山梨县为震源、7.3级的第三波地震连锁。不依不饶、无休无止的波状攻击，让备受煎熬的东京灾民们苦不堪言。

地震预测与科学研究

为实现地震预测这种不可能的目的，高额的政府开支都打了水漂。有人对此颇有微词。

无论阪神淡路大地震还是东日本大地震，对于实际上造成重大灾害的大震，迄今尚未出现科学预测的先例。

大地震一旦发生，常有解释说出现过堪称前兆的种种异常现象。例如，吉村昭的名著《三陆海岸大海啸》[3]里记述了此类报告，说在明治、昭和时期的两次三陆地震海啸之前，不合时宜的渔汛给当地带来了渔业大丰收，或者井水有明显变化。但未听闻东日本大地震之前有类似的异常。也就是说有些可能是前兆，但未必震前总会发生，即使发生了，也不能断言就是前兆，因为此类现象也可能与地震无关，实际上地震也可能突如其来，并没有人们指望的前兆。

虽然地震预测目前尚未取得成功，但以预测为动机开展的科研本身取得了长足进展，从总体上揭示地震发生机制的研究稳步向前。东日本大地震发生时，根据紧急地震速报，在实际震动到达之前，做到了新干线完全制动安全停车，可谓科研的衍生产品吧。

同时，科学研究的发展也在阐明过去的地震事件。对关东大地震的发生机制的重新解读，是最近20年的事。

关东大地震发生之际，东京附近的地震仪因爆表而无法监测，但全日本仍有6架地震仪幸存下来，通过对其初始微动部分（P波）的分析，科研人员终于探明发生的是"双子地震"。中央防灾会议关于汲取灾害教训的专门调查会于2006—2009年整理的《关于吸取灾害教训的专门调查会报告书：1923关东大地震》（以下简称《关东大地震报告书》）的第一编[④]，即基于近年的研究成果展开的论述。

具体来说，以小田原以北10公里、松田附近地下25公里为震源，引发了小田原一带地下的大断裂。约10秒钟后，三浦半岛地下的另一条大断裂联动。双子地震，发生在菲律宾海板块东端以每年3—5厘米的速度向东日本依附的北美大陆板块之下俯冲所形成的相模海沟。近年的研究出乎意料地发现，钻进北美大陆板块和太平洋板块之间的菲律宾海板块相当浅，即使

图 1-1　关东大地震中全町 90% 毁于一旦的小田原（1923 年）。

在东京湾附近,深度也才 20 公里左右。其构造接触面的各处形成连锁滑动。如前述,直下型断裂层 3 分钟后迸发了以东京湾北部为震源的 7.2 级地震,2 分钟后又迸发了以山梨县为震源的 7.3 级地震。

就关东大地震重新研判的此类结论,有人们亲历的事实为证。前引《关东大地震报告书》[5]对小田原市民的地震体验有如下记述:忽然间伴随着巨响开始上下颠簸,室内的东西蹦起一尺二寸(36 厘米)多高,房子倾斜,地板塌陷,人们爬着来到外面,虽然出来了,但地面的剧烈颤抖让人根本站不起来,房子跟着倒塌了。

小田原没有前震,是从下方被猛然顶起的上下震动。这与阪神淡路大地震受灾者的体验别无二致，表明在这片土地上大地震是以震度7级的强震开始的。

相比之下，位于三浦半岛根上的藤泽小学的老师们是这样说的：

(1) 虽然开始摇晃，但"觉得问题不大，还在观望"。

(2) 然而突然发生猛烈的上下震动。"大事不妙！"橱柜倒下来，玻璃碴儿四散飞溅，理科教室的剥制标本飞到了外面。人们情急之下跳窗，连滚带爬到了操场。

(3) 烟尘弥漫，睁开眼看见校舍在烟尘中垮塌。有人在喊救命。

(1)记述的是在距离40公里的小田原开始的地震 P 波，还容人们"观望"。顷刻间主震袭来。(2)(3)的记述，表明仅仅40公里至近距离的强震横波（S 波）的惊心动魄，10秒后三浦半岛本身发生直下型大地震，导致校舍坍塌。

这场地震由于震害殃及东京方面的广大区域而被称为关东大地震，若依地震机制而言应是相模海沟地震，而从震源地来说则是湘南地震。

2 地震灾区的惨状

距离震源更近的横滨

横滨市比东京距离震源更近、晃动更凶。根据《关东大地震报告书》[6]的描述，原本是丘陵地带的区域，与后期填海或填埋山沟造地的区域相比,房屋倒毁率差异悬殊。前者的全毁损率不到30%,后者则达到50%以上,甚至有80%以上的全部损毁地区。

除了与震中的距离,地面的坚固程度也会给地表建筑和人的命运带来巨大差异。

关于在横滨的地震经历,吉村昭的另一部名著《关东大地震》⑦引用了外国剧作家斯基塔雷茨(Yoshimura Akira)的手记。他在横滨山手的中村町租房,赶上这一天搬家,让车夫拉着板车和妻子一起登上了坡顶。他们在那里遭遇了大自然的袭击。

> 蓦地,轰然巨响滚滚而来,狂风乍起。大地疯狂地前拉后扯,我们被弹起来,我和妻子被抛向不同的方向。定睛一看,周围的一切都颤动着,发出惊悚异常的响声,房子纷纷崩陷,石墙也倒塌了。大地像海一样荡漾,波澜起伏,我的身体仿佛是在液体上打转。地震终于平息下来。回过神,我一只手抓住篱笆,用另一只手紧紧抱住妻子。一位妇人被从倒塌的房子下救起来。妇人还活着。我想到死,心想死也要和妻子死在一起不分开。其时,再次发生了强震。大地愤怒地猛烈颠簸。日本的民众却保持着惊人的沉着。女人和孩子聚集到附近一个宽敞的院子里,没有一个人吵闹,也没有人歇斯底里。大人互相寒暄,孩子们乖乖地待在母亲身边。其间,大地一直像乘着船一样持续摇荡着。

连横滨的山手地区也如此,令闻者胆寒。需要留意的是,一度以为平息的地震再呈凶狂的证言。另外,无论阪神淡路大地震抑或东日本大地震,受灾者冷静而出色的举止都令全世界惊叹,从这段记述可知,即使在关东大地震中,日本的受灾者也是如此。

可能有人会说,别胡说了!关东大地震期间不是发生了自警团的大屠杀吗?那是人因受大灾的冲击而精神失衡,被过度受害意识驱使而产生攻击性防御的病理现象。那类人在创伤性事件后必然出现,但只是一部分。大部分日本人,不论现在还是过去,即使置身悲惨的深渊也能随遇而安,与他人展开互助,体现社会纽带的力量(关于关东大地震下的大屠杀待后叙)。

此处还是依当局的调查结果⑧,概述一下横滨的灾情吧。这是一份如临其境而且情感充沛的记录,不似干巴巴的官样文章("……"为中略。又,部分改用了现代假名)。

猛然不知从哪里传来远雷般的轰鸣,须臾间,大地开始了翻江倒海的颤抖……逃到外面时,发现所有地表的物体被破坏一空,甚至情不自禁地想到人类的末日。……逃跑不及被压在倒塌建筑物下的人不计其数。……市中心的关内一带是开港以来的填埋地,所以地面不固,建筑倒塌相当严重……横滨地区法院等以所长为首……百余人被压死……在横滨邮局有90名员工,在海关……约50人被困惨死。……东方皇宫酒店和格兰德大酒店的宏伟建筑……土崩瓦解,其状目不忍睹,两家各有数十名国内外人士惨死在废墟下。……南京街……道路狭窄，况且建筑物为旧红砖结构……造成总滞留者的三分之一以上……2000人罹难（这是横滨市街区牺牲人数最多的）。……环绕市三面的丘陵地街区，由于总体地面坚固，受灾不太严重，然而欧美人住宅区的山手町一带，灾情却极为惨重。……理由是地面多为堆垒起来的，上面建了医院、学校、教堂、宅邸、酒店等大型建筑，哪里禁得起震动，顿时坍塌……欧美籍教育家、宗教人士不少被压死。

对恐怖惊惶的大震惊魂未定时，市内有几十处几乎同时起火。快的紧随震后，慢的大约一小时后烧起来了。……据县气象站的调查……（火源）达289处之多，强劲的西南风呼啸着……风助火威……下午5点左右……全市大部分葬"身"火海。进而有20处刮起了强旋风。……火势迅疾，父母眼看着自己的孩子被压在底下却束手无策。夫妻也好兄弟也罢，骨肉亲人都经历着令人肝肠寸断的生死离别。

横滨市45万人口中，约占5%的2.4万人死亡或下落不明。市内住房有二成倒塌，六成烧毁，共计损失八成。

发生复合型灾害的东京

那么，东京是什么情况？

《关东大地震报告书》⑨广征文献，大量搜罗诸如和辻哲郎、今村明恒、寺田寅彦等名人名家的亲历见闻。

例如,和辻是这样回顾的:我和家人将要吃完午饭时,开始摇晃。出人意料的猛烈震动,我跳到院子里。二楼摇摆约三尺(90厘米)。震动停止后,我和家人都移到空地避难。对面的住房塌了。不久传来令人心惊胆战的地鸣,第二次剧烈的震动来袭。我趁平息下来的工夫从家里取出木屐等物,刚回到空地,第三次强烈震动又来了。

相关人士的体验无一例外,都提到发生了三次地震,最初的双子地震来势凶猛且震动时间长,"比最初更强的一波来袭,让人两度心惊肉跳"(寺田),"相当强的余震猛然带来晃动,再次把人吓得魂不附体。初震后3分钟的那次尤其要命"(今村)。这是3分钟后以东京湾北部为震源的直下型地震。不过,这些名人大概都在东京西半部地面稳固的地方。名人的证言中,见不到私宅"倒塌"一词。而东半部河道间地势低洼地区却其状惨绝。

前述吉村昭《关东大地震》[10]中,记录了两位少年的回忆。

一份是14岁的钟表工政男的叙述,他当时正在浅草的电影院和朋友看西部片。

"听着辩士的台词",对牛仔那两把无懈可击的手枪馋涎欲滴时,"身体猛地被抬起来了"。二层座席的观众尖声大叫着掉到了一层座席上。观众炸窝似的全体蜂拥到出口。政男他们也在纷乱的人流中勉强挤到馆外。大震动持续着,他紧紧抱住寿司店屋檐下的柱子,但那家店连同柱子已经摇摇欲坠。趁着颤抖稍稍减弱的间歇,他才逃离了巷道,只见拐角处的天妇罗店倒塌,大木桩下露出一张眼珠子飞出来的男人脸。那是他第一次瞥见死人脸。路面像黏液一样荡漾,他打算逃往葫芦池方向,但在前方看到了让人不敢相信的情景。(像今天晴空塔似的)东京的象征——12层的凌云阁倾斜,顶部断裂,轰然崩坍。巨声、地动发出的轰鸣加上大地的摇动,使政男开始全身痉挛。

另一份是灾情最严重的本所区(今墨田区)一个小学生的遭遇。

9月1日是新学期的开学典礼,放学早,我去了朋友家里玩。近晌午时,刚从朋友家出来,身体倏地被弹起来。我蹲在路上,周围房子瓦片坠落,墙壁坍塌,在眼前剧烈摆动的房子腾起尘烟倒下。离我家有10间房子的巷道已被倒塌房屋堵塞。无奈爬着来到被服厂(旧陆军被服工厂)前的大街上,紧抱一棵大树,感觉松开这棵树就完蛋了。有人抓住我的肩膀。父亲经营金属加工厂,有10名雇员,抓住我的是他们中的一个。从他那儿听说我家的房子也已经被震塌了。

东京洼地处的震动非同小可,近似上引横滨的状况了吧。用今天的标准说该是震度6级以上到7级。

关于关东大地震的遇难者,曾有过约14万人的说法。但据近年研究剔除重复计入,修正为105385人。其中11086人是因住房倒塌而被压死等(参照表1-1)。仅这次地震造成的直接死亡,已近阪神淡路大地震(5502人)的两倍。[11]

房屋倒塌造成的死亡人数,神奈川县高出东京府。神奈川县为5795人,超出了东京府的3546人。房屋倒塌再加上海啸、山体滑坡、厂房倒塌等导致的死亡,神奈川县是7637人,东京府为3866人。就震损本身而言,神奈川县几乎为东京的两倍。

表1-1 县别关东大地震遇难人数(人)

	火灾以外				火灾	合计
	压死等	流失被埋	工厂等受灾	小计	烧死等	
神奈川县	5795	836	1006	7637	25201	32838
东京府	3546	6	314	3866	66521	70387
千叶县	1255	0	32	1287	59	1346
静冈	150	171	123	444	0	444
埼玉县	315	0	28	343	0	343
全府县	11086	1013	1505	13604	91781	105385

出处:中央防灾会议《关东大地震报告书》第1编(2006年)。(请参阅本章注释4)

大灾以同心圆环绕着震源产生。情况基本忠实体现了距离震中的原理。而修正它的第二原理,即受灾地的地面。靠近旧河道、地面松软低洼的东京老城,被迫承受了与震源附近的横滨相同的晃动和房屋坍毁。

11086人遇难,仅此已超过了1891年的浓尾地震(死者7273人)、1995年的阪神淡路大地震(包括灾害相关死亡在内为6434人),是仅次于1896年明治三陆海啸(21959人)的近代日本史上的第二大灾害(参照表1-2)。况且这只不过是关东大地震全部灾害的一部分。关东大地震中，压死、溺亡等自然灾害的直接罹难者为13604名，而被烧死者高达91781人。那是一场地震加火灾的复合型灾害，而且火灾导致的死亡占了绝大多数。

表 1-2　明治以后地震灾害伤亡最严重排行榜前 6

顺序	年份	地震名称	震级(M)	死亡人数
1	1923	关东大地震	7.9	105385
2	1896	明治三陆地震	8.5	21959
3	2011	东日本大地震	9.0	19418（19692）+失踪2592（2523）
4	1891	浓尾地震	8.0	7273
5	1995	阪神淡路大地震	7.3	6434
6	1948	福井地震	7.1	3728

注：阪神淡路大地震和东日本大地震的死亡人数中含灾害相关死亡。后者（括号内）数字根据截至2023年3月10日的NHK总计。
出处：中央防灾会议《关东大地震报告书》第1编，自然科学研究机构国立天文台编《理科年表（2017年版）》等。

原因何在？众所周知，关东大地震发生在差2分正午之时，是准备午饭的时间。换成今天，不管用电或煤气都是一键式，但当时要用炉灶烧火煮饭。房屋倾颓到火头上，势必导致火灾。据悉，东京各地有100多处火源。其中70—80处无法灭火，反而火势蔓延。到了阪神淡路大地震时，炉灶的直接火源不复存在，又因是在凌晨几乎无人烧饭。即便如此，地震和房屋倒塌仍不可避免地引起火灾。出现火情256起，17处酿成大火。火灾的原因五花八门。既有燃气灶等电器起火，也有房屋晃动、倒塌

图 1-2 德永柳洲的油画《旋风》描绘了火灾惨状（东京都复兴纪念馆藏）。

以及拉伸电线而引起短路起火。令人意外且多发的,据说是地震导致地下煤气管道断裂,滞留的煤气泄漏并被电火花引爆的情况。还有不少停电后,因再通电引发火情的案例。

自关东大地震已是斗转星移,对地震造成的火灾之类也不必过虑了吧？若抱持这样的想法就大错特错了。不过,阪神淡路大地震时虽有 17 处火势蔓延,所幸无风,烧死人数不到压死者的一成。

缘何关东大地震中烧死者是压死人数的 8.3 倍呢？

祸由风起。那天下午,东京刮起了每秒 10—15 米的强风。上午有风,但并非不敢贸然出门的程度。说起那一天,无一人特别提起发生地震前有大风。上午还下了点雨,近午时雨停了。让人惶遽的剧烈震动骤然降临。

前一日，台风自有明海来到九州登陆，穿越了日本海。当日，在金泽附近再次登陆时，势力减弱成温带低气压。同一天下午，低气压通过关东北部渐次向太平洋远去，在秩父附近还生成了副低气压。结果，东京火势蔓延正逢风速 10 米/秒以上的大风呼啸，更何况风向瞬息万变。南风转成了西风，又转成北风。

可怕的是，大火被风卷起，生成了火焰旋风。火势引发气流上升，风速飙升。它把城市的杂物裹卷升空，黑魆魆的，含着火种。旋风恣意摇曳，助长突发的火星四散。火焰旋风扑向被服厂旧址那一大片空地上聚集的 4 万多人及其行李财物，广场一霎间化作焦土，焚烧焦化的尸体堆积如山。

大城市的地震火灾防不胜防。不过，造成关东大地震沉重灾难的主犯是大风。即使没有地震，大风会引起大火也是言之凿凿的江户历史。明历大火（1657 年），在大风的作用下，仅 3 处火灾就烧光了江户。其后，江户从硬软件方面强化了消防体制，以避免大风引起大火。一定有不少人认为，进入近代，供水系统得以完善，所以江户大火也成陈年旧事了吧。岂料，供水系统在大地震中被震得稀巴烂，全面瘫痪，而江户的灭火技术早已弃之不用了。

3　江户时代·明历大火

市区六成烧毁

对于日本列岛的居民来说，令人谈虎色变的最大灾害是什么？俗话说"地震、打雷、火灾、老爸"，不过如今老爸已经排不上号了。打雷虽然也瘆人,但不至于带来大量人员伤亡。经历了"3·11"的日本人,大多数肯定会最先举出海啸吧。

那么,海啸是日本列岛最糟糕的灾害吗?

从表1-2中造成大量死亡的地震灾害伤亡最严重排行榜[12]可见,仅地震的死亡人数不到1万人,列居第4位以下。相对而言,第2、3位死亡人数达到2万人规模的均为海啸所致。然而,较之海啸,更为致命的是火灾。伤亡最严重排行榜第1位的关东大地震中,10万多名死者中九成是被烧死的。

关东大地震的火灾造成了近代史上最惨重的灾害,如前所述,大地震发生当天,祸不单行的是赶上台风季(成为温带低气压),大风肆虐。然而,即便不发生地震,这个列岛也无数次地经历了大风下大火的洗礼。

列岛的市区最怕的是火。原因有三。其一,用炉灶烧火煮饭,日常生活与火源形影相伴的状态,持续到实现供电供气的20世纪60年代。其二,京都、大阪、江户等大城市人口密集。其三,日本的住房大多是木结构,由草皮建成,火势极易蔓延。这三条齐备的城市遇上狂风大作,大火蔓延实不足为奇。

京都、大阪也多次发生大火,但火光连天的还是江户。德川家康入主江户是1590年,关原之战胜利三年后,1603年在江户开设了幕府。之后,幕府令诸侯(大名)建设江户城和江户市街,五次推出"天下普请"[1]。基本竣工是在宽永年间(1624—1644

---

1 江户幕府让各藩出钱出力援建江户的制度。

年），当时江户的人口约 30 万。

即便其间，也有 1601 年由日本桥骏河町的火灾引发的大火。因为大火在茅草、麦秸敷屋顶上滚雪球似的燃烧，幕府下令屋顶一律换成木板。虽然比草皮强，但木板也易燃。看来铺瓦才是正解，然而当时瓦价不菲，到了 1649 年的庆安江户地震，以屋顶超重招致房屋垮塌为由，幕府把瓦片也给禁了。⑬

就这样，迎来了 1657 年的明历大火之日——1 月 18 日。

80 天以上没有降雨，江户已经干透。前一天开始刮起西北风，当日转为强风。下午 2 点，本乡的本妙寺失火。火势从北向南，刹那间蔓延开来，飞散的火焰拦住人们南逃的去路，造成大量烧死者（围绕起火的传说，也被称为"振袖大火"[1]）。火龙兵分两路，一路乘西风横渡隅田川，而南下的更大的火则烧毁了日本桥，使逃进海边灵严寺的近万人殒命。凌晨 2 点左右，火熄灭了。

但是翌日晨，在小石川发生了另一场火灾。由北刮起的大风使火龙窜向市谷、番町，过午时分，江户城天守阁火光大作。城周边诸侯、旗本[2]的宅邸也被火海包围，因为下午 4 点左右转为西风，西之丸殿幸免于难。晚上，麹町的民宅发生第三起火灾。火舌尽舔西之丸周边的诸侯家大宅等，一路烧到樱田，南下止于芝浦之海。⑭

据信，只此三起火灾便烧毁了江户城区约 60% 的区域，死者

---

[1] 本妙寺为一少女举行葬礼，火化时恰好风大，刮走死者振袖，引发本妙寺前庭失火，之后蔓延到江户城各处，故称。
[2] 将军的近臣，江户时代专指将军直属武士中领地不满一万石但有面见将军资格者。

近 10 万人。当时江户的人口不到 50 万。总人口之二成被烧死,令人难以置信。

幕府的荒政

值得关注的是大火后幕府的应对。

四代将军家纲的监护人保科正之坐镇指挥,采取了赈粥、开仓发放受灾糊米、严控米价和木材价格等应急措施,并全方位向诸侯、旗本、御家人[1]直到江户居民发放贷款和补贴。

幕府还断然实行了城市规划改革。

将拥挤不堪、曲里拐弯的战国城防,改造成平时作为首都的消费大都市。在号令各诸侯重建江户城的同时,向建在江户城内或护城河畔的各诸侯宅第提供替代地,把他们迁往郊外。今天天皇的吹上御所,之前就是诸侯大宅。旗本、御家人也照此办理,连区划内的寺庙神社也要迁到浅草、筑地、本所等地。多摩的吉祥寺、三鹰,即经过此时的迁移产生的街市。

江户总体约六成是武家地,二成是佛寺神社地,二成是平民地,经大火后的大迁徙,江户市区既避免了昔日过密的问题,又得到大规模扩张。此后,人口也呈激增势头。

另外,为阻止火灾蔓延,迁出居民后沿河渠修建了防火堤和大道,作为防火线。当时的灭火,主要采取在火势蔓延之前将下风口处房屋推倒的破坏性消防方式,这些措施收效显著。同时也鼓励修建涂抹灰泥的耐火建筑。

---

1 专指效忠于幕府的中下级武士。

特别值得一提的是社会制度的改革。

幕府在明历大火的翌年即1658年,组建了4组由旗本组成的所谓"定火消",即消防队,1704年扩建到10组,并下令强化诸侯消防,加贺藩的消防队大显身手。进而在享保年间的1718年,幕府令平民"自发性"组建"町火消"平民消防,两年后建成了"伊吕波组"47町的消防体制。

于此始建成统筹幕府、诸侯、平民的消防体制。"小心火烛"的夜间巡查以及火警瞭望台等预防措施,各家配备的快速灭火用水桶、太平水桶等,与火警瞭望台敲警钟、击鼓应声而动的矫健蜘蛛人助阵的消防队伍,共同构成了江户的防火体系。他们虽然也争也吵,却是江户的一道可靠屏障。

据说发生了不下百起的大火,可见之后江户仍旧随着强风骤起大火不绝。然而,再也没发生过像明历大火那样的生命损失。江户的人口在享保年间(1716—1736年)超过百万,被视为世界最大城市,但死者数以万计的情况仅见于1772年的目黑行人坂的大火,连死者逾千人的火灾也已成鲜见。江户成了防火体制初具规模的大都会。

幕府为了摆脱财政危机,也需将消防责任大部分甩给诸侯消防、町民消防。但诸侯和町民会也财力窘促,难以维持消防队定员。好端端的防火堤和大道也逐渐被商业活动侵占。不可否认,江户后期的消防体制风雨飘摇,不过仍勉为其难地坚持与大火抗争。

明治以后东京的大火并非绝迹。1892年的神田大火中,人们出动了8辆现代蒸汽泵车，但加压供水设备不济，难敌火势，结果泵车节节败退。死者虽不到25人，但难燃建筑也好，水利系统也好，灭火工具也好，都处于相当初级的阶段。

关东大地震之前，东京大学的今村明恒副教授预言将有大震发生，但上司大森房吉教授责备他毫无科学依据。那是一场闻名的论战。但两人一致指出，地震可能引发火灾危险且现代供水系统不够完善。果然，关东大地震的瞬间，供水系统随即瘫痪，大城市东京在暴风肆虐的火灾旋风面前不堪一击。结果造成自明历大火以来10万之多的罹难者。

其后的重大火灾，有1934年风助火威的函馆大火，烧毁了2万多栋住宅，造成2054人死亡。经过战后的混乱期，20世纪60年代以后，除1976年酒田大火外，强风造成的大火锐减，20世纪80年代以后就看不到了。⑮

日本的城市建设和消防体制，莫非达到了安全水平？

下这样的结论为时尚早。地震造成供水基础设施的破坏，并同时多点散发火灾，若再遇上风力强劲，尽管钢筋混凝土的耐火楼宇增加，但究竟能在多大程度上抵御火势蔓延呢？设若阪神淡路大地震那天，六甲山风兴妖作怪，极有可能酿成堪比关东大地震的悲剧。

东京都市圈的人口聚集已非比寻常，远非百万城市的江户可比。无非到时千万不要刮大风之类撞大运的心理作用更强罢了。而且，这不只是东京一家的问题。无论大阪还是京都，日本可有哪个城市当地震同时引起多处火灾加上暴风袭击时不发生大火的呢？

4　行政当局的地震灾害应对

首相缺位

难道说大自然有趁虚而入"专治政治短板"的恶癖不成？东日本大地震，是在实现政权交替的民主党政权脚跟不稳的试错中爆发的。阪神淡路大地震，则是在由社会党委员长村山富市任首相的自社新党魁联合执政的非常规事态之时发生的。而更不可理喻的是关东大地震：竟在首相缺位的瞬间突然爆发。

作为全权代表摆平了华盛顿会议，回国归来就任首相的加藤友三郎政绩卓著，实现了陆海军裁军并安排落实了西伯利亚撤军等。但是，他的弱点在肠胃。1923年8月24日，加藤首相在任期内因肠癌病逝。翌日，由外相内田康哉临时兼任首相，26日，他汇集内阁辞呈递交摄政宫（之后的昭和天皇）。28日，组阁的大命降下山本权兵卫。但是，两大政党反对各种势力杂糅型的"举国一致"组阁方针，组阁窒碍难行。9月1日近午时，权力空白的第8天，大地的袭击找上门。

单纯担任临时过渡首相的内田迫不得已，开展了远超其职责的艰难的初始应对。当天下午，在无法召集全体阁僚的情况下，他于官邸的庭院（这里相对安全，因为震动仍在持续中）召开了可能出席人员参加的临时内阁会议。内阁会议讨论了内务省关于设立"紧急征发令"和"临时震灾救护事务局"的提案。但是两者均为需要枢密院批准的重要事宜,而当时根本不可能召集老顾问官们。因履行程序受阻,紧急事态的应对措施被搁置了。尽管面临十万火急的国民性重大事态,但拘因于平时的法律程序,不能及时实施准确大胆的措施,这是日本政治上司空见惯的倾向。

波状袭来的地震,导致了房屋倒塌和海啸等,根据后来公布的数字,夺走了13600多人的性命。当初还认为那就是大灾了。然而谁能料到下午1点左右,火光四起,竟是致使死亡人数高于压死人数8.3倍的大火！一切都是大风造的孽。各处火仗风势,风仗火势。面对熊熊烈焰,人们无计可施。东京市的44％被烧毁殆尽。下午4点,警视厅的办公楼燃起大火。到晚上,内务省、大藏省、文部省、通讯省、铁路省等各部门的办公楼也相继被火海吞没。

政府本身即受灾者。照亮帝都之夜的冲天烈焰,横扫一切,尽烧不贷,直到2日清晨火势才逐渐减弱。

枢密院批准程序确是拦路虎,但难道说日本政府就置满目疮痍于不顾,放任自流了吗？非也。实际上,即使首相官邸无主,日本的各行政机构也有一套自律运行的机制。特别是值此国难,保有运用自如的警察和消防的内务省应该一马当先。

战前的内务省拥有不可一世的权力,让人质疑其本身即政府。在灾害应对方面,辅助内务大臣水野炼太郎的业务负责人是警保局局长后藤文夫。在他手下,统括东京的警察、消防、卫生的赤池浓警视总监担纲现场指挥。

灾害发生后，相关科员直奔一线调查灾情，并据实拟定对策，向下午召集的临时内阁会议提出前述提案。赤池总监也向内务大臣和局长建言实施戒严令。如前述，遇到召集枢密院的难题，这些提案议而不决，然而在火光烛天的一夜过去，次日上午的临时内阁会议上，政府做出了发布"紧急征发令"和设立"临时震灾救护事务局"的决定。

难以名状的严重事态当前，也是被逼无奈吧。加之，1日应邀莅临官邸的庭院内阁会议的枢密顾问官伊东巳代治，向内田临时首相提出忠告"非常事态下应由内阁负责做出决定"，也没白说吧。

警视厅本部大楼，连同15个警察署、254个派出所和驻在所皆遭焚毁。赤池总监洞察到，若不出动军队，很难维持治安和开展应急救援，因此强烈要求宣布戒严令。这也是针对2日传出"朝鲜人来袭"的流言蜚语的事态有备而来的。

与火灾决战

如果是通常的地震，首要的是救援废墟下被埋的人员，其次是确保生命线，包括打通道路和赈济灾民等，最后是提供避难所等设施和开展医疗活动。然而关东大地震中，大多数情况下却是不等救出倒塌房屋下受困人员，火灾就已逼近。如果有家人邻里能马上救人还好，若是靠警察或军队等公共机构的救援活动，势不可挡的滚滚火焰可不等人。

总之，地震后的一天，与火灾决战就是一切。警视厅下设消防部，共有824名消防队员和38辆水泵消防车，对平时的火灾是行之有效的现代消防组织。但是"仰为消防之神的供水却完全枯竭断水",加之台风级的"狂风飞沙走石",炽烈的火焰压倒了消防。⑯也就是说,东京的防火体制"未曾预料到地震后的断水和同时发生多起火灾,距实际应匹配的装备和人员尚遥不可及"⑰。

据东京市的《东京地震录》⑱记载,有134处起火,57处初始灭火成功,77处火势蔓延。初始灭火成功的57处中,推测有34处是居民灭火,27处是消防队灭火。[1]

消防队虽然付出22人牺牲、124人受伤的代价,仍无法阻止变本加厉的火势,从下午2点左右起,居民如何火海逃生成为核心主题。如前述,下午4点,火焰旋风袭击了本所陆军被服厂旧址广场,导致4万人俄顷命丧黄泉的悲剧。浅草区的田中町小学有1000多人被烧死。被大火逼到本所区横川桥走投无路的773人被烧死。试图逃离大火,在向岛跳进隅田川的370人溺亡。吉原公园的烧死者也达到490人。

这些记录显示了猛火穷追不舍,疯狂扑向逃跑人群之暴虐。但与此同时,许多广场保护了芸芸众生。

上野公园有50万人避难,皇居前广场有30万人。两者虽均见火势迫近,但仍成了位于延烧地区外缘的安全避难所。也发生了奇迹般不幸中的万幸。浅草公园有7万人避难,尽管周遭尽被烧毁,但利用池水的灭火活动得益于银杏等树木屏障,也多亏风向陡转,人们都安然无恙。另外,横滨公园挤满了6万名

---

[1] 原文如此。推测是部分为居民、消防队共同灭火。

避难者,绿树荫庇和水管破裂形成的水洼救了人们一命。

据称,东京本所陆军被服厂的避难人群背包罗伞,这些杂物引发了火灾。相比之下,房屋倒塌严重的横滨人不遑顾及私人财物,反而捡了一条命。

日本多天灾不假,但大多灾难都在短时间内结束。然而关东大地震却因始于相模海沟的板块断裂,连锁性诱发了逆断层地震,地震本身的波状持续时间相当长。不仅如此,相继发生了火灾,经过下午和一夜已完全无法控制。对于躲过地震一劫却避不开火灾的罹难者来说,他们可能曾发问:自己到底作了什么孽,该当受此厄运的惩罚?

从烈焰彻底压垮灭火活动的 2 日开始,政府各部门和社会的救援以及恢复重建活动全面开启。虽群龙无首的乱象犹在,但非常事态敦促政治家们猛醒,帮了山本内阁组阁的大忙。大难当前,各种政治力量非同舟共济不能救民于水火。这是真正的政治领导人物应有的担当和决断。

5　自警团的屠杀

信息黑暗下的异常心理

不管战争还是杀戮,都与"二战"后的日本史渐去渐远了。然而放眼世界,大规模战争虽未发生,但内战和民族纷争还少吗?尤其冷战后,民族冲突、宗教纷争纷至沓来。

2011 年 11 月,我走访了前南斯拉夫。

统领大南斯拉夫联邦的铁托纪念馆,坐落于贝尔格莱德的山丘上。那里展陈着各民族代表开展圣火接力而相聚于大殿的相关资料。那个时代，多民族间不仅共存共生，还可以通婚。正因为如此，铁托逝世十多年后爆发的割裂地区和家庭的民族战争，令人痛心疾首。

　　为什么生活在一起的人们开始了杀戮呢？诚如"开启过去这扇门的瞬间，悲剧就不可避免"（《俄狄浦斯王》）之语，历史的创伤之深毋庸置疑。

　　据说直接的契机，是出于"那帮家伙要攻来"的恐惧心理与先下手为强的集团心理的相互作用。其时，顽固鼓吹强硬论的头目（煽动家）的作用也不容小觑。在信息难以确证的背景下，防御性先发制人的攻击论促成集团性的膨胀，这种案例并非仅限于此地。像卢旺达的图西族、胡图族，以及本篇主题关东大地震下自警团的屠杀，都能找到类似机制。

　　大灾的受灾地区盛行趁乱盗窃、趁火打劫、暴行肆虐等现象，在全世界皆是如此。而阪神淡路大地震或东日本大地震的灾区没有发生抢掠，人们出色的表现之所以成为国际新闻，是因为那纯属例外。

　　例如，1755年的里斯本大地震使世界帝国的首都在地震、海啸、火灾的复合型灾害中被毁灭，庞巴尔侯爵受国王委任出动军队，镇压了30余名打砸抢案犯，并在广场处以绞刑示众，才恢复了治安。[19]

　　1906年的旧金山大地震中，虽然大火连续烧了三天三夜，造成3000人死亡的惨剧，但灾后趁火打劫也随之而来。尤金·施密茨市长散发了5000张传单，宣布坚决打击不法行为，遂率警察队伍以及 1500 人的军队上街。他们发出警告后实弹齐射,虽致 2 人死亡,却换来了治安的恢复。[20]

看了此类先例,也许不觉得关东大地震下的丑闻算什么奇闻逸事了。然而"不逞朝鲜人来袭"的流言四散,自警团搜求朝鲜人疯狂杀戮的事态,该做何解释呢?

"流言,往往是琐屑的事实被歪曲夸大,一传十,十传百,然而关东大地震中的朝鲜人来袭之说,却有其毫无事实依据、无中生有的殊异性质","只能说是大灾导致大部分人精神异常的结果"。[21]

吉村在《关东大地震》中对传闻流言的扩散路径,作如是说。

起源在极重灾区横滨。自称立宪劳动党总理的山口正宪煽动灾民,在地震发生四小时后的 9 月 1 日下午 4 点左右,组织敢死队开始了团伙抢劫。他们在手腕系上红布,挥舞着日本刀等袭击商店,抢劫粮食、钱财。据说那次袭击作案 17 起。它引起的恐慌与当时开始的谣言搭上钩。这些暴行被误认为是朝鲜人发起的团伙攻击。据信,这个以假乱真的流言,是从横滨北上传入东京的。

警察记录的流言清单载于警视厅编《大正大震火灾志》[22]上,对其做了仔细爬梳的《关东大地震报告书》[23]采用两种传播源说,即除横滨北上路线之外,东京东北部的千住、江北方面也有抢劫团伙,它被冠以了"朝鲜人来袭"的流言。

不过从上述流言清单可见,9 月 1 日当天,王子、爱宕、小松川等地已出现"朝鲜人纵火""朝鲜人袭击""朝鲜人暴行"等内容,2日下午东京各地的种种流言被记录下来。在品川,人们认定"火灾大抵是朝鲜人和社会主义者合谋投炸弹的结果"。大火被认为是人为的产物。没有任何事实根据。莫不是"朝鲜人怨恨侵夺其家园的日本人,必来报复"这一日本人的潜意识作祟!

警察应对异常事态

　　警方当初接到谣传报告,即为确认真伪到当地展开了调查。结果是完全不属实。警察虽然通报了情况,人们却听不进去,反而怒不可遏。

　　2日下午,诸如"不逞朝鲜人""纵火掠夺""杀害妇女"之类危急事态的目击情报接踵而至。各警察署顾不得逐一确认,就将情报上报了警视厅。接到大量重复信息的警视厅,竟也接受其为事实了。

　　2日傍晚5点左右,警视厅对各警察署指出,"朝鲜人中有不逞之徒纵火及其他强暴行为,实际在淀桥、大冢等已相继接到举报",命令"对此等朝鲜人严惩不贷,务期在警戒上万无一失"[24]。受灾地区电讯、电话完全瘫痪,只有海军的船桥发射台仍"健在",以警保局后藤文夫局长名义发送的电报是利用它发出去的。电报断定"朝鲜人利用地震灾害在各地纵火",要求全国各地"对朝鲜人的行动严加取缔"。内务省警察当局也轻信了流言,命令采取措施。

　　诚然,警察自己很快对这个判断产生疑惑。

　　3日晨6点,警视厅发布"急告",称"不逞朝鲜人妄动的谣言纷飞,然而上述多与事实不符,只是讹传,朝鲜人大部分为顺良之民,注意不得对其横加迫害、滥施暴行",虽保留了部分说法,但恢复到了"大部分"为误传的立场。即日指出"极多"属于造谣生事,并发出保护朝鲜人和取缔自警团的暴行的指示。至4日临时内阁会议做出"保护朝鲜人"和"禁止青年团、自警团携带武装"的决定,政府内务省的立场已经明确。

但无论如何,不能不说在最为事关重大的瞬间,警察与亢奋的自警团暴徒为伍是一大污点。

全副武装的自警团在路上设检查站盘查行人,只因日语说得生硬,就对不只朝鲜人,还有中国人和日本人大打出手,施以暴行。警察用车护送无辜的朝鲜人或在警察署内监护他们时,遭到武装起来且残暴化的自警团的围攻,甚至发生了自警团对警察施暴并屠杀朝鲜人的事件。平时负责打击犯罪的警察体制,在异常事态下明显力不从心。

警方限定被害朝鲜人为248人、日本人58人,举证起诉了犯人。朝鲜总督府经过内查,确定朝鲜人死者、失踪者为832人,向遗属发放了每人200日元的抚恤金(顺便说一下,对日本受害者是每人16日元)。

除了当局外,以在日朝鲜学生为中心开展的"在日朝鲜受灾同胞慰问会"[25]的调查,得到了吉野作造教授的支持,根据其第一次调查,(截至10月末)朝鲜人受害者为2613人。

要镇压在空前的灾难中陷入狂乱状态的武装群众,只有出动军队。戒严令赋予了军队很大的权力,军队正式出动后,从9

月5日起秩序渐次恢复。

当时,日本陆军总兵力是21个师,此次行动投入了相当于6个师的大军,在治安有效恢复的同时,他们对灾后恢复重建起到了决定性作用。在民间活动困难的受灾地区,陆军工兵队开通道路30公里,疏通清理桥梁90孔、水渠21公里、瓦砾72处,架设电话线880公里等,以令人惊叹的出色工作为恢复生命线做出了贡献。[26]

从这个意义上,关东大地震中的军队的突出表现堪与东日本大地震中的自卫队相媲美。正因为如此,甘粕正彦上尉等人在宪兵队本部屠杀了无政府主义者大杉荣等3人,以及第13骑兵团的士兵在龟户警察署内杀害了工会成员等事件,实在是难以抹去的污点。

也可以说这就是与今天截然不同、不成熟的日本政府与社会吧。但是,假如在无法想象的悲惨深渊,被信息黑暗所笼罩,人陷入任何妄想都不足为奇。进而,当强硬论主导了摇摆不定的集群心理时,究竟有多少人还能保持精神健全呢?也许对今天——即使灾区也能迅速恢复供电,通过电视接触到世界各地的报道——的境遇该感恩才是。

6 政治角逐中的创造性复兴

近代日本史上伤亡人数最多的关东大地震,其灾后的复兴进程呈现出前所未有的震荡。

内务大臣后藤提出了复兴构想,但它在政府内的落实过程和政治角逐中，却被大卸八块，葬身鱼腹。无论如何，从结果上看，帝都东京实施了城市规划，形成了一套拥有近代城市合理样貌的体系。因此不得不说这是出色的创造性复兴。

1923年8月28日受"大命降下"却陷入僵局的山本权兵卫内阁的组阁工作，因9月1日突发关东大地震而重整旗鼓。在首都东京遭到毁灭性打击的国难面前，不是争长论短、斤斤计较的时候，务必同心协力、全力以赴。志向远大的山本自己首先坚定了信念，其时又有后藤加盟。原本对山本的组阁构想心怀不满的后藤，转而宣布全面合作，要求马上组阁，哪怕只有两三个人也一天不能耽搁！后藤不请自来，亲自造访井上准之助府上："眼睁睁看着这个惨状你还犹豫什么！"后藤说服他接受了藏相任命。[27]

结果，只有8名阁僚大员，空位权且以兼职补缺，2日下午仓促宣告了组阁。虽说是个未获政友会、宪政会两大政党入阁的超然内阁，却是除上述3人外延揽了犬养毅等人的重量级内阁。

人类史上，震灾后实现了最壮观的创造性复兴者，首推1755年的里斯本大地震后的里斯本。之所以能缔造一个全新的首都，是因为当时的葡萄牙国王任命了后来被称为庞巴尔侯爵的一位阁僚为宰相，全面倚重他并赋予他长达20年的全权。[28]形成政治多元制度的近现代不敢有这样的奢望，但是内务大臣后藤能赢得以山本首相为首的主要政治领袖人物的支持和信赖，毅然推行帝都东京的复兴事业吗？

图1-3 关东大地震后,在首相官邸的草坪召开内阁会议。

2日下午7点,摄政宫殿下莅临赤坂离宫内的萩茶屋,举行亲任仪式后,内务大臣后藤起草了四项复兴构想:

（1）不迁都；

（2）复兴费30亿日元；

（3）采用欧美最新城市规划；

（4）对地主采取果断行动。

当时国家预算不到15亿日元,这个复兴费超出国家预算两年的规模。如果机械地换算到2023年度约114兆日元的年度预算,就是228兆日元的超大型复兴预算。即使与阪神淡路大地震的10兆日元、东日本大地震的26兆日元(最初五年间)相比,也是异乎寻常的数额。

其后,后藤委托东京帝国大学教授本多静六草拟以巴塞罗那城市规划为范本的东京复兴方案,经内务省城市规划局据此进行计算,复兴费达到41亿日元规模。[29]

人无论在多么黑暗的时刻,只要望得见隧道出口那样的一线希望,就能继续走下去。从这个意义上,后藤复兴构想对灾区是一种救赎。问题在于后藤有没有在政治上实现大构想的格局。在这一点上令人担忧的是,他一开始就把地主阶层指为抵抗势力,表明势不两立的姿态。决心和觉悟纵然可嘉,但徒然树敌不会很不明智吗?

9月6日,内务大臣后藤向内阁会议提交议案"帝都复兴之议"。为复兴设立独立的新机构、复兴财源来自国债事宜得到批准。但是,全部受灾地(3630万平方米的焦土)由国家收购的方案引起大哗,因井上藏相表示异议而保留了决定。

关于新机构,后藤提议设立集复兴事务全权的"复兴省",但是遭到自家权限被削弱的各省反对,主要阁僚经协商,决定新设"帝都复兴院"。其权限被局限在东京、横滨的城市规划及其执行上。反过来说,就是现有各省各自开展其辖下的恢复重建,该项预算的约8亿日元被从复兴院划走。

再次视察了受灾帝都的年轻摄政宫,决定推迟自己原定秋天举行的婚仪。

9月12日,摄政宫颁布帝都复兴的诏书。那是伊东巳代治枢密顾问官起草的。除了否定迁都和建立新机构之外,它更鲜明地提出了积极复兴论。"不止于恢复旧貌,务必面向未来图强发展,令巷衢(街道)面貌更新。"[30]

从关东大地震爆发直后至晚年,昭和天皇始终是后藤构想的支持者,对其未能充分实施的叹惋之辞,甚至60年后还能听到。

伊东巳代治的反对演说

9月19日,"帝都复兴审议会"作为复兴的最高机构,得以设立。这是以首相和内务大臣为首,各大臣、两大政党党首加上民间代表气势夺人的会议。复兴院等机构研讨过的复兴原案,要经由这个政治社会全明星型机构审议决定。

复兴费划归各省后,复兴院经手的预算据说到11月初为10亿日元,而大藏省估算为7亿多日元。

在11月24日第二次帝都复兴审议会上,7.03亿日元的预算案提上了议程,然而后藤却遭到意想不到的集中炮火。后藤与复兴院的复兴构想即日起进入急转直下的轨道。而且事情发生在后藤自己为实现构想精心炮制的帝都复兴审议会(以下简称审议会)的舞台上,岂不悲哉?

复兴调查协会发行的《帝都复兴史》全三卷[31],逾3000页,是关于关东大地震灾害复兴进程典据最详的记录,对审议会上的互动也有翔实记载。让我们一窥当时的情景。

审议会尽管有貌似最高权威的成员构成和定位,实质内容却是由复兴院与政府定夺,过后审议会只不过起个尚方宝剑的追认作用。对此,审议会委员中也有人大为不满。这一天,江木千之贵族院议员带头做了长达一个小时的批判演说,即代表了这种情绪。

"政府一方面高喊紧缩财政，另一方面却在震灾复兴上打肿脸充胖子，城市规划干线道路竟要30间（约55米）"，还想"在震灾中浑水摸鱼"，塞进东京建港和京滨运河这些积年陈货。

这是一位70岁长老政治家站在保守的财政健全主义立场，对大复兴构想颇感愤然之辞。

最沉重的一击，随即而来。

后藤的老朋友、那位起草了将其复兴构想神圣化的9月12日诏书的枢密顾问官伊东已代治做了长达三小时的大演讲。伊东在这里对政府暨复兴院的复兴方案大声疾呼"从根本上反对"，并警议"在我国内外债务高达43亿日元的情况下，7亿日元的复兴预算或将导致财政破产"。

演讲与江木议员异曲同工，慷慨陈词，雄辩滔滔。他为政府敲响警钟，说华盛顿裁军条约后，充实国防已刻不容缓，政府却置若罔闻，只顾埋头大搞帝都复兴。在复兴城市规划上他甚至强辩，"不仅用地收购费低到让人愕然，而且收购百万坪（330万平方米）以上土地的方针"有触犯"宪法上所有权不可侵犯"之虞。

伊东枢密顾问官辅弼伊藤博文起草了《大日本帝国宪法》，其后被公认为"宪法守护人"。这位伊东言及违宪的嫌疑，不难想见他唱反调是因为低估土地征用价格与土地所有者利害攸关。

伊东话里话外地暗示自己准备请辞，但又发表了要求从根本上修改方案的长篇演说，这引爆了政治家们。大石正巳也表示"从根本上反对",政友会总裁高桥是清、宪政会总裁加藤高明也同声相应。

危难时力挽狂澜的是跻身审议会的民间人士涩泽荣一。"当下正是罹难市民对复兴计划的实际内容望眼欲穿之际,如果灾民看不到审议会的裁决,其沮丧之情不可估量。……还是想办法当断则断吧。"经济界权威人士想灾民之所想,持论公平,即使名流显贵也无话可说。涩泽提议应"设小组委员会"做出决定的提案得到多数赞同,山本首相任命了由10人组成的特别委员会。

这种情况下,由谁担任委员长一职至关重要。大概首相认为接二连三遭到诟责的后藤不孚众望吧。若交给关键时刻顾大局识大体的民间人士涩泽,在官本位的日本政治社会又觉欠妥。最后首相任命了弹劾政府案的急先锋伊东其人为委员长。

只能说首相对后藤及其构想失去了信心,接受了它已进入葬送进程。

复兴院和政界重组

伊东委员长领衔的特别委员会,于11月25日在首相官邸召开。

涩泽意欲积极引导议论。他对复兴方案的决定"拖到今天深感遗憾",强调兵贵神速,不能再拖了,所以力主"对政府原案加以修正、通过"。江木表示不能接受,两大政党的党首高桥和加藤一起反对东京建港和京滨运河计划,还反对城市规划的新建道路,主张对老路修修补补。两人虽然都反对大复兴计划,但高桥主张应抓紧解决稳定民生的燃眉之急，而加藤则主张立即停止在审议会上喋喋不休，交给政府、议会做出决定。此时，后藤内务大臣严词驳斥了上述所有批判，拿出"诏敕的圣旨"，呼吁通过"不止于恢复旧貌，务必面向未来图强发展"，建设"面貌更新"的新帝都。虽涩泽提请伊东委员长给出结论性方案，但委员长以时机尚不成熟为由，决定第二天继续召开委员会。

26日下午的第二次特别委员会，经过似是而非的进程达成了共识。

对于众口难调的对立意见，伊东委员长发问："难道没有统一意见的良策吗？"涩泽马上接道："唯求大同存小异之一途。"委员会宣布采纳该方案。感觉不知不觉间形成了伊东-涩泽的轴心。

紧接着展开了更匪夷所思的议事运营。伊东委员长重视内阁外部针对政府原案风起云涌的反对意见，说为了议事运营能够圆满，请内阁委员暂时离席，让后藤内务大臣等阁僚们回避。一场对政府方案的批判派占多数、在野党式的会议将会怎样呢？经过良好气氛下"推心置腹"的短暂交换意见后，涩泽要求委员长提出仲裁案。伊东委员长声言，自己之所以一直不表态，是想先听取大家的意见，并庄重地宣布"唯有修正（政府）原案"，并提出了10项修正案。

两天前在审议会上慷慨激昂地发表演说，欲置后藤构想于死地的伊东，在特别委员会上陡然变部分修正的路线，巧妙地收拢了意见。促成此事的无疑是涩泽，感觉是二人的一唱一和遏制了强硬反对派。

从审议会过渡到特别委员会期间,涩泽与伊东是否有私下接触尚不明了。[32]从现实观点看,作为伊东豹变的背景,可考虑是下面所见国家对地主的补偿措施让他心悦诚服了。

不管怎么说,以伊东裁定为基础,特别委员会及审议会的修正案达成了一致。

干线道路 24 间(44 米)缩小为 22 间(40 米),21 间(38 米)缩小到 18 间(33 米)。土地区划整理扩大到全部烧毁地区的大部分,约 700 万坪,由地主提供一成土地,超过的部分国家给予补偿。关于涩泽热心主张的东京建港和京滨运河计划,则被排除在震灾复兴之外,另行讨论。

复兴预算总额,削减了约 1.05 亿日元,约为 5.97 亿日元,财源全部为公债,按 6 年分期拨付。

1923 年 12 月 13 日召开的第 47 届临时帝国议会上,提出了关东大地震的复兴预算案。大藏大臣井上准之助提交的预算案为约 5.97 亿日元,前述复兴审议会的修正案已经阁僚通过,因此是复兴院也不得不接受的内容。那是经大藏省冷静审核的复兴院计划,稳妥度很高。

但是帝国议会上的审议,与其说是质询复兴方案的稳妥性,不如说是为了揶揄和谩骂后藤构想、褫夺其价值、诋毁其信誉的议论。换言之,即图口舌之快的政治角斗。不知何故,后藤及其构想在帝国议会上不容分说地被界定为敌方。连涩泽那样肯为罹难者呼号、尽快恢复理智的人都没有。

例如,下面这样的演说不绝于耳。后藤张口闭口 30 亿、40

亿的复兴费,这不是狮子大开口吗？如今被零敲碎打,不到 6 亿日元了。即便如此,后藤也说够用。我们再砍,后藤当然也会说够用。"复兴明摆着想大就大,想小就小,简直是伸缩自如的橡皮娃娃。"别开玩笑了。靠谱的预算基础何在？为将来的国家、国民生活建基立业的经济、产业、社会的内容影儿都没有。充其量是街道和公园项目。为此的土地收购费竟要 2.5 亿日元。还为此设立唬人的复兴院,据说办公费就要 2300 万日元。我们不需要那玩意儿。内务省的一个局足以当事——这个调门的演讲在众议院大行其道。[33]

众议院拥有绝对多数议席的政友会提议通过了废止复兴院,同时削减复兴预算约 1.3 亿日元,余 4.67 亿日元。因此复兴院被废,作为内务省的外围局成立复兴局,承继其事业。

预算被砍头,将诸如不到 12 间（22 米）的道路交由东京市、横滨市施工以节流。但是,在下届清浦奎吾内阁时的第 48 届通常议会上,明确了两市也财源空虚,只能靠国家补助,最终决定拿出 1.05 亿日元追加预算纾困。它在第一次加藤高明内阁时的第 49 届特别议会上得以通过成立。显然约 6 亿日元的预算为城市规划实施计是不可或缺的金额。

筒井清忠在《帝都复兴时代：关东大地震以后》[34]中指出,后藤在丧失领导力的过程中,决定性的重要因素是涉及实施普通选举的新党构想遭受的挫折。

后藤不仅对帝都复兴倾注了热情,还瞄着普通选举法的到来,怀抱政界重组的勃勃野心。后藤指责既存两大政党的不成熟和堕落（当时的舆论导向亦如此），排斥普选保守的、占绝对多数的政党政友会，联合第二大政党宪政会的一部分，与入阁的犬养毅等人合谋酝酿形成革新的中轴势力。

政友会当然不会坐以待毙。宪政会总裁加藤高明也对分裂本党的图谋奋起反击。在伊东的后藤弹劾演说中，两大政党的党首选边站，也出于围绕政界重组的明争暗斗。从两大政党方面说，是后藤不地道，在挑事。

话虽如此，事到如今，预算七零八落，复兴院被议会决定废止，后藤与内阁展开殊死决斗亦属自然。内阁成员中，犬养等人主张解散议会，举行大选，一决雌雄。但是后藤却宁肯接受被肢解的复兴案，选择继续延命，山本首相也从其想法。对拉帮结派陷入僵局的后藤来说，即使大选也没有多大胜算吧。后藤架不住复兴事业再加上政界重组并举，手大捂不住天，包打天下的结果必然是一败涂地。

尽管复兴费被剃了头，但原本就是"狮子大开口"，除了划拨给各省厅的 8 亿日元之外，即使是限定专注城市规划的创造性复兴预算，也是国家预算约三分之一的规模（如果换算成今天的预算规模，约 30 兆日元）。不出预料范围，想必也能做出可有所作为的判断吧。

因 12 月 27 日的虎之门事件（摄政宫暗杀裕仁未遂事件），山本内阁引咎总辞职，后藤也退出了政治舞台。

不到 5 亿日元的复兴预算如前述，在加藤高明内阁 1.05 亿日元预算复活，达到 5.72 亿日元。6 年计划改为 7 年，1930 年帝都复兴事业告竣。前一年后藤谢世，享年 71 岁，而与他并肩从事城市规划研究的人撑起了打造新东京的事业。

积极复兴的内涵

关东大地震的灾后复兴进程屡遭颠踬。

这里，不妨看一下超越复旧或者复兴的二选一式对立，实际进行了怎样的复兴，完成了哪些，未完成的有哪些。

山本权兵卫内阁仅存四个月，于年末总辞职后，山县有朋一脉的官僚政治家清浦奎吾受"大命降临"，1924年1月7日组建起以贵族院的研究会为主要班底的内阁。至此形成加藤友三郎、山本权兵卫、清浦奎吾跨越三代的非政党、超然内阁，它从一开始就没人缘。虽然对两大政党不作为的心灰意冷的情绪普遍存在，但官僚统治更让人抑郁沉闷。对"反宪政"内阁的批判浪潮不断高涨，清浦首相在1月末做出回应——解散众议院。

5月10日大选以政权支持派的惨败、护宪三派的压倒性胜利告终。清浦内阁仅五个月就下台了，护宪三派联合政权的加藤高明内阁应运而生。如上所述，作为内务省外围局设立的复兴局取代了被废止的帝都复兴院，成为国家的复兴实施机构。

机构虽小了一圈，但新生复兴局的干部人事备受瞩目，其中绝大部分是从帝都复兴院平调过来的。复兴院的技监直木伦太郎任复兴局局长。土地整理局局长稻叶健之助出任整地部部长，原土木局局长太田圆三任土木部部长，会计局局长十河信二就任会计部部长。若说非出自复兴院的复兴局干部，大概就是担当内务省城市规划行政的笠原敏郎出任了建筑部部长吧。他们几乎都是加入了对新兴城市建设充满激情的城市研究会或东京市政调查会的革新派官僚。

都说"后藤有朋友，但没有亲信"，诚如斯言，后藤缺乏掌控能力，但是他在东京市政方面有人脉，诸如地震时的市长永田秀次郎，还有身为东大教授的建筑师、出任复兴院建筑局局长后参与了东京市复兴事业的佐野利器等人。

国家拨出预算推动大项目时，总会有利欲熏心之辈和企业像苍蝇见血，这类项目易成为吃请、收受贿赂等疑狱贪腐事件的温床。即使从后藤方案大幅瘦身的复兴局，也无法超然世外独善其身。不少干部招致下台、自杀、有罪判决的噩运。㉟我们不妨来看一下，虽伴随种种悲剧仍大功告成的关东大地震灾害的创造性复兴究竟为何物。

各省管辖的恢复重建事业，与划拨 8 亿多日元预算一起被委以各省，复兴局的工作就是关系东京与横滨城市规划方面的积极复兴。具体做了什么呢？土地区划、道路、桥梁、公园四项核心事业。分别观其大略吧。㊱

明历大火以后，虽说有很大改观，但江户的街道依然是巷道拥挤，里面的平民住宅和大杂院鳞次栉比，把它们改造成大街小巷井然有序的现代化街道，即土地区划整理事业。法律依据是 1919 年的城市规划法，为了便于在大震灾下有效执行，基于帝都复兴院的方案制定了加强强制力的特别城市规划法。

土地所有者必须无偿提供一成的土地，超过一成的部分可以得到补偿。两项合计的平均面积减少比率为 15.3%。预计经

图 1-4 在帝都复兴祭上，皇宫前广场上人头攒动（1930 年 3 月）。

过区划整理的土地价值将大幅提升，此措施虽被认为稳妥，不过大规模区划整理在日本尚属首次，3月施工地区刚一公布，以地主阶层为中心的群体对面积减少比率和换地的反对运动倏然声浪沸腾。有趣的是，一方面"反对联合会"举办演讲会，另一方面以东京市政调查会为中心，请后藤、直木、佐野等做讲师的推进派演讲会也召开了十几次。进入夏季，反对运动开始降温。

对震灾时大火烧毁面积 1100 万坪（3300 万平方米）中的 920 万坪（3040 万平方米）进行了区划整理。其中约二成的 180 万坪（594 万平方米）由复兴局负责，八成由东京市承担。

修筑道路项目占据了中心位置，而宽 12 间（23 米）以上的 52 条干线道路是复兴局的工作。贯通南北的昭和大道、横亘东西的大正大道（现名靖国大道）即此时建成的东京大动脉。东京市建设了 122 条 22 米以下的辅助道路。

特色丰富的是桥梁项目。木造桥在震灾时被大火烧毁,很多人死在了河岸上。太田土木部长以隅田川的六大桥梁为中心,将其改建成坚固的铁桥。不仅如此,为了建成景观诱人的桥梁,设立包括艺术家的"外观设计审查会",力求取得工学与美学的和谐。国家(复兴局)承担建设112座桥梁,东京市担当了4284座桥梁的建设。

成为后世居民资产的是公园项目。大震灾害前的东京,有面积约63万坪(208万平方米)的30座公园。通过复兴事业,由复兴局打造建成隅田、滨町、锦系三大公园。更引人注目的是,东京市开辟了52个小公园。它们大多与小学相邻,作为校园的延伸,这同时也是考虑到灾害时儿童与居民的安全。公园里配备了抗火灾的常绿阔叶树和喷泉等水源。美观与安全的融合给城市带来莹润。

117所学校的校舍重建,都是钢筋混凝土三层楼建筑。这也是东京市经手的。上下水道的完善如是。

国家的复兴事业虽然因后藤的退出而缩小,但在一定程度上经过内务省复兴局和东京市而浴火重生。关东大地震的灾后复兴理念与构想意外地四处生根,奠定了首都东京的重建和创造性复兴。

话虽如此,例如跨越烧毁地的区划整理,以及大环线建设等,囿于预算削减而无法开展。路面比当初的计划更窄,也有雄心勃勃的构想无法得见天日。

即便如此,关东大地震灾害的复兴,从整体来看远远超出"复旧"水平,成为建设现代城市东京的创造性复兴,而它直到战后都具有作为全国城市典范的意义。

注释

① 关于震度等级,请参考气象厅网站上的"气象厅震度等级相关说明表"。(https://www.jma.go.jp/jma/kishou/know/shindo/kaisetsu.html)

② 池田彻郎调查。震灾预防调查会,《震灾预防调查会报告》,第 100 号,1925 年。

③ 吉村昭,《三陆海岸大海啸》,文艺春秋,1970 年。

④ 中央防灾会议,《关于吸取灾害教训的专门调查会报告书:1923 关东大地震》(以下简称《关东大地震报告书》),第 1 编,2006 年。

⑤《关东大地震报告书》,第 1 编。

⑥《关东大地震报告书》,第 1 编。

⑦ 吉村昭,《关东大地震》,文艺春秋,1973 年。

⑧ 横滨市市史编纂科,《横滨市震灾志(第一册)》,1926 年。

⑨《关东大地震报告书》,第 1 编。

⑩ 吉村昭,《关东大地震》,前述。

⑪《关东大地震报告书》,第 1 编,自然科学研究机构国立天文台编,《理科年表(2017 年版)》,丸善出版,2016 年。

⑫《关东大地震报告书》,第 1 编,同前述《理科年表(2017 年版)》。

⑬ 山本纯美,《江户的火灾与消防》,河出书房新社,1993 年。

⑭ 中央防灾会议,《关于吸取灾害教训的专门调查会报告书:1657 明历的江户大火》,2004 年。

⑮ 室崎益辉,《函馆大火(1934)与酒田大火(1976)》,兵库震灾纪念 21 世纪研究机构《灾害对策全书》编辑企划委员会编,《灾害对策全书 1:灾害概论》,行

政,2011年。

⑯ 震灾预防调查会,《震灾预防调查会报告》,第100号,1925年。

⑰ 《关东大地震报告书》,第2编,2008年。

⑱ 东京市编,《东京地震录》(前·中·后),东京市役所,1926年。

⑲ 兵库震灾纪念21世纪研究机构调查研究本部,《里斯本地震及其文明史意义考察研究调查报告书》,兵库震灾纪念21世纪研究机构,2015年。

⑳ 《关东大地震报告书》,第2编。

㉑ 吉村昭,《关东大地震》,前述。

㉒ 警视厅编,《大正大震火灾志》,警视厅,1925年。

㉓ 《关东大地震报告书》,第2编。

㉔ 内务省社会局编,《大正震灾志(上册)》,内务省社会局,1926年。

㉕ "罹难朝鲜同胞慰问组"调查(1923年10月末),收录于姜德相、琴秉洞编,《现代史资料6》,吉野作造,《朝鲜人屠杀事件》,美铃书房,1963年。

㉖ 波多野胜、饭森明子,《关东大震灾与日美外交》,草思社,1999年;内务省社会局编,《大正震灾志(下册)》,内务省社会局,1926年。

㉗ 鹤见祐辅,《后藤新平(第四卷)》,劲草书房,1967年;已故伯爵山本海军大将传记编纂会编,《伯爵山本权兵卫传(下卷)》,山本清,1938年。

㉘ 金七纪男,《里斯本大地震与启蒙都市的建设》,《JCAS合作研究成果报告》,8号,2005年。

㉙ 鹤见,《后藤新平》,后藤新平研究会编著,《震灾复兴后藤新平的120天——城市是由市民创造的》,藤原书店,2011年。

㉚ 宫内厅,《昭和天皇实录(第三卷)》,东京书籍出版,2015年。

㉛ 高桥重治编,《帝都复兴史》(全三卷),复兴调查协会,1930年。

㉜ 涩泽荣一纪念财团、涩泽史料馆,《涩泽荣一与关东大震灾》,2010年。感谢涩泽史料馆的桑原功一先生在资料方面的帮助。

㉝ 高桥重治编,《帝都复兴史》,第六章。

㉞ 筒井清忠,《帝都复兴时代:关东大地震以后》,中公选书,2011年。

㉟ 筒井清忠,《震灾复兴:后藤新平的120天》。

㊱《关东大地震报告书》,第3编,2009年;大霞会编,《内务省史(第三卷)》,地方财政协会,1971年;副田义也,《内务省的社会史》,东京大学出版会,2007年;高桥重治编,《帝都复兴史》。

第二章

阪神淡路大地震

1 撕裂并摧毁战后和平的直下型地震

大地魔神

2013年4月13日早晨,兵库县淡路岛附近发生6.3级地震,震源深度约15公里,关西地区震感强烈。

人们想起18年前的大地震也是发生在凌晨5点左右,并因为报道中提到野岛断层南端是此次震源地,开始担心这两次地震是否有关联。尽管气象厅否认了直接的关联性,但一些地震学者认为,这两次地震都可能预示着南海海沟大地震和海啸正拉开序幕。

因果循环就像纺车一样持续不停地旋转,不能将阪神淡路大地震视为已经结束的、过去的灾难而遗忘。

1995年(平成七年)1月17日凌晨5点46分,兵库县南部突然发生了地震。

我自身既是灾害的追述者也是亲历者,所以也应该把灾害发生时的亲身经历写出来。在这次地震中,我的家人平安无事,但位于西宫市甲阳园的家中,地面出现了裂缝,房子被水平移动了多达 25 厘米,而且房屋出现了倾斜。乒乓球在倾斜的走廊上飞快地滑过。在我工作的神户大学,包括参加我的科研课题小组的学生在内一共有 39 名学生不幸遇难。我亲身体验了这场破坏性自然灾害的残酷,它瞬间撕裂并摧毁了日本战后平静的日常生活。

有些事情没有经历过是无法理解的。就比如第一章开头提到的城市直下型地震所产生的猛烈推力。

没有任何征兆,突然,我被抛了起来,醒了过来。怎么了,是飞机坠毁到我家了吗？下一刻,剧烈的摇晃。地震了。但是,有这样的地震吗？大地魔神用双臂死死地抓住我的家,并试图将它撕碎。不毁掉它是不会停下来的。房子发出嘎吱嘎吱的悲鸣,即使在黑暗中,也能看到家具在房间里被抛得飞来飞去。快住手！你想杀了我们所有人吗？我所能做的就是紧紧按住睡在我和妻子之间六岁的小女儿,不让她被魔神带走。当剧烈的震感停止后,我仍然对自己竟然还活着感到不可思议。

我的学生森涉君住在神户东滩区的本山,那里是受灾地区中地震最猛烈、伤亡最严重的地方。地震发生三天后,在他父亲的守望中,他的遗体被自卫队等从废墟中找到。在他父亲的引导下,我也来到了现场,看到森涉君生前住在一栋干净整洁的二层公寓楼的一层。周围到处都是倒塌的房屋,甚至连高层建筑都倒塌了。并不是建筑防灾设计标准有问题,而是地震强度远远超出了人们的设想。这里的受灾程度甚至比我西宫的家周围的地区还要严重。

黄昏时分，我注意到一个身影坐在破损的建筑里，手持鲜花在祭奠。经旁人介绍得知，她是曾经与森涉君有过亲密交往的女生。我从她那里得知了森涉君的一些情况。森涉君原本已经确定要在一家报社就职，但他为了完成一篇出色的毕业论文，"让老爸（本书作者）赞不绝口"，而放弃了在大阪堺市父母家里的休假日，回到了自己在神户的寄宿公寓，结果遭遇了灾难。这就像是学生在完成本职工作时不幸牺牲一样的故事。我只是出于教师的本职专注于教导我的学生，但是森涉君却以一种远远超出教师认知的热情做出了回应，我意识到这成了他死亡原因的一部分时，敬慕之心油然而生。

兵库县南部地震的震源位于淡路岛北端附近的明石海峡地下 16 公里处。

从震源向西南方向，沿着淡路岛西海岸约 15 公里，野岛断裂带发生了滑动。断裂部位露出地表。此外，从震源向东北方向，沿着六甲山南麓延伸约 20—30 公里的地下岩层发生了断裂。由于这些断层被沉积层覆盖，所以地表上看不到地震裂痕。

7.3 级地震导致 40—50 公里长的活动断层发生了移动，灾害损失极其严重。这是因为，以六甲山山麓南侧人口稠密的市区为中心，形成了一个被称为"震灾带"的地震烈度为 7 级的强烈地震带。虽然影响范围有限，但城市直下型地震近距离袭击大城市，致使城市受灾程度十分严重。

这次地震导致约 10.5 万栋建筑完全损坏，共造成 6434 人死亡（包括与灾害相关的死亡）。日本内阁决定将这场大灾难称为

"阪神淡路大地震"。[1]

决定生死的住所

由于地震发生在凌晨,当时大多数人还在睡梦中,生死很大程度上取决于建筑物的状况。根据警察厅的统计[2],由地震直接造成死亡的5502人的死因中,约占87.8%的4831人是房屋或家具倒塌导致的窒息死亡。接下来约10%的550人疑似因火灾死亡(其中有些人可能是在死后被烧伤的)。以上约占97.8%。剩余约2.2%的121人则是在户外由车辆倾覆或物体坠落导致的死亡。

哪些类型的建筑中的人成了灾害的受害者?有一项对4885名受害者居住建筑类型的调查:(1)平房或二层以下独立住宅(低层独立住宅);(2)二层以下公寓住宅(低层集合住宅);(3)三层以上独立住宅(中高层独立住宅);(4)三层以上公寓住宅(中高层集合住宅)。

调查结果显示,近半数的受害者(约48.7%,2377人)居住在类型(1)的二层以下低层独立住宅中。特别是那些在1981年耐震设计标准强化之前,依据旧建筑标准法建造的木质住宅,倒塌率非常高。低层住宅,即按照新标准建造的建筑,包括装配式、2x4等新型建筑工艺建造的建筑,则几乎未发生倒塌。

其次是占比约36.6%(1788人)的类型(2)的低层集合住宅。这里仍旧留有不少战后不久建造的文化公寓和连排房建筑,其倒塌造成的伤亡人数非常多。

相比之下,类型(3)和(4)的三层以上的中高层住宅,包括独立住宅和集合住宅,受害者仅占约 9.6‰(470 人)。即使是钢筋混凝土建筑,也有发生楼层坍塌或整栋倒塌的情况。还有的公寓大楼,因损坏而被勒令让所有的居民撤离。然而,相对于其他类型,中高层建筑的安全性能仍然比较高。③可以说,调查结果证实了社会的普遍看法。

地震四个月后的调查显示,建筑物完全损坏率与死亡率(死亡人数占总人口的比例)之间存在高度相关性。如果将神户市划分为多个区并与其他市町村进行比较,神户市东滩区的全损率和死亡率均排名第一(学生森涉君也在其中),随后依次是滩区、长田区、芦屋市。直到第五位,全损率第五位出现在须磨区,死亡率第五位出现在兵库区,全损率与死亡率的地区才有所区别。

从各地区的遇难人数绝对数来看,从高到低依次为:东滩区、西宫市、滩区、长田区、兵库区、芦屋市。西宫市的遇难人数仅次于东滩区,位居第二。但从比例来看,西宫市的市区范围扩展到未遭受灾害的北六甲山区,拥有 43 万人口,数字低于六甲山南麓地震烈度 7 级的城市地区。④

关于死因,如前所述,压死占了近九成,其次不到一成死于火灾。

值得记住的是,在日本关东大地震中,有超过 11000 人因建筑物倒塌被压死,而由于强风助长火势而被烧死的人数超过 9 万。与关东大地震时犹如台风一般的狂风相比,阪神淡路地震时的风要平静很多。或许你们还记得神户市长田等地熊熊大火

图 2-1　在地震中断裂的阪神高速神户线(1995 年 1 月 17 日)。

的照片和电视画面吧。一个值得注意的细节,火焰和烟雾几乎垂直上升,避免了这场灾难演变成一场复合型灾难。当时神户的风速为每秒 1—3 米,顺风火势蔓延速度为每小时 20—40 米。如果风速增至每秒 3—4 米,则火势蔓延速度几乎增加一倍。1976 年日本山形县酒田火灾就是在每秒 10—12 米的强风下,火势迅速蔓延达到每小时 100—150 米。

然而,这并不意味着阪神淡路大地震时火灾发生得少。地震发生后的最初三天有 256 起火灾。仅地震发生当天就有 204 起,约占 80%,第二天和第三天分别有 26 起,各占 10% 左右。按地区划分,当天清晨,神户市共发生火灾 138 起(中央区 26 起、兵库区 24 起、东滩区 23 起、长田区 22 起、滩区 19 起、须磨区 16

第二章　阪神淡路大地震

起,各地区在起火数量上呈分散特征[1]),另外,西宫市35起,芦屋市13起。

起火原因包括人们在清晨取暖时使用电器、煤油炉或燃气设备等人为因素。但不少情况是,房屋剧烈摇晃时发生短路、漏电,或者在停电后恢复供电时发生火灾,这些都与人为因素无关,直接由地震本身引起。

所以,如果因地震发生房屋倒塌,最好考虑到会有火灾发生的可能性。如果此时伴随强风,情况会更加难以想象。即便没有风,如果同时发生多起火灾,超出了当地的消防能力,再加上地震使消火栓损坏,不能供水,那情况也同样严峻。

震灾口述史

有些事情,只有经历过的人才能明白。作为一种使命感,我们有责任将这些信息准确地传达给没有经历过灾害的国内外的人们,以及他们的后代。出于这种考虑,我们兵分三路,开始对阪神淡路大地震亲历者口述历史的记录。

我率领的小组主要承担向灾区地方政府首脑、警察、消防、自卫队等一线部队的负责人询问他们当时的紧急应对和危机管理情况。京都大学防灾研究所林春男教授的团队对灾后恢复秩序、重建复兴进程等各方面进行了广泛的采访。时任神户大学城市安全研究中心教授的室崎益辉领导的小组采访了360多名遇难者家属,了解到每位遇难者的死亡情况。

---

1 各区的火灾总数与前文提及的138起不相符合。疑似原文有误。

该项目由阪神淡路大地震纪念协会［现（公益财团法人）兵库震灾纪念 21 世纪研究机构］发起，承诺 30 年后公开项目调研成果。⑤如今，25 年过去了，我们已经获得了大多数当事人的同意，内容正在陆续公布。包括这些资料在内，本书希望尽可能地展示相关人员的真实经历。

当然，除了我们的口述历史之外，关于那场大地震的笔记和讨论数不胜数。其中，特别值得关注的是由日本消防协会编纂的重要著作《阪神淡路大地震志》⑥中收录的 46 人的讲述和手记。可能因为消防团是一个隶属市町村消防署管理，与居民合作的自治组织，消防团的活动深深植根于普通民众的灾难经历中。

与远距离地震不同，直下型地震是突然从地下猛地弹起来的。我在前文中讲过，以为是飞机坠落。从该书中记录的体验来看，很多人都有同样的感受。还有人甚至认为是附近发生了恐怖袭击的爆炸。

无论如何，初次猛烈的冲击，不仅让室内家具飞起，就连房屋和城铁车厢也被弹向空中，导致超过十万座房屋被彻底毁坏，并夺走了被埋在废墟下数千人的生命。

传统地缘共同体的救赎

有句话叫"天降福祸"，自然灾害也是如此，总是无差别地袭击所有人。然而，承受者的境遇不同，受灾情况也截然不同。例如，受灾当地政府的首长没有一人遇难。这可能是因为许多首长选择居住在安全的地方吧。

唯一住宅被全毁的是北淡町(现淡路市)町长小久保正雄的家。

町长凌晨在家中二楼被一声巨响惊醒,这让他联想起"浅间山庄事件"中,起重机摆动1.5吨重的大铁球撞击山庄墙壁的情景。接踵而来的摇晃是他小时候被放到岸和田花车上以来见过的最恐怖的一次摇晃。

由于房屋一楼的出口被堵住了,町长只得从浴室窗户跳下逃出。正向一位没有受伤的邻居询问情况时,从倒塌的房子中脱险出来的妻子提醒道:作为町长,你不需要去町公所吗?但是,倒塌的房屋堵住了约1.5米宽的小巷,无法通行。随即转到另一个小巷,那里也因为房屋倒塌,一家三口被埋在瓦砾下。整个小镇变成了一片废墟。在这个小镇上,每个人都相互认识。甚至把电话打到阴曹地府都会有回应。邻居们说:"这里就交给我们,町长你赶快去町公所吧。"⑦

距离震源最近、拥有密集的老旧木结构房屋的北淡町人口超过1万,其中有39人遇难。按市町村的单位人口死亡率计算,仅次于芦屋市,位居第二,其中3287户居民的房屋全损或半损,比例最高,达到67%。难怪町长会想:"这个小镇被全毁了。"

然而,北淡町引起人们关注的是其熟人社会的传统地缘共同体在灾难中表现出的韧性。所有被埋在废墟下的居民,无论生死,都在当天被搜救并妥善安置。町长回想说,他对灾害发生后,在三个小时内居民能够自觉地迅速开展自救活动惊叹不已。

他再次认识到,这是一个居民互相帮助,创造了奇迹的社区。"因为是日常相处的邻家,所以了解房屋布局,在救援中没有浪费时间。"⑧

西宫市的一位当地干部告诉我,西宫市是一个与传统小镇北淡町形成鲜明对照的现代化城市,在哪些地区能够救出生还者,哪些不行,分界十分明显。当被问及是什么造成了差异时,他回答说:"很简单,就是当地有没有传统节日及民俗文化活动。"⑨是否存在血脉相连的社区,便成为决定生死的因素。

另外,这场灾难之所以被命名为"阪神淡路大地震",将"淡路"这个名称添加其中,是北淡町小久保町长积极努力的结果。

在悲惨中折射出的人性光辉

令专业救援人员都为之动容的场面在灾区随处可见。

在1月份的寒冷中,当妇联消防团的妈妈们为神户灾区送来食品并端上热腾腾的猪肉酱汤时,人们甚是欢迎,排起了长队。轮到一个穿着肥大夹克的小男孩时,我说:"给你再盛一碗,带一份给妈妈吧。""妈妈在地震中去世了。"他说。我不由得改口说:"那就给爸爸带一份吧。"排在队伍后边的一位妇女告诉我,这个孩子已失去了双亲。我感到万分难过,对他说,爸爸妈妈的份也吃下,好好地加油,并且在汤里又多加了些肉。排队等候的人没有人对这种特殊照顾提出异议。⑩

有些事只有亲身体验过才能理解,其中之一就是废墟的气味。文明社会尚存时,每个角落都有自己独特的香味,然而灾后

第二章 阪神淡路大地震 73

的废墟却弥漫着一片毫无区别、浸泡在泥土中的土腥味。这或许就是所谓的形态不复存在的物质吗？平日里倍加珍视的房屋、家具以及物品，在地震中全都成为虚无。

但是，家人都平安无事，工作依然存在。即便物品不在了，人与人之间的关怀依旧存在。"我想连我的价值观都改变了。"⑪我的妻子在剧烈震动平息后，抱着睡在旁边的小女儿说："只要有小遥在，妈妈什么都不需要。"她对之前热衷的收藏也不再那么关心了。

在神户市长田区，一家人被倒塌的房屋埋在了废墟中。火势正在逼近。隔壁米仓的主人决定拆掉自己的仓库，采取与江户时代相同的隔离灭火法，防止火势蔓延。他们在屋顶绑上绳子，约五十人一起用力将仓库拉倒。"多亏了这样，被埋在废墟下的人才没有被烧伤，并被成功救出。"⑫

也有活生生被烧死的案例。芦屋市一栋两层公寓倒塌，一位年轻女孩被压在柱子下。救援活动正在紧张进行，火势迫近。女孩对妈妈挥了挥手说："妈妈，再见。"消防团大声鼓励女孩，"这就来了，再坚持一下！"，并不断地将水泼在身上，奋力冲进火场，但柱子一动不动，火势越来越猛。母亲拦住了那些勇士："你们要是过去了，就都回不来了。"⑬

在长田区的一片焦土中，一位父亲双手合十，说着："没能救出来，对不起。"这一幕在电视上播放。那天，一家四口都被埋在瓦砾中。父亲设法自行逃出脱险，母亲虽然受了伤，但被救了出来。父亲向倒塌的房屋呼喊孩子们的名字,女儿没有回音,但儿子在废墟下有了回应。父亲拼命地挖,终于看到了儿子的手指。父亲继续挖,抓住了儿子的胳膊使劲拉,但重物压在儿子身上。火势逼近。如果那时有重型机械或千斤顶该有多好。火越烧越烈。儿子最后说:"爸,快跑!"但是儿子还活着,可以握着父亲的手。怎么可能放手离去呢?儿子说出了最后的话:"爸爸,谢谢你。我愿意在这里死去,妈妈能获救太好了,我放心了。"父亲在焚毁的现场双手合十。"对于父母来说他是个很优秀的孩子……"

毫厘之差的瞬间,便是生离死别。每个人都有可能背负着这样的宿命,追忆着已故孩子的音容笑貌,走在黄昏的路上。命运的重锤近在咫尺,远非简单的价值观转变可以概括。它正是大灾难本身。

那是无法去指责的摧毁,但人心摧毁不了。正因为悲惨至极,人性中熠熠生辉的一面反而更能得到凸显。

2 安全保障的一线部队

自救·互助·公共援助的减灾

"当局在做些什么!"

在遭受到意料之外的大灾害重创的社会中,必然会发生这样的怒吼。这是可以理解的。灾区尸横遍野的惨状到底由谁来承担责任呢?天灾不是谁的错,但人们并不容易接受这个说

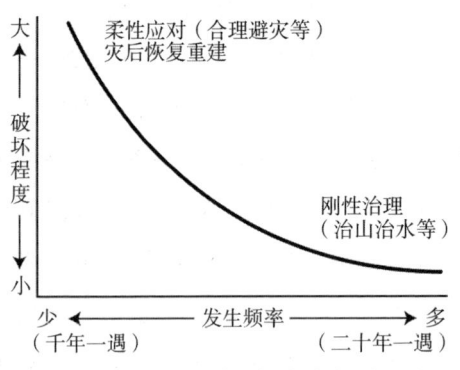

图 2-2 灾害强度与频率相关性图（应对方法）

法。如果社会的应对措施及时的话，或许可以避免如此巨大悲剧的发生。政府不就是为了国民的安全和福祉存在的吗？这不就是政府有税收权、培育强大组织的原因吗？正是这样。如前所述，历史上政治权力随着农耕社会的发展而壮大。政府的基本任务就是通过治理山川来保护居民的安全，确保粮食作物的丰收。

不过，这主要是指为每年如期而至的雨季和台风做好准备。针对十年、二十年一遇的集中暴雨等的山川治理也许可以算是政府的责任。但是，对于百年、千年一遇的暴雨、台风、大地震和巨大海啸的防灾准备是否也是政府的责任呢？社会会接受这样的税收负担吗？

不要低估大自然。完美的防灾是不可能的。

人类社会唯一能做的就是减灾。通过结合各种减灾措施来减少灾害损失。关键是将人的生命损失降到最低。当大自然百年、千年爆发一次暴虐时，我们会敬畏它，并远离它。逃命是为了活下去。然后，在全国人民的支持下勇敢地进行恢复重建。人类对控制灾害的进一步努力绝不能懈怠，但也不能自大地认为我们可以完全控制大自然。

无论人类和社会如何做好应对灾害的准备，大自然总会残酷地来个突如其来的攻击，让许多人命丧瓦砾之下。在这个时候，第一个受到考验的是社会自救和互助的能力。

加强房屋的抗震能力和家具防震固定是自救减灾工作的核心。当灾害发生，人员被埋在废墟中时，如果有训练有素的社区组织，那么人员生还的概率会更高。这就是互助减灾。灾难发生的那一刻，现场的家人和邻居能够迅速营救被埋在废墟中较浅处的人们。但是，对于复杂、严重的建筑物倒塌情况，超出了没有专业装备的普通人的能力，就只能仰仗国家或地方政府部门进行援救，即公共援助减灾。

当受灾民众指责"当局在做些什么"时，他们关注的是首相和中央政府、知事和县级政府、地方首长和基层行政组织的救援行动。然而，中央和地方政府的主要工作是针对各类政治问题制定政策方针和制度设计，以及开展事务执行的文职工作。即便发生重大公共突发事件，官员和工作人员也不可能跑去现场将受灾者从废墟中救出来。灾害现场应该展现出强大力量的是安全保障的一线部队，即警察、消防队和自卫队。除这三方外，还有沿海水域海上保安厅的警察和消防部队。这些机构都是安全保障的承担者，但警察和消防部门主要负责平时的一般案件和事故的处理。相比之下，自卫队则以应对国防等国家层面的紧急情况为主要任务。他们平时不易被注意到。但自卫队还有其他责任，即处理其他部门难以应对的重大公共突发事件，并且还会应对严重的灾害。阪神淡路大地震为促进这种国民认识提供了一个契机。

相反，平时与市民生活密切相关的是警察。过去那些像政府权威现场代理人般可怕的警官，现在成为在警务工作站亲切地给市民指路的巡警，得到了越来越多市民的信赖。对于这些警察来说，阪神淡路大地震也是一次巨大的考验。

对警察的考验

兵库警察署四层钢筋混凝土结构的建筑一层垮塌，在署内执勤的28人中，10人被埋在了废墟下。因钢制桌子支撑住了天花板，与地面之间留下了大约40厘米的空间，除1人被直接击中当场死亡外，其余9人得以幸存。

一名在电话室受了伤的巡警，以为自己快不行了，就逐个呼唤着妻子、大女儿、大儿子的名字。另一位被埋在瓦砾中的巡警想着若能生还，要给孩子洗个澡，弥补平日的亏欠，复杂的心境使身体不由自主地颤抖。处在死亡边缘时，他们能做的只能是惦记着家人，但获救后，他们就忍着伤痛，连续两天两夜奋力投入救援工作。父辈对工作的坚守，让孩子们为他们感到骄傲。

即使警察署倒塌、有警员牺牲，也不意味着民众会停止寻求救援帮助。"快救救我们！人还活着！"市民接连发出救援请求，形成了长长的等待名单。被埋在废墟下、头部流血的兵库警察署值班负责人刑事科科长,在听到同事从上面呼唤时,回应道:"我没事,先去救救市民。"赶来的警察署署长命令其他人先迅速出动,去周边地区参加抢救,"这里等一会儿再说",科长在瓦砾下听到后,随即附和表示赞成。几小时后,赶来的机动队在坍塌的墙体上凿开了一个洞,科长才被救了出来。

即使整个警察署的人员都出动了,求救的呼声仍然不断。留在署内负责通信的主任,一边安慰市民耐心等待自卫队和机动队警察的到来,一边不得不继续回应不断增加的市民请求,这让他感到非常痛苦。这时,一个小学生模样的女孩走进来,说:"妈妈被埋在下面了,求你救救她。"没有人手!自己也无法离开响个不停的无线电岗位!所能做的只能是抱着那孩子:"原谅我!原谅我!"他不断地道歉,眼泪止不住地流。[14]

不用说,警察是以都道府县为单位的全国性组织。兵库县警察局局长泷藤浩二在这突如其来的大地震发生时,回忆起关东大震灾的教训。那时,受灾地受谣言毒害,混乱的秩序导致了针对在日朝鲜人的"二次灾害",这是绝对不应重演的。警察厅厅长国松孝次也表示,他最初曾担心"会发生抢劫行为"。

即便内务省被解散,关东大震灾的经验教训也仍然留在警察组织的记录中。拥有警备工作背景的兵库县警察总部部长,凭着多年工作经验觉得,灾区的每个角落都有可疑男子的出现。当他把疑虑告诉部下时,他们也正为此而感到担忧。于是部长指示下属:"穿着制服走上街头,让市民明显感受到警察的存在。"有必要具象化地显示出秩序的力量。

与关东大地震完全相反,阪神淡路地区没有发生抢劫暴力事件,市民因此被世界赞誉为具有良好素质。但这只是结果,大灾害初期确实有过危急时刻。警察为确保正确信息的传递,向受灾安置点分发了一万部收音机。随着供电的迅速恢复,电视等大众媒体对灾情进行了如实报道,像关东大地震那样的噩梦也随之消散。

制服展示出的存在感让警察遇到预料之外的境况——着警服的人,都会被拉住衣袖说"请救救我的家人"。即便有其他任务,他们也不得不优先参与救援活动。

从总体上看,警察署是维护日常治安的部门,并没有处理重大突发事件所需的人员和装备。与自卫队和消防队相比,警察的装备非常简陋。弥补这一不足的是全县警员高昂的士气。即便警力自身也遭受灾害打击,但是在地震发生两小时后的早上8点,全县就出动了四分之三的警力。此外,灾害发生当天即从县外赶到2500名警员,两天后又赶来了5500名,这也体现了警察作为全国性组织的出色团队合作。⑮

相对消防1387人、自卫队165人,警察则是3495人,这是统计到的各部门参与抢救行动的人数。虽然有警官因无法去救人而悔恨不已,但这个压倒性的成绩(也包括与其他组织联合救援),无疑体现了警民鱼水情。

在地震发生后相当长的一段时间内,国道2号的交通管制未能及时实施,严重的交通堵塞致使救援车辆无法通行,以及警方公布的遇难者仅包括身份确认完成的遗体,致使早期错失了准确判断灾情的严重性的机会,这些成为警察在阪神淡路大地震中的反思之处。

超出消防救援能力的火灾

震灾通常伴随着火灾,这一点并没有什么改变。然而随着时代变迁,火源却发生了变化。

关东大地震(1923年)和福井地震(1948年)中,主要火源是炊事用的灶台。20世纪60年代经济的快速增长改变了日本人的生活方式。1964年新潟地震中,油罐、燃气器具和煤油炉导致的火灾引起了人们的关注。

1993年钏路冲地震以来,与电器相关的火情变得愈发显著。1995年的阪神淡路大地震也是如此,除了约占40％的起因不明的火灾之外,由于电器设备或停电后恢复供电而导致的火灾,以及天然气管道破裂引起气体泄漏而引发的火灾占了大多数。[16]

生活的现代化使厨房生火做饭的方式成为过去时,取而代之的是使用电、燃气的便利开关点火。如今,越来越多的设备在感测到晃动时会自动关闭。即便如此,伴随地震而发生的火灾仍然屡见不鲜。即使人们并未使用电器或燃气设备,强烈的地震也会引起电线短路和燃气管破损。如果大城市遭受地震的强烈晃动,火源虽然无法确定,但火灾必然发生。

如上所述,1995年1月17日阪神淡路大地震当天,发生了204起火灾。18日和19日各发生了26起火灾。不用说,火灾最多的是人口密集的神户市，为138起，其次是西宫市35起，芦屋市13起。

那么应对火灾的消防力量如何呢？让我们来看看人口不足9万的小城市芦屋的情况吧。

芦屋市：

地震发生后，芦屋市发生了9起火灾。对此，芦屋市消防署配备了以5辆泵车为主，云梯车、急救车、指挥车等共计16辆消防车、85名消防员。另有规模100人以上的民间消防团和4辆泵车支援。起初，只有22名值班人员，但在一小时之内，又有12人赶到，集结的消防队员们士气高昂。面对9起火灾，共有20辆消防车，因此所有火灾现场都能投入多辆消防车进行灭火。然而，地震导致输水管破裂，778个消火栓不出水。所以，只能依靠60个防火蓄水池取水。水源不足的地方，就从游泳池和芦屋川、宫川取水。大火当天得以控制，7栋建筑完全烧毁，1栋部分烧毁。[17]

消防部门也是一个在平时为偶尔发生小规模火灾和事故做准备的组织，并没有处理异常状态下多点并发火灾的能力。就芦屋市的情况而言，可以说恰巧能应对这样的多起同时发生的火灾。根据对消防力量的模拟，在一个拥有9辆消防泵车的消防署管辖范围内，如果同时发生4处火灾，消防力量尚且能全部压制，但如果有5处甚至更多，最多只能扑灭其中3处，而如果是9处火灾，最多能处理2处。当然，风力和建筑特性等因素也会使情况变化莫测,但关键在于每个火灾现场是否有足够的消防车辆。[18]

西宫市：

  从这一点来看,西宫市则处境艰难。消防局识别到凌晨发生了22起火灾,但实际上当天发生了35起火灾。此次扑救的消防力量,只有15辆泵车和341名消防职员。而那天晨间值班的90人中,有28人为医疗急救人员,实际仅有62人是专门应对火灾的。但在两小时内赶到了89人。西宫市的特点在于,市民消防团(729人)拥有多达38辆泵车(作为对比,即便是神户市消防团也只有7辆)。可以说,这是一座期待"人民"发挥巨大作用的城市。

  大约3800个消火栓无水,所以只能依靠消防水池、游泳池、井水等取水。值得庆幸的是,在地震发生前一年9月,恰巧西宫市消防部门进行了应对异常干旱的特别训练,在消防署和民间消防团中,大力推广灵活利用自然水源灭火的方法。因此,早上消防车得知消火栓失去作用时,有29辆消防车立即连至消防水池,而另外19辆则在河流上筑坝来创造水源,积极高效地利用自然水源。其他设施包括2座游泳池、4口水井和4条水渠等。[19]其中,唯一取之不尽的是河水。

  与芦屋市不同,西宫市无法使用多辆消防车应对每个火灾现场,不得不以"一处火灾,一辆泵车"为基本战术。即便如此,也只有一处面积超过1000平方米的大规模火势蔓延。

能在当日扑灭大火得益于几个关键因素。消防局和民间消防团组成了联合部队,在积极发挥民间消防团力量的同时,灵活地确保了水源。还有一个重要因素是,作为与外界交通顺畅的受灾城市,当日有来自邻近8个市町的17辆车、67人提供了援助。

神户市:

神户市的困难还不仅限于此。早上6点,地震发生后14分钟,就已经发生了60起火灾。受灾地区的消防力量仅有49辆泵车、292名值班职员(包括急救人员在内)。一辆消防车要对付数起火灾现场,这种情况令人绝望。更何况,消防人员和组织也是受灾者。即便如此,地震发生两小时后,50%的消防员到场,五小时后到达了90%,这体现了他们强烈的责任感。

图2-3 水到来前,消防人员只能束手无策地站着(1995年1月17日)。

鲜为人知的是,有三个消防署和一个消防派出所在地震中损毁。在这样受损的情况下,神户市消防人员不得不艰难地苦斗(在日本社会,有一部分人主张政府办公设施建设不应铺张浪费,对气派的行政办公设施持批评态度。但是,只有自身安全了才能援救他人,为了危机管理,保护人民的基础设施应建设得更加牢固,这是社会常识)。

现有的消防力量无法应对多起同时发生的火灾。即使消防车最终抵达火势熊熊的现场,消火栓也出不了水。消防水池和小学的游泳池成为宝贵的水源。由于为了防止风灾和洪水灾害,六甲山南麓的河流被设计为直接排入大海,没有蓄水池,所以难以找到足够的水源用于灭火。但在水源匮乏的困境中,消防队员在新凑川、妙法寺川、都贺川等地堆放沙袋建成蓄水池,作为临时的灭火用水。

只有32%的火灾是在起火的建筑物处被扑灭的,有51%的火势蔓延至超过1000平方米。尤其是9起大规模火灾,蔓延面积超过33000平方米。其中4起集中在长田区。[20]

上午9点50分,神户市请求跨地区消防支援。11点10分,三田市的援救人员最先到达,午后,关西地区各地的消防车辆也陆续到达。这形成了令人难以置信的场景。为应对长田特大火灾,停靠在长田港的消防艇"橘"号向6组泵车输送海水,此外还有3组自主泵取海水的消防泵车,相继参与到灭火工作中。在其中一组中,连接了多达9辆泵车,沿途将海水输送至JR铁道线北侧的御屋敷、水笠和松野地区的大火现场。不知不觉中,来自各地的近百辆消防车对永田大火形成了包围圈。[21]

就这样,到翌日18日凌晨3点左右,大火基本得以控制。

关东大地震时的强风下,火势蔓延速度为每小时300米,而在无风或微风下的阪神淡路,火势蔓延速度只有其十分之一。即便在这样的侥幸之下,这么大的火灾,也绝不能掉以轻心。不得不警惕在强风下可能发生下一次巨大灾害,特别是直击首都等大城市的直下型地震。毋庸置疑,这将是任何消防署都无法控制的局面。

神户市消防局局长上川庄二郎接过指挥这一艰巨的任务,他指出,活跃的民间消防团、企事业单位的自卫消防队所发挥的作用是巨大的,同时指出,需要建立防灾福祉社区、培养市民防灾指挥员,如果不加强民间的自救和互助能力,就无法应对未来的巨大灾害。这些是值得有关方面侧耳倾听的。[22]

如前章所讨论的,江户屡遭大火袭击,直至建立了隶属幕府的灭火队、隶属封建领主的灭火队以及民间自主设立的消防队组织和制度,灾害损失才得以减轻。我们必须严肃认真地对待这一问题,并认清如果没有建立基于社区的防灾系统,21世纪的安全与安宁就不可能实现。

3 自卫队出动

姬路联队的动向

为什么在受灾地区看不到自卫队的身影?1月17日,从中午到下午,随着超出人们预想的受灾程度进一步明显化后,质疑不断出现。身为政府行政管理机构核心人物的内阁官房副长官石原信雄也曾在电话中斥责防卫厅。

随着危机的突发,社会舆论对自卫队的态度出现急剧转向。军队不得蛮横随意地出现在社会生活中的战后和平主义诉求,消失得无影无踪;取而代之的是,这种时候无法立即行动的自卫队究竟有什么用的质疑声。

然而,实际情况并非如此。自卫队反应迟缓,原因在于县知事的支援请求提出得晚。或许是受到反军队、反自卫队的战后和平主义思想影响,知事不愿对自卫队发出支援请求?或者说,问题的根本原因在于,当时由社民党委员长担任首相的内阁一直将自卫队视为违反宪法的组织……诸如此类,各种推测甚嚣尘上,直至今日,社会对此的认识尚未统一。即使是到了 12 年后的 2007 年,东京都知事竟能说出"神户地震时,地方首脑决策迟缓,导致 2000 多人不必要地失去生命"的言论。

我身为受灾地区神户大学的教授,通过调查记录口述史对这场灾害进行考证研究,至今仍在由于阪神淡路大地震而诞生的防灾减灾研究机构工作。另外,我从 2006 年到 2012 年担任日本防卫大学校长,有机会从内部了解自卫队的情况。超越有关自卫队的风评,准确客观地展示事情真相,是我义不容辞的使命担当。

负责近畿地区二府四县的陆上自卫队,是隶属中部方面总监部(伊丹)的第三师团(伊丹)。受灾地区中,西宫市和芦屋市由伊丹的第 36 普通科联队负责,而包括神户市在内的兵库县全境的警戒区域,则由姬路的第 3 特科联队承担。"特科"通俗讲就是"炮兵"。与兵库县、神户市进行联系的同时,负责灾害出动支援的正是姬路联队。

让我们看看联队长林政夫的具体行动和自卫队的初始应对。㉓

姬路郊外的官舍内,林联队长被地震惊醒。没有家具倾倒,也没有停电。震感大概是四五级。这场地震起源于淡路岛北端,具有向东北方向的指向性移动。相反,位于神户以西50公里的姬路,震感较小。这里电话线路正常,早上7点左右,负责部队调动的幕僚报告,阪急伊丹站和兵库警察署倒塌了,要求下达全员集结的三级呼集指令,联队长予以批准。

团队负责人是团队战斗力的体现,一个运作良好的组织,最重要的不是部下勇敢,也不是负责人能直接下达指令和做决定,而是在高层长官下达指令前,团队负责人会按工作流程收集信息,机智灵敏地行动起来。

早上7点半,林联队长下达了灾害派遣准备的命令,要求各部队"以上午9点半为目标"完成准备工作。同时,派出由三名联络官(LO)组成的三支先遣队,乘坐携带无线电设备的车辆经三条路线前往神户。一条路线是从南面,沿海边市区道路,一条路线是通过市区北侧道路,还有一条路线是经北郊的山阳道,只有通过实地调查才能确认哪条路线对部队派遣最有效。联队长命令必须尽快抵达,从县和市政府获得准确信息,探明神户哪里可以马上开展救援工作。这样的指挥可以说是细致周到的。

联队长很快就接到了先遣队的交通堵塞报告,随即向姬路警察署请求警车开道,并得到了应允。此外,如果没有直升机,可能无法快速移动。他向中部方面总监部提出请求后,得到的回复是可以提供直升机支援。随后,联队长对警备干部中村博少尉下达命令,并与兵库县厅取得电话联系,询问受灾情况。

早上 8 点 10 分,防灾无线电首次接通了兵库县厅消防交通安全科的防灾业务主管野口一行。野口主管的回答是:"情况不明。县厅五楼会议室已设立了灾害对策本部。"野口主管回忆说,当时他表示,县厅迟早会请求自卫队派遣救援,但自卫队方面并未收到这样的请求。这或许意味着,县厅防灾主管对请求派遣救援进行了含蓄暗示,但自卫队方面只依据明确的表述来理解。通话以达成保持联系的约定告终,但之后,防灾无线电就再也无法联络上了。

上午 9 点左右,联队长指示中村少尉,下次与县厅取得联系时,要表明"将此通话视为请求派遣自卫队支援"。下一次电话联络成功(根据兵库县方面记录的 NTT 线路)是在上午 10 点 10 分。当自卫队方面问及"我们是否可以认为,此通话是县厅方面发出的派遣请求?",野口主管立即回答:"请求派遣。"关于派遣地区,野口的回答是:"神户、北淡"。另外,虽然当时时间已经过了 10 点 10 分,但双方都同意按照"10 点提出请求"来处理。[24]

与此同时,按照联队长指示,姬路联队在上午 9 点半左右基本上已做好了出发前的准备工作。

林联队长指示副联队长乘上午 9 点 50 分出发的直升机前往县厅,向县知事当面请求派遣。就这样,自卫队通过两个途径确认派遣请求。在我看来,即使没有收到来自知事的请求,他们也已经做好了两个大队共215人的派遣准备。最终变成了一个由36辆车组成的长长的车队,大约100人一个大队,第一大队前往长田警察署,第二大队前往兵库警察署。要去往两个方向,一辆警车显然不够,于是他们请求增派了一辆。等这一切完成后,所有部队准备好出发时,已经是上午10点15分左右了。这刚好是在接到"县知事的灾害派遣请求"电话联系之后。

换言之,从结果上看,姬路联队从清晨开始做周到全力的准备,等到一切准备就绪的时候,恰好接到了派遣"请求"。

早上7点半,分三路出发前往神户的三个先遣队很快就遭遇了严重的交通堵塞。到达神户市中心最早的是在下午2点多,最晚的是晚上9点。正是因为当天早上就收到了交通堵塞的报告,林联队长事先请求警车开道,这才起到了显著效果。地震后,阪神高速公路姬路入口关闭了,警车开道,使派遣部队在可用路段快速通过。下了高速,虽然神户市内烟雾弥漫,一片漆黑,道路拥堵,但他们还是在下午1点半抵达了长田警察署和兵库警察署,这多亏利用了高速公路。

姬路联队还有约200人的兵力可以投入灾区。林联队长请求大型直升机支援,于下午2点55分起飞,飞往神户王子运动场(现王子体育场)。

失去家园的受灾民众涌入公园和学校等公共设施,但王子运动场因为上锁而无法进入。这使其成为几乎唯一足够广阔的空间,并可能作为直升机基地使用。

图 2-4　王子运动场上集结的自卫队车辆和直升机（1995 年 1 月 18 日）。

从姬路出发的约 400 名自卫队人员，于下午 3 点到 4 点之间抵达神户地面，开始救援行动。在长田区，自卫队与警察和消防部门组成联合队伍，而在东滩区则确定了救援区域分配。这样的协调工作，在混乱中并不顺畅，短暂的冬日白昼很快就结束了。

伊丹联队的情况

1995 年 1 月 17 日早晨 5 点 46 分，独自一人睡在一栋老旧木造平房的部队宿舍中的陆上自卫队第 36 普通科（原军队的步兵）联队长黑川雄三，被一声巨响惊醒。因为距离伊丹机场仅有两公里，有那么一瞬间，他以为是飞机坠毁了。一次纵向摇晃之后，紧接着是横向摇晃，部队宿舍摇摆得像扇子一样剧烈，家具倾倒，碗碟散落，联队长自己甚至无法从床上爬起（可能是震度 6 级）。

想必会有灾害派遣请求。凭着军人的直觉,联队长于早晨 5 点 55 分给联队值班人员打了电话,发布了二级召集令,命令 7 名幕僚集合。早上 6 点 10 分,接到召集完成的回复电话后,他迅速下达了召集全体队员的三级召集令。[25]

当时,联队名义上定员是 1100 人,但实际人数是 850 人。如果扣除因培训或借调而缺席的人数,大约只有 650 人。其中 150 人负责联队管理和后勤补给服务等工作,因此可出动的兵力大约是 500 人,且超过半数的队员当时居住在设施外,集结起来需要一定时间。

然而,有意想不到的侥幸。那天早上,联队原计划在琵琶湖西侧进行射击训练,所以前一天晚上不少队员在兵舍留宿。由于当地大雪,黎明出发的行动被取消。就在这时候大地震发生了。联队集结的反应非常迅速。

早上 6 点 35 分,伊丹警察部门向自卫队发出了救援请求。阪急伊丹站月台位于大厦三楼屋顶平台,但整座建筑倒塌,一楼的警务室里两名警察被埋压在下面。黑川联队长在早上 6 点 50 分派出侦察小队前往现场,发现被埋的警察还有生存反应。42 名救援队员于早上 7 点 58 分抵达伊丹站,到上午 9 点救出 1 名幸存者,收容 1 具遗体。

本次行动属于《自卫队法》第 83 条第 3 款关于邻近灾害派遣的规定,可由现场部队指挥官酌情决定派遣。

在那段时间里,出现了一个微妙的情况。大约早上 7 点 20

分,自卫队接到了多个西宫居民由于医院倒塌寻求帮助的电话。西宫市与伊丹市隔着武库川,相距10公里,是另一个市。此情形下的邻近派遣有难度,并且还未接到兵库县知事的派遣请求。

该坐等知事的请求吗?政府法令中,有一项自卫队自主派遣的规定。在特别紧急的情况下,无法等到地方知事的请求时,防卫厅长官等可以实施自主派遣(《自卫队法》第83条第2款但书)。根据政令,自卫队师团长也有权做出派遣决定。

无法联系到师团长的黑川联队长向副师团长诉说前方情况,"人都快死了!……"得到了"(自主派遣)有什么不好嘛?!"的默许。自卫队把拯救人民的生命作为首要任务。

然而,这与战后社会的常识相悖,并且可能因为出动手续不严谨而被问责。面对我的询问,了解军事史并且也是一位战略家的黑川先生回答说,这与旧关东军幕僚擅自发动对外战争的情况不同。"我们不是去做坏事,而是去救人的。"但是,当被问到万一被问责会如何应对,他平静地回答:"没办法,如果受到处罚就接受吧。"

早上8点,联队长召集了1名中队长,命令他带队前往西宫市进行救援行动,并在20分钟后立即让准备就绪的40人出发。这是在得到"知事的请求"的一个小时四十分钟前发生的事。渡过武库川,景象完全变了,到处是人间地狱般的灾区。

黑川联队长在确认了自己的主要防区大阪市未受重大破坏后,于上午11点25分派遣了两个中队前往西宫。

当天派往西宫的206名队员,成功救出了6名生还者,收容了29具遗体。他向芦屋市派出了两个中队共118人,救出了4名生还者,收容了1具遗体。无论是姬路还是伊丹方面,联队的最初行动都十分敏捷,可以说是竭尽了全力。只是单靠两个联队,战斗力还是过于薄弱。

战略层面的决策失误

伊丹市是日本陆上自卫队的中枢要地。这里不仅有第36普通科联队,也是管辖近畿地区两府四县的第三师团司令部,以及统帅东至中部地区,西到中国、四国地区的中部方面总监部总部所在地。

对于这次大地震,自卫队的派遣规模有以下4种可能的选择:(1)由于是在两个联队的防区受灾,所以只让这两个联队出动;(2)动员近畿地区的第三师团各部队;(3)动员中部方面总监属下的各部队;(4)动员全国的自卫队。

这样重大的决策,应当是陆上幕僚长富泽晖以尊重松岛悠佐总监的现场判断的方式做出的吧。

表2-1 阪神淡路大地震期间日本陆上自卫队
中部方面各部队的动向

主要部队	所在地	派遣地点	部署周期 (到达日期和时间)
第36普通科联队	兵库·伊丹	伊丹市	1月17日 早上7点58分
		西宫市	1月17日 上午10点左右

续 表

主要部队	所在地	派遣地点	部署周期（到达日期和时间）
		芦屋市	1月17日 下午1点05分
		尼崎市	1月18日 早上6点27分
第3特科联队	兵库·姬路	神户市	1月17日 下午1点15分
第3高射特科大队	兵库·姬路	淡路岛	1月17日 下午4点40分
第3后方支援联队	兵库·千僧	伊丹·西宫·芦屋·神户市	1月17日 凌晨0点30分
第7普通科联队	京都·福知山	神户市长田区	1月18日 早上6点
第37普通科联队	大阪·信太山	神户市	1月18日 早上8点30分
第3坦克大队	滋贺·今津	芦屋市	1月18日 早上5点50分
第15普通科联队	香川·善通寺	淡路岛	1月17日 下午5点40分
第8高射特科群	兵库·青野原	神户市须磨区	1月18日 早上8点30分
第8普通科联队	鸟取·米子	神户市滩区	1月19日 凌晨4点30分
第33普通科联队	三重·久居	神户市东滩区	1月19日 早上7点

出处：根据防卫厅陆上幕僚监部《阪神淡路大地震灾害派遣行动史》(1995年6月)等制成。

松岛总监由于未能与兵库县或神户市取得联系而无法全面掌握受灾情况,感到非常焦急,便命令他属下的八尾航空队出动直升机进行空中侦察。

经过早上7点14分和上午9点半的两次飞行,他确认了阪神高速公路倒塌、大范围火灾、建筑物垮塌、道路龟裂等情况,判断这是一场规模相当大的灾害。不过,从空中仅能看到屋顶,看不到底下的楼层已经坍塌。总监认为,若受灾地区仅限于神户市与阪神地区及淡路岛北部,则以第三师团为主力,并从其他地区适当增援就足够了。这种区域限定的认知是合理的,但未能准确把握灾情的严重程度。

能够纠正这一点的,原本应该是来自最早抵达灾区先遣部队的现场情报。然而,师团司令部和总监部都没有要求派遣部队报告现场情况。因为认为这不是战争,所以没有要求报告现场状况,而是指示地面部队尽可能多地救人。或许就是因为认为事态没有战争那么严重,所以对大局的判断才出现了延迟。

进一步加剧事态严重性的则是严重的交通拥堵。

当天,第三师团除了姬路和伊丹部队以外,只有香川·善通寺的部队在黄昏时分抵达淡路岛,其他部队均未抵达灾区。如表2-1所示,其他部队直到第二天18日的早晨才终于抵达。交通拥堵直到深夜过后至黎明之前才有所缓解。尽管第一天的工作就救出了80%的幸存者,但自卫队的到达却延后了整整一天,不能令人满意。

面对这样重大事态,其一,没有进行交通管制,其二,是根据确认的遗体数目来公布死亡人数,这一开始就误导了社会,让人们认为是轻微的灾害,这两点是警方需要严肃反省的。17日中午公布的"203名遇难者"的消息使首相村山富市意识到了情况的严重性,晚上7点的"1132名遇难者"的消息让松岛总监放弃了原先仅第三师团援救灾区的方针,并于18日凌晨3点,命令名古屋的第十师团和广岛的第十三师团出动。三重·久居和鸟取·米子的联队是在第三天19日的清晨抵达神户的。

尽管每天都延迟了一些,但到19日傍晚已经有多达13000名自卫队队员完成了在灾区的集结。32人、66人、44人、12人——这是自卫队从17日到20日成功救出的幸存者人数。同时,消防部门营救的人数是1110人、154人、92人、16人。与之类似,被警察救出的幸存者数量最多,3185人、245人、48人、12人,大部分获救集中在第一天,约占91％。唯独自卫队在第一天本该大量救出幸存者的时候,却成绩欠佳,造成了这种反常的数字。即使包括自卫队在内,99％的救援都是在72小时(三天)以内实现的,第四天之后的救援就几乎是见证奇迹了。然而,更为深刻的事实是,第一天的决策至关重要。大约86％的生存救援都发生在最初的一天。

如果人口稠密地区遭受7级地震袭击时,设想可能会出现数千人遇难的情况的话,或许做出自卫队在最初应对时集中投下大规模兵力的决策判断更加容易。这一点成为整个日本社会的重大反思之处。

在接下来的 100 天里,自卫队的救灾活动非常有力。

开通道路、清理废墟、确保所有遗体的地毯式搜寻,以及守护救助生命线的全身心投入行动,改变了公众对自卫队的看法。自卫队用实际行动证明,他们是强韧而温暖的,是国家和民众安全的最后依靠。

对于起初的反应迟缓,自卫队进行了反思,此后进行了重大改革,并在东日本大地震中发挥了杰出的作用。

4　生存救援与"地震带"

学生宿舍的奇迹

在神户市东滩区,从阪神电车深江站向南步行大约 10 分钟,跨过国道 43 号线就到了位于大海一侧的神户商船大学(现在的神户大学海事科学学院)正门。从深江站向西北方向的国道 2 号线步行,就是同大学的学生宿舍——白鸥寮。

白鸥寮入住的 250 名学生,在 1995 年 1 月 17 日阪神淡路大地震中,在附近 2 公里范围内,从四周倒塌的房屋废墟下救出了约 100 人。为什么这些不是警察、消防和自卫队那样的专业人士的学生却能够救出这么多人?

白鸥寮学生会主席有田俊晃(震灾当时,就读于商船系统学专业机械学方向三年级)表示:"我们只是做了我们应该做的事。我不认为因为我们是商船大学的学生才做了什么特别的壮举。平时我们受到了邻居们的很多照顾,而他们现在被埋在瓦砾下。

大家可以齐心协力做点什么帮一下他们。我们是出于这样的想法采取的行动。"他谦虚的话语令人印象深刻,但想要帮助平日经常关照自己的邻居,这件事真的是谁都能做到的吗?

在灾区房屋倒塌的深处,公共救援之手往往难以及时到达。如果只是等待救援,那么从瓦砾下传来的声音将一个接一个消失。在灾区社区中,能否自救和互助成为被埋在瓦砾下的人们生死的关键。

那么,灾害发生时能够让大家彼此互助的关键是什么?为了说明这个问题,我们以神户商船大学白鸥寮为例。[26]

白鸥寮尽管位于震度 7 级的灾区中心,但宿舍本身未受到什么损害,这一点非常重要。

只有自身安全的人,才有能力救助他人。我们已经看到,由于神户市的许多警察署和消防署都倒塌了,救援民众的条件需要花费时间整备。这是一个担负着社会安全保障的部门的重大失职。如果被市民同情说"您自己也是受灾者",那么任务就无法完成了。

白鸥寮是一座建成已有 40 年的老楼,但它是钢筋水泥构造,虽然地震导致建筑出现了裂缝和造成了地面的隆起,但并没有倒塌。

前一天晚上,有田在三宫的居酒屋与朋友喝酒聊天,直到 17 日凌晨 3 点才上床睡觉。凌晨 5 点 46 分那一击发生时,二年级学生田中康仁以为是卡车撞到了宿舍,这是住在位于国道 43 号线与 2 号线之间的宿舍的人的直观感受。

在剧烈摇晃中,一台录音机砸落在有田的头顶,他以为"完蛋了",侥幸没有直接击中头部,学生会也幸运地没有失去一位领导者。虽然建筑物安然无恙,但也不难想象如果被家具砸中会有多么可怕。所以,固定好家具以及把床布置在安全的地方就可以减轻受灾程度。

地震平息后,有田来到中庭,在黑暗中确认了宿舍楼的安全。作为学生会主席,他指示周围的学生干部"宿舍所有人员,到中庭集合"。点名结果是,住宿舍的 250 名学生中,当晚在宿舍的人都安全。如果建筑物和学生自身的安全没有得到保障,那么白鸥寮学生会之后的大显身手根本就不可能发生。

不难发现,商船大学寮与一般的地缘社会乃至普通大学寮有所不同。它更像是防卫大学的学生寮。我担任防大校长一直到 2012 年。在防大学生寮,学生队长一声号令,全体学生迅速按照大队、中队列队接受检阅。商船大学针对海上男儿的训练培养出了战斗集团般的秩序,在寮学生会主席的领导下设立了各种职务,在必要时相关人员可以迅速形成一个纪律严明的联合行动的组织。

白鸥寮西侧是三和市场,时常有寮里的学生光顾这里,是学生们填饱肚子的"后厨房",这里有很多脸熟的大叔大妈。夜色渐白,当学生们走到寮外面,看到三和市场倒塌的景象后都屏住了呼吸。房屋倾倒在道路上,屋顶上的拱廊也坍塌了,以至于无法进入市场。到处弥漫着煤气的味道,如果这时谁点燃了香烟,说不定会产生爆炸。

"下面有人被压住了。"有人大喊。一些在中庭集合的学生还穿着睡衣就准备去参与救援。有田拦住了他们,指示他们先返回宿舍,穿上作业服、防寒服、安全鞋,戴上工作手套,拿上手电筒后再去救援。同时他指示,为了安全起见,大家至少要遵守避免单独行动这一条,并且要随时汇报情况。除此之外,"细节无须多言,在航海实习中都有过体验,大家都明白"[㉗]。他们是一群具有一定的装备、训练有素、英勇果敢的年轻人。

然而,徒手救援困难重重。

有田让人去没有倒塌的人家借工具。他们借到了锯、锤子、撬棍等。随着救援工作的继续,有田爬上屋顶环顾四周,发现不只是三和市场,视线所及的大部分木造房屋都已经倒塌了。这是非同小可的情况。灾害影响范围非常广。他预感到这需要有力度的组织性的应对。

经过上午几个小时的救援活动后,有田返回宿舍,将学生值守室设为救援应对总部,并召开了负责人会议,决定救援内容和分工。当天,不仅有460名周边居民来到被指定为避难所的白鸥寮避难,还不断地有邻居们赶来寻求救助。寮学生会根据情况,每次组建数人的救援队前往救援。他们还从寮内、校内、居民家中和消防署收集了电锯、千斤顶等装备。他们用寮学生的汽车把伤者送往医院,但由于道路严重拥堵,他们发现能够在小巷子里穿行的手推车更为有用。

日落时分,学生会考虑到同学们的安全,停止了所有的救援活动,让他们返回宿舍。当日的活动总结显示,在第一天的救援活动中,大家共救出了一百多人。在受灾现场,有人对一位被压在瓦砾下的老妇人说:"妈妈,学生们很快就会来救您了,再坚持一下。很难受的哦。"二年级的惠美裕永远不能忘记这一幕场景。这一天,商船大学的学生们成为地区社会不可或缺的存在。

大地震也是对不断推进现代化发展的日本社会发出的一种信息。

在现代化过程中,人们逃离了束缚多、机会少的乡村共同体,搬到城市中生活。虽然可能变得自由了,但大地震告诉我们,这自由也包括了冷漠的人际关系下,自己即便死了也无人知晓的死亡自由。对城市而言,若不重建基于自发性的社区,那么从紧密但喧嚣的共同体到自由却丧失共同体的城市,不过是一种极端的摆动。

正如兵库县西宫市的教育长山田知(后来的市长)之前所指出的,一个地区是否举行当地传统节日的庆祝活动,决定了生存救援的结果。地缘居民相互了解并具有地缘归属感是形成社区的首要条件。

但是,白鸥寮的例子告诉我们,仅此还不够。

单有热情还不够。如果没有冷静的组织性应对,就无法救出更多的人。仅凭赤手空拳就救出的被埋人员是有限的。工具必不可少。社区中心和防灾基地必须储存一定数量的装备。

最重要的是领导力,或者说是负责协调的角色。不是来自远方的队伍,而是需要地区内的领袖。白鸥寮周边的居民意外地享受了这样的幸运。从当地居民那里听说,在西宫市甲东园,恰巧有个住在那儿的电工大叔,他指挥邻居们从家里和车里拿来工具准确地切开倒塌房屋,救出了被埋的人们。

这并非单纯巧合,而是每个地区都需要提前指定好内部领导者。每个地区不仅要举行当地传统节日的庆祝活动,还要进行防灾及救援的联合演练,这些将在危急时刻起到决定性作用。我希望人们能够不断回忆起的是,江户时期的火灾不再导致重大损失,是因为创建了名为町火消的自治防灾组织。

互助占了生存救援的 80%

有多少人受到这次地震的波及?广泛来说,受灾地区几乎所有人都在不同程度上受到了人员、财产和社会层面的损失。其中有多少人曾被埋在倒塌的房屋下面?其中又有多少人是靠自己的力量逃脱的,再有多少人是被他人救出的?又是由谁实施的救援?

对于这些问题,河田惠昭教授的研究成果被广泛引用。[28]其中有这样的统计:

强震到来的一瞬间即被完全摧毁的房屋(不是指大量出具的房屋全损受灾证明上的房屋数量,而是指建筑结构上全损的房屋)3 万栋(5.7 万户),占被毁房屋总数的 30%。当时每户平均住 2.87 人,那么可推测约有 16.4 万人瞬间被倒塌的房屋所困。其中有大约 12.9 万人(约占 79%)自行逃脱,但还有大约 3.5 万人(约占 21%)被困并等待救援。

警察、消防队、自卫队总共救出了 7900 人,约占 3.5 万人的

23%。剩余约77%,即约2.71万人是被家人或邻居救出的。

也就是说,居民互助约占77%,公共救助约占23%。

尽管人们认为城市的地缘社会的人际关系有所削弱,但当灾害来临时,仍有近八成的被困者被当地人救出,这是值得深思的现象。

警察、消防队、自卫队的救援情况,根据各部门公布的数字,汇总如表2-2所示。

表2-2 阪神淡路大地震公共部门救助人数

	救出幸存者人数(人)	遗体收殓(具)
警察	3495	—
消防队	1387	1600
自卫队	165	1238
合计	5047	2838

这三个部门不一定是单独行动,有时也会联合开展救援行动,在这种情况下相关方都会有所统计。还可能与消防团或民间组织的救援队合作。此外,被救出后死亡的例子(如因挤压综合征等)并不少见。消防队和自卫队都有公布找到的遗体数量,但所有遗体都交由警方接管并进行尸检。除去兵库县因灾害造成的间接死亡919人,灾害导致直接死亡者共5483人[29],大多数遗体被公共机构找到。

非直接因灾而死,而是在灾害后死亡的人中,若判定与灾害有很大因果关系的,则被认定为"灾害相关死亡"。在阪神淡路大地震中,有919人(占所有遇难人数的约14.2%)首次获得认定,认定后遇难者家属可以领取政府的慰问金(最高500万日元)。但因果关系的判定非常严格,在2004年的中越地震中,长冈市制定了以灾后一周、一个月、六个月死亡时间为标准的"长冈标准"政策,但国家没有统一的标准,通常由各地政府的现场判断决定。在东日本大地震中,被认定的有3792人(约占19.3%),但这其中也包括了福岛核电站事故的遇难者。在熊本地震中,相关死亡人数为175人,远远超过直接死亡的50人。家中与避难所均无容身之处,人们被迫留在车中而导致健康垮了的情况并不少见。[30]

此外,有四分之三(近八成)的幸存者是被家人或邻居救出的,这无疑传递出一个信息:地缘社会中互助无比重要!

断层与"震灾带"的偏离

接下来,让我们来看看"震灾带"的问题。

在阪神淡路大地震中,被称为"地震带"的震度7级的强震区域,从六甲山南麓的神户向西宫方向,形成了一条狭长的地带,大量的伤亡损失都集中在这条线上。

这是为什么呢?因为城市地下存在着迄今为止未知的活断层吗?专家们的研究表示,并非如此。那么,到底发生了什么呢?

震源位于明石海峡下方深约16公里处,地震波动向西南的淡路岛方向浅表地层约15公里处延伸。随后沿六甲山南麓向东北偏东方向运动,深度约15公里,但从未到达地面。主断层沿须磨断层和诹访山断层运动,通过神户市滩区的神户大学下方,然后离开市区,沿五助桥断层进入山区,到达芦屋市奥池町。

第二章 阪神淡路大地震

虽然不清楚它确切走到了哪里,但看上去是在翻山越岭前往宝塚方向。

对于在西宫市夙川地区出生长大的我来说,"五郎山"(高565.6米)山脉总是耸立在西侧。如果主断层沿山脉以西的奥池运动,那么为什么远在东南方的西宫市中心部分会受到如此毁灭性的打击呢?

即便在神户市内,震度7级的强地震带也位于山边断层向南偏离一至两公里处。从芦屋开始这种偏离将变得更大,在西宫可能扩展到几公里乃至十几公里。

通常情况下,地震摇晃的级别,第一取决于距离震源的远近,第二是地壳的强度。现实与第一点相反,第二点用堆积层的地壳松软能否解释?地震专家们并未否认第二点地壳因素,但他们给出了另一种完全不同的解释。

大断裂是由地下深处基岩断层造成的。

如图2-2左上角剖面图所示,冲击波通过上方堆积的柔软地层到达地表。另外,在六甲山隆起的基岩与沉积层之间的地表边界附近,生成了次冲击波,这些波沿地表在沉积层内传播(也称为盆地生成表面波)。尼鲁特冲击波的焦点产生相互作用的区域是六甲山南麓以南1公里至2公里的震度为7级的地区,正好与JR线、国道2号线和阪神电铁运行的市区重叠,也被称为"焦点效应"或"湖畔效应"。

地震专家强调的另一个因素是"破坏传播的指向性效应"。

这次以明石海峡为震源,沿六甲山运动的地震,由于是向东

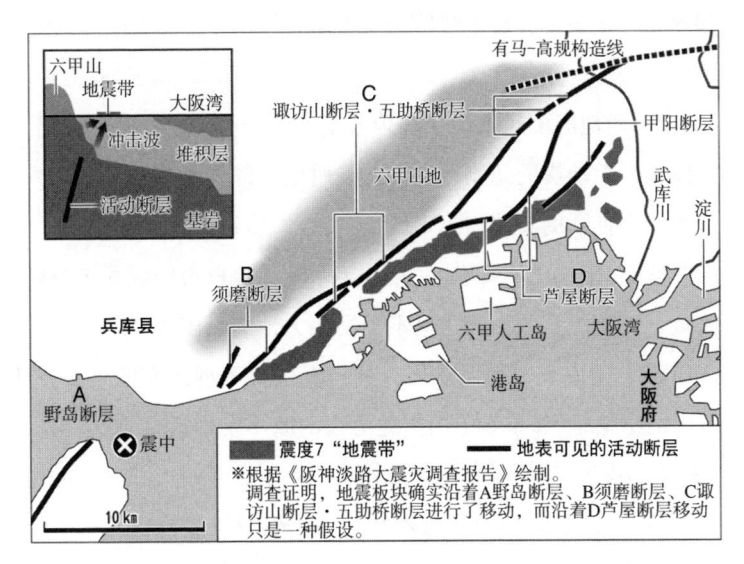

图 2‑5　导致阪神淡路大地震断层断裂（A、B、C）的形状及其与震度 7 级"地震带"的偏差。

北偏东方向的横移断层，所以具有强烈的破坏传播指向性，表现为强烈的脉冲波作用。这与前文提到的两股冲击波聚合而产生的地震带发生共振，从神户市东部至芦屋、西宫产生了震度 7 的地震带。

实际移动的断层，即使向北转折沿五助桥断层，经过奥池穿过山脉朝有马‑高规构造线方向移动，为解释"地震带"继续沿六甲山南麓向南移动偏离的原因，有学者认为，应该考虑芦屋断层也发生了移动，但这一点尚未得到证实。

许多专家将阪神淡路大地震视为极为独特的地形和地壳条件以及地震指向性相结合的现象，认为仅仅通过与震中的距离和地壳强度来解释震动强度的观点需要修正。[31]

"关西地区多风灾、水灾,但没有地震"的说法被广泛传播,它放大了大地震的悲剧。生活在关西地区的普通民众竟会陷入这种安全神话的集体幻想中,这确实令人感到不解。

然而,比这更不可思议的是,兵库县和神户市的领导者及防灾负责人竟然真的相信这里不会发生大地震。因为1974年,神户市曾委托地震专家团队研究神户发生直下型地震的可能性,得出的结论是"如果六甲山南麓沿线的断层发生活动,就会出现7级的强震"。这个预言性的结论在当时登上了《神户新闻》的头版头条。[32]即便如此,兵库县和神户市仍然继续进行仅对抗5级地震的防灾训练。

当山崎断层活动或发生南海海沟特大地震时,专家预测神户会出现5级震感。这忽略了城市直下断层可能引发的7级地震,所以相关政府部门仅针对不会导致房屋倒塌的5级地震进行了准备。换言之,不断重复地演练马虎的地震对策,最终使得政府和民众都陷入了安全神话的沉睡之中。

为什么会发生这种犹如犯罪般的疏忽,现在已经不得而知,但我觉得神户大学工学部部长在《神户新闻》上的谈话提供了线索。[33]这份答复展示了一个学术的可能性,不必如同明天就会发生大地震一样恐慌,那是一个要求民众进行冷静应对的谈话。这表明,不应该改变神户市全力推进现代化(也被称为"株式会社方式")的努力,不应该将有限的财力投入不知何时会来的地震应对中,因为神户正通过现代化的努力而成为防灾强大的城

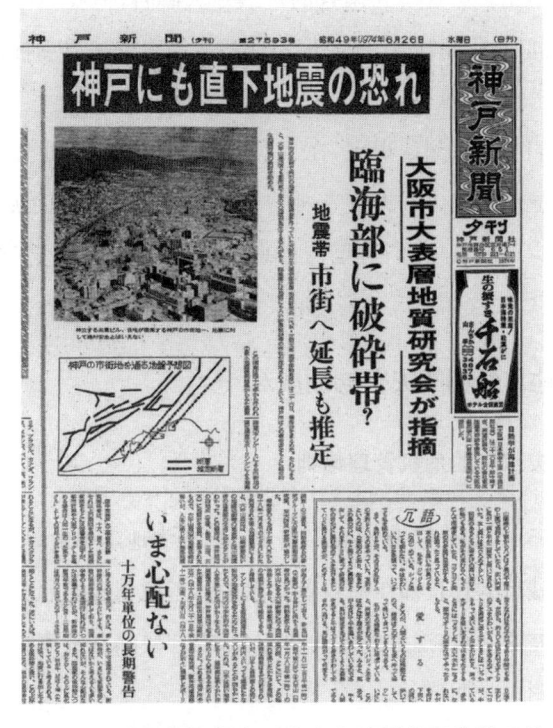

图 2-6 这份报纸指出了发生大地震的可能性(《神户新闻》1974 年 6 月 26 日晚报)。[1]

市——出于这样的意图,"7 级地震"的答复就被轻而易举地忽略,最终被整个地区遗忘了。

虽然现在已经将存在的活断层标注在日本地图上,但这也只是一部分而已。地震发生之后才知道活断层存在的情况,至

---

1 这份报纸中最上方的标题是《对神户直下型地震的担忧》,中间的大标题是《大阪市大表层地质研究会指出沿海地区是否存在断裂带?地震带预计将波及市区》,下方的标题是《现在不用担心 10 万年的长期预警》。

今并不罕见。尽管研究调查的进展令人瞩目,但我们在等待其成果的同时,无论居住在何处,都应该提高自家房屋和社区的安全水准。

我们应该深刻认识到,在日本列岛上并没有一处安全地带可以免遭地震灾害。即使在神户巨大失误造成悲剧之后,日本仍有不少地区被"我们这里与神户不同,没有地震"的安全神话所奴役。

5 各地首长们的灾害初期应对

通过风灾水灾的危机管理培训

1995年1月17日凌晨5点46分,当大地震爆发时,所有受灾地方城市的首长都在家或者官邸中。考虑到他们职务性质中经常出差这一点,这是个意外的巧合,或许要感谢正值忙碌的年度预算制订时期吧。

然而,尽管他们都未外出,但到达政府办公地点所需的时间却大相径庭。

最快到达市政厅的是伊丹市市长松下勉。被地震惊醒后,他感觉自己"像在平底锅里被不断翻炒一样在床上翻滚",随后穿上前一天的衣服,驾驶自己的车,十分钟后到达市政厅。在日本,地位高的人通常会乘坐公务车出行,而在受灾地区的首长中,自己开车的只有他一人。

更重要的是,松下市长强烈意识到,在灾害发生时迅速到岗是他理所当然的责任。松下市市长曾担任过尼崎市土木部门部长，正是这风灾水灾频发的地方锻炼了他的危机管理能力。

尼崎市、伊丹市、川西市和猪名川町这四个市镇位于猪名川流域，面对暴雨有着命运共同体的关系。作为这些地方整体协调角色的是人口不足50万的尼崎市。

家住市区北部武库庄地区的尼崎市市长宫田良雄，是由住在附近的市长助理（副市长）的女儿代驾，穿过平日荒凉、因停电而漆黑一片的街道，于6点10分到了市政厅。那时总务科科长已经启动了应对措施，并于6点半召开了第一次灾害对策本部会议。几名干部已到达市政厅。行动非常敏捷。在这个水灾频发的地方，尼崎市区有三分之一是位于水面以下的低地，一旦发生灾害就无法避免水淹。市长曾说，出于这个原因，他们对灾害异常敏感，这是一种"可悲的习惯"[34]。

尽管当时日本关西地区依旧安居于"没有大地震"的神话中，但有着应对风水灾害经验的人们，在地震突发时发挥了作用。

典型的例子是芦屋市的后藤太郎助理。作为擅长风水灾害应对的总务管理部门资深人士，他对市区内的灾害危险地点了如指掌。在被地震弹起的瞬间，他就预感到事态的严重性，从位于岩园之丘的家中奔下山坡，于早上6点10分冲进市政厅。市政厅里只有两名值班人员，他派其中一人前往医师会会长的家，另一人去寺庙，请求提供医疗和遗体安置的协助。而他自己，则在总算打通了电话之后，订购了100口棺材，这是因为他在赶往市政厅的路上看到了如同地狱般的景象，做好了芦屋市将会有近百名受难者的思想准备。

芦屋市的女市长北村春江,本来在朝日丘的一栋两层住宅的一楼睡觉,被地震弹起后,穿着睡衣就跑到漆黑的庭院中。她那被倒下的衣柜砸中而骨折的丈夫也呻吟着爬了出来。市长把被子铺在掉下的百叶窗上,让丈夫躺下。当市长站在庭院中瑟瑟发抖时,市总务科科长日高滋的车出现在面前。科长住在国道2号线沿线的楠町,因为周围倒塌的房屋很多,所以最初他参与了附近的废墟搜救工作。后来他跳上车,原想前往东边西宫方向的亲戚家确认安否,但很快他开始担心市政厅的工作,便掉头回来。

这是公务员面临的典型困境:是家庭、亲属,还是被瓦砾掩埋、呻吟的邻居,抑或是公共事务?

芦屋市的市区到处都是被倒塌的建筑堵塞着的道路。日高科长突然想到,公务车估计动不了了,便向北前往市长家。在科长的帮助下,市长将丈夫送医之后,坐这辆车到达市政府,时间已经过了7点。后藤助理对到来的市长报告:"死亡人数将超过100人,已经安排了棺材。"

虽然说小巧安宁的芦屋市人口不足9万,预计100个死者可能并不多,但地震当天上午就发现,原先100人死亡的估算过于天真了。快到中午时,大致可以估计死者已超过400人。中午,警方宣布"所有受灾地区死者203人",这让时任首相村山富市感到震惊。在不受社会误导的情况下,基层行政部门能够根据现场反映准确的实际情况。㉟

等待公务车的首长

那些自己不开车，等待公务车来接的首长，注定会在初期行动中成为失败者。因为一旦发生重大灾害，包括司机在内的许多员工都有可能成为受灾者。

在这种情况下，不仅是芦屋市市长，那些有得力部下的首长也得到了救助。神户市市长笹山幸俊当时在滩区楠丘町的官舍（离市政府 5.2 公里）中，无法联系到其他人，尽管已经做好了出门的准备，却在犹豫是否要步行前往。就在这时，部下山下彰启局长开车来接他了。在车上，作为建筑和土木专家的市长对有可能出现的建筑物受损情况一一做了推测。当车接近现场时，山下局长惊讶地发现，实际情况与市长的描述相差无几。他们在早上 6 点 35 分到达市政厅。出身一线的市长果断、迅速做出决策并下达指示。在危急时刻，他是一个靠得住的人。

尽管道路损坏，有无法通行的地方，但 6 点的时候路上还比较畅通，就算绕行也能快速抵达。但是，从 7 点开始交通堵塞严重。7 点半刚过，被部下的车接到的兵库县知事贝原俊民，仅三公里的路程用了三十分钟，到达县厅时，已经是 8 点 20 分。㊱

情况最惨的是宝塚市和西宫市的市长。两人的司机都受灾了。

还有五天就要参加市长竞选的宝塚市市长正司泰一郎，其专职司机是一位责任心很强的人，尽管自家的房子倒塌了，他还是骑着摩托车来到市政厅，驾驶公务车在 8 点前到达了云雀丘的市长家。但由于交通堵塞，五公里的路程花了一个半小时，市长到达市政府是上午9点20分。而在地震后不到十分钟,总务科科长坂上元幸就已经驾驶自己的车到达市政厅,在联系不上市长的情况下,接替市长设立了灾害对策本部。接过报告后,市长首次认识到了事态的严重。宝塚市共有27名遇难者。

在阪神淡路大地震时,手机尚未普及。如后面将提到的,在灾区现场四处走访,能够通过手机向内阁官房长官五十岚广三等诉说受灾惨状的高见裕一议员是一个例外的存在。普通家庭和办公室的电话会因使用量超负荷而陷入瘫痪,极少能够打通。唯一可以正常使用的是投币(现金)电话,而非用电话卡的公共电话。当天,注意到这一点的人并不多。

西宫市市长马场顺三的家非常远。一位局长翻越六甲山,前往位于市区北面25公里处的盐濑町市长家接人,到达市政厅已经是上午10点半了。西宫市遇难者人数仅次于神户市,共有1126人。危急时刻,本应为市民服务的市长,却花费了四五个小时才就位。

如今,从政府一把手到负责危机管理的人员,不再被允许居住在远离工作场所的地方。

表2-3 阪神淡路大地震发生时的受困主要负责人(兵库县)到岗情况

受困负责人	住所到单位距离	地震发生后到达单位所用时间	状况
松下勉(伊丹市)	2.5公里	10分钟	私家车自驾
宫田芳雄(尼崎市)	3.5公里	25分钟	乘坐近邻属下助理的车

续　表

受困负责人	住所到单位距离	地震发生后到达单位所用时间	状　况
小久保正雄（北淡町）	0.3公里	30分钟	穿街走巷步行到达
笹山幸俊（神户市）	5.2公里	50分钟	住在附近的局长接送到岗
北村春江（芦屋市）	2.0公里	1小时20分钟	送受伤丈夫入院后，乘总务科科长车到位
贝原俊民（兵库县）	3.0公里	2小时35分钟	部长开车去接
正司泰一郎（宝冢市）	5.0公里	3小时35分钟	受灾司机公务车去接，交通堵塞
马场顺三（西宫市）	25.0公里	4小时45分钟	局长车去接，距离远且交通堵塞

话说回来，一把手不在场是否真的是一个实质性问题呢？

有观点认为不会有太大影响。最初应对的当务之急是抢救生命或扑灭火灾，并且这是警察和消防等一线部队的工作，他们不需要等待首长的指示就开始自行行动。地方政府的防灾负责人也会在即便没有市长在场的情况下开始行动。像宝塚市那样，以总务科科长为核心进行应对是常见的。至于西宫市的情况，由教育长山田知担任指挥，因为他曾担任过防灾的土木部长等重要职务，是相当于第二号人物的存在。他们在不停地尝试与市长取得联系的同时，在市长缺席的情况下设立了灾害对策本部。[37]

然而，在紧急情况下，需要做出的决策的数量会多到平时无法相比的程度。如避难所的开设、死伤者的安置、食物与饮用水等物资的调配、向外界请求支援、向居民的宣传等，没有相关规则可参照也无先例的重要问题像洪水般涌来。是倾向于采取稳妥的权宜之计，还是迈向有血性的救援和灾后复兴之路，很大程度上取决于首长的决心和态度。

除了物质因素外，心理和精神因素也很重要。

充满斗志的领导表现出的迎难而上的姿态，能够激励下属。如今的社会，在危急时刻，如果首长不能与受灾者和居民一起奋斗，会被视为放弃责任。

阪神淡路大震灾兵库县厅的初期应对

每个受灾地方政府及其首长的危机应对措施都非常具有个性，让我们来看一下兵库县的情况。

作为维护日常社会安全的警察和消防部门，在面对众多受灾者和同时发生多起火灾时将显现出应对极限。这个时候，需要紧急时期的国家安全部门——自卫队的救援。当时，这种请求需要知事出面。知事被看作灾区一方的代表，可与中央政府协商应对。

最先在早上 6 点 40 分左右到达兵库县厅的是防灾负责人野口一行。他在早上 6 点前离开位于神户市西区狩场台的家，开着自家车赶来办公地。

野口系长到达县厅后，从 1 号馆警卫室拿到钥匙，在停电情况下，不得不利用东西两侧的楼梯，步行上到了 2 号馆 12 层的消防交通安全科。但是房间的门打不开。因为室内的储物柜和其他物品在地震中被震飞，并卡住了屋门，推门纹丝不动。

正当系长在走廊中茫然不知所措的时候，身后有人问道："怎么了？"是副知事芦尾长司。副知事住在东滩区西冈本，在静冈县工作时曾负责过东海地震的应对工作，职业素养让他理所当然地立刻赶到了县厅。他搭乘住在同一栋公寓的女婿的车，穿过漆黑的街道赶了过来，在警卫室听说防灾系长已经到了，便跟着爬到12层。虽然门打不开，但看到墙角因为柜子或什么东西的撞击而破损了。系长通过这个裂缝进入室内，副知事也跟着进去了。等到1小时后其他职员陆续到来时，野口系长因接听打到县厅的电话忙得不可开交。

回到6层自己办公室的芦尾副知事，经过多次尝试，终于打通了知事官邸的电话。他向知事通报已在县厅5层会议室设立了灾害对策本部，并得到知事立刻派车来接的指示。

贝原知事到达县厅10分钟后，于早上8点半召开了第一次灾害对策本部会议。21名领导成员中，包括3位部长，只有5人出席了第一次会议。

鉴于县厅内当前的情况（没有足够的信息，干部们也没有集结），这甚至可以算作一个过于仓促的对策会议。电力、天然气、供水都已中断，通信手段瘫痪。冬日的寒风不断从玻璃破碎的窗户吹进来。

会议上，野口系长汇报说，早上8点10分通过防灾无线电接到自卫队（姬路）的联系，传达了"知事会在适当时候提出派遣支援请求"的内容。自卫队方面表示并没有收到这样的联络，但重要的是系长在会上对县的高层干部说这番话时,并没有人提出异议。如果不是这样的话,那么在第二次与自卫队的电话(上午10点10分)中,当自卫队方面说"希望把这次联系视作知事的派遣请求"时,系长能立刻回答"请多关照"吗?系长自行决定提出知事的派遣请求,然后从12层跑下5层,向知事汇报了与自卫队通话的内容。"嗯,别无选择,就这样实施吧。"知事做了回应。

如果说县知事有什么不情愿的话,那并不是对自卫队派遣请求本身。正如清晨的情景所展示的那样,从知事到系长,都有这样的需要。

只是,对于派遣请求而言,政府法令规定了请求派遣时根据受灾情况指定区域、人员、设备等程序。事实上,政府部门之间的惯例是在双方事务层面就内容达成一致,然后作为一种仪式提出"知事请求"。受到突如其来的巨大灾害袭击、陷入信息闭塞的县厅,无法全面了解县内发生的情况,也不具备提出救援请求的条件。电话很难打通。其结果,成了无条件委托的自卫队派遣请求。对专门从事行政的人来说,这种结果会留下遗憾。

不过,多亏了自卫队从清晨开始就有条不紊准备出动的积极态度,以及县厅现场负责人的即时响应,这种犹豫被幸运地克服了。"说是知事的请求,而实际上是我做的。"野口系长在口述历史中这样对我说。尽管他只是一名系长,但县厅现场负责人的崇高精神给我留下了深刻的印象。[38]

贝原知事到达县厅,是在灾害发生后大约两个半小时。有批评说他"来得太慢了"。

我本人在对知事进行的第一次口述史采访中[39]，就执拗地追问他在那段时间里"在做什么"，还询问了未采取的选项，即知事是否能像芦屋市的助理后藤一样，独自步行前往县厅，目睹灾害轻微的山手地区，以及市民在瓦砾下呻吟的市区地狱般景象。尽管这样做未必就能掌握受灾全貌，但至少能够明白这场灾害的情况远远超出一般的预想，从而可以迅速发挥有力的领导作用。我还问：尽管县厅的通信系统几乎完全被毁，是否可以使用警察组织内部的电话，尝试与警察厅长官或东京的中央政府取得联系呢？

知事的回答是："最坏的情况是首脑行踪不明。如果我待在官邸，就一定能联系到我。"这可以说是冷静而合理的判断。然而，在那场危机中，知事却是一个非凡的人，我不由自主地期待他能有超人的魅力拯救一切。

接近中午时分，通信系统和电力终于恢复了。从下午1点多开始，知事乘坐警车巡视重灾区，第二天又乘直升机视察灾情，因而大致掌握了整体情况。[40]从那以后，知事在灾区的灾后重建工作中发挥了强有力的领导作用。

6　首相官邸的初期应对

信息未及时上报首相官邸

如果重新总结一下，阪神淡路大地震中死亡6434人，除去因灾害造成间接死亡的，直接死亡的5502人中，约88%即4831

人是被压致死,约10％即550人死于火灾。[41]被压导致的死亡者中大约90％被判定是当场死亡,火灾死亡者中还包括死后被火烧的人。很难确定有多少是没有当场死亡,而是被埋在瓦砾中等待救援,却最终未能被成功救出的人。

地震发生后,没有什么比那些最初能够回应家人的呼唤但最终失去声音的人更令人心碎了。这也让国家和社会深深感受到防灾准备和紧急救助的重要性。

那时,我们的中央政府在做什么?

首相官邸主政的是首相村山富市,内阁官房长官五十岚广三和官房副长官石原信雄是首相的左膀右臂。

1995年1月17日的清晨,村山首相在首相官邸相邻的公务员宿舍,五十岚官房长官在东京高轮的议员宿舍,石原官房副长官在川崎市的家中。他们当中没有人是通过官方紧急通报得知神户发生了地震,而都是通过早晨6点左右的NHK新闻获悉"京都发生了5级地震"。前两者在家中通过电视知晓,而官房副长官是在清晨散步时听到了日常收听的广播。虽然说在CNN时代,大众媒体的报道速度比政府紧急联络网络快并不稀奇,但问题在于,日本政府的紧急信息系统没有发挥作用。

早上6点的新闻之所以误报京都为震中,是因为神户的气象台设备在地震中损坏,与气象厅的电话线被中断,外界得不到任何信息。受灾最严重的地区,却被视为没有受灾,就像被投下原子弹那天的广岛一样。我们必须清醒地认识到,那些在大灾害中受到重创而无法发声的地方,才是受灾最严重的中心地区。

在灾害发生时的政府信息系统方面，通常，国土厅防灾局会从气象厅、警察厅、消防厅、防卫厅以及各地方政府部门收集信息，并上报给首相官邸。

然而，国土厅并没有实行 24 小时工作制。在这个清晨，经由当班员工的联系，也就是在灾害发生一小时后的早上 6 点 45 分，首位防灾局的工作人员才出现。这说明，政府并没有应对突发事件的组织系统。

早上 6 点刚过，国土厅收到了气象厅发来的"神户发生 6 级地震"的传真，但各部门对于受灾的具体情况都不清楚。实际上，警察厅国松孝次长官从兵库县警本部长泷藤浩二那里接到电话，陆上幕僚长富泽晖也从中部方面总监松岛悠佐那里接到电话。他们都快速地得到了报告，了解到当地的受灾程度和应对情况。但他们都没有在第一时间与国土厅或首相官邸联络。这就是政府各部门组织系统上下级垂直管理的实情，但陷入危机的首相官邸又怎么能受困于此呢？

村山首相接到秘书官的电话称"受灾损失可能很严重"后，比原计划提前了近一小时，于 8 点 26 分进入首相官邸办公室。虽然没有受损的官方信息，但随着 7 点左右天色渐亮，电视开始零星报道受灾地区的破坏情况，8 点时新闻报道开始全面展开。对此感到震惊的五十岚官房长官强烈指示国土厅立刻讨论设立"紧急灾害对策本部"。

上午 9 点前石原官房副长官抵达官邸，与官房长官在定于上午 9 点 20 分召开的月度经济报告会上进行了协商。由于很多参会委员正在从外面赶来,所以决定如期举行会议。上午9点,电视新闻报道"死亡1人"[42]。

如果高层意识到事态的严重性,就应该打破和平时期的常规模式,向政府内部和国民通报事态的严峻性,并取消月度经济报告会。然后,迅速召集消防厅、警察厅、防卫厅等负责人,在上午10点的内阁会议之前,将信息汇总并拟定应对方针。然而,通过电视报道没有获得有用信息的首相和官房副长官(从川崎市的住所到官邸花了一个半小时),由于没有官方受灾严重的报告,或许认为没有必要采取非常应对措施。首相和官房长官照例参加了月度经济报告会,而官房副长官则缺席会议,在收集信息,为举行内阁会议做准备。

1961年颁布的《灾害对策基本法》,将灾害应对的首要责任赋予了地方政府(市町村),如果无法承担,则由上一级都道府县或国家来补充。但是,如遭遇阪神淡路大地震或东日本大地震这样的巨大灾害,地方政府是无能为力的,即便都道府县也小得过分,除非国家和全社会共同应对,否则几乎不可能保障国民的安全。尽管如此,国家还是将大部分责任下放到地方政府,甚至都不打算设立防灾厅。日本仍未摆脱占领政策与战后和平主义观念,担心国家拥有强大力量被视为一种危险,因此对危机应对体系的建构仍不完善。

电视报道与公共信息

同样是大约上午9点,在防卫厅防卫局局长村田直昭的办公室里正进行着激烈的辩论。防卫政策科科长守屋武昌主张:

"从电视影像上看,损失非常严重。不应等待请求,自卫队应立即出动。"运输科科长山崎信之郎表示反对:"没有确切的联络,出动部队只会造成混乱。"村田局长的结论是"加快出动的准备工作"。这里,电视影像派与政府信息派展开了一场斗争。但在第一天的混乱中,并没有传来反映全局的确切信息。

上午10点的内阁会议上,依据《灾害对策基本法》相关规定,成立了以国土厅厅长为首的"紧急灾害对策本部"。不过,这仅仅是将省厅的防灾负责人集中到国土厅厅长之下,仍停留在实务层面。还需要政治层面的应对,于是内阁会议决定成立以首相为首的"地震对策阁僚(部长级)会议"。

村山首相上午11点参加了21世纪地球环境论坛,并致以了诚挚问候。首相作为最应该面对危机的领导者,在上午出席了两个常规会议,对危机的认识甚至远远落后于被电视画面钉住的公众。按当时习惯,在会议间隙,首相在官邸走廊走动,并回答记者的临时提问。危机意识的差距让对话变得非常尖锐。有记者询问首相是否会前往现场视察,首相重复地回答说要等听取国土厅长官小泽洁的视察结果(上午9点18分、10点01分、11点03分、11点23分)后做决定。在首相如此悠哉悠哉的常态模式下,我们是否还安全?在这种反反复复中,首相在危急时刻的表现注定让他成为公众形象的失败者。

如上所述,中午时分,当首相接过一份写有"死亡203人"的备忘录时,不由自主地发出了一声:"啊?!"这时,他意识到了事态的严重性。中午前,官房长官接到了议员高见裕一从受灾现场打来的内容悲壮的手机通话，12点05分，首相在被记者问及议员山花贞夫的社会党退党问题时，语气尖锐地反驳道："现在没空去理会这事。"下午4点，首相召开了紧急新闻发布会，表示"如果可以的话，希望立刻赶往现场，采取一切必要的措施"，并表示"这是自关东大地震以来最大的城市型灾害"。

下午2点左右，石原官房副长官也在打给防卫厅村田防卫局局长电话中呵斥"根本看不到自卫队的影子"。这么关键的时刻自卫队在做什么？官房副长官的指责接二连三地传来。局长试图做些解释，但石原长官断然指出："还停留在这种状态吗？自卫队应该主动提出救灾支援。不是全力支援，而是全体支援。"首相官邸从上午的延误中，迅速回归了正轨。

紧急灾害对策本部的创建

17日当天，国土厅长官小泽洁急忙前往受灾现场进行视察。但看起来国土厅长官也未能完全掌握处于极度混乱中的受灾地状况。那些在和平环境下选拔出来的高层领导者，人是很好的，但缺少处理重大危机时雷厉风行、敢于担当的气魄。必须构建政府应对巨大灾害的组织体系。

村山首相19日视察受灾地后，迅速组建了以石原官房副长官为中心的大地震应对体系。首相被舆论批评视察迟缓，但两天后实施的视察表明政府已认识到事态的严重性。对于以首相的现场视察为基础的改革，是难以提出异议的。

首先，对之前的"地震对策阁僚（部长级）会议"进行升级，正式成立新的"紧急灾害对策本部"。虽然《灾害对策基本法》中有

图 2-7　（左起）地震对策大臣小里贞利、首相村山富市、官房长官五十岚广三、建设大臣野坂浩贤在首相官邸的紧急灾害对策本部促进应对工作中（1995 年 1 月 21 日）。

关于"紧急灾害对策本部"的规定，但是以总理为首，召集相关部委的局长级干部，不适合以首相和主要阁僚为中心的最高决策。因此，首相决定超出法规范围，创建"紧急灾害对策本部"，作为应对重大灾害的最高机构。

其次，任命小里贞利大臣（原负责冲绳、北海道开发）为阪神大地震全职特命大臣。村山首相、五十岚官房长官对石原官房副长官的人选提案表示同意，并认为没有人能像他这样充满热情。

首相官邸承诺对于 1 月 20 日前往受灾地神户的小里大臣在现场做出的必要的即时决策，整个政府将予以支持。[43]

最后,于22日在神户设立以国土厅次官久野统一郎为首的地方对策本部,派出各部委能干的科长助理前去支援小里大臣。这是一个重视现场判断,与兵库县、神户市等行政组织协调一致的体系。

这个连接受灾地和东京的地方-中央政府体系,迅速在废墟垃圾处理问题上取得了成效。在这次大灾害中,政府决定使用国家财政清除包括作为私人财产的民间倒塌房屋在内的所有废墟垃圾。这是一个明智的决定,使早日恢复重建成为可能。我在灾区惊奇地发现,实施这一决定之后,原本堵塞道路的倒塌房屋在短期内消失了。

灾害发生当天中午,贝原知事对受灾的10个市10个町实行了灾害救助法的措施,明确了进行迅速救助的财政资源。24日,中央政府将此次灾害定性为特大灾害,并加大了灾后恢复资金支持力度。通过这一体系,中央和地方政府有效进行了包括临时住房在内的应急响应和灾后恢复工作。

令人难以置信的是,首相官邸在发生紧急情况时没有有效的信息系统,村山首相成为大地震发生那天上午在初期应对上的失败者。尽管在社会上已经形成了这种固定印象,但村山首相在五十岚官房长官和石原官房副长官的辅佐下,当天下午迅速重组了体系,甚至比关东大地震或东日本大地震时更有效地进行了政府整体的应对和重建工作。

可见,建立尊重并赋予地方政府治理权力的机制至关重要。

7　恢复与重建的方方面面

恢复过程

我们分几个阶段来回顾一下阪神淡路大地震的恢复与重建过程。

所有的灾害都是独一无二的、一次性的。即便如此,在恢复与重建的过程中也能认出一些普遍性的发展趋势。在深深的失落感中,人们关注着国家和社会如何应对各种局面。

抢救生命:

首先,第一阶段是紧急救援,以抢救生命和灭火为中心任务。

大地震,尤其是城市直下型地震,会造成大量的房屋倒塌,并导致大量的人员被埋在废墟中,并因挤压而亡。地震发生时,许多人正在睡梦中,所以房屋的抗震强度成为决定人们命运的根本因素。在被"安全神话"笼罩的关西地区,灾害预防(自救)极不充分。

灾害发生后,人的生命是第一位,生存救援是家庭和社会最为迫切的愿望。在这种情况下,等待着家人和邻里之间的救援(互助)。同样在"安全神话"下,没有做好充分的预防措施。妥善安置死者遗体也是日本根深蒂固的社会文化传统。

地震造成房屋倒塌,这无可避免地会引发火灾。火灾会造成更大范围的生命财产损失,所以消防灭火行动是第一阶段的另一个主要工作。

紧急支援：

第二阶段是确保幸存者的生存，开展旧时被称为"救助小屋""施粥所"等的紧急支援。开设避难所、提供生命线支援、清理废墟和道路疏通成为中心任务。

失去家园的幸存者会寻求避难所。在水、电、燃气中断，便利店、超市等商店也关闭的情况下，除了遮风避雨之外，对水、食物、厕所的需求也随之而来。在高峰期，超过30万的受灾者涌入了1153个避难所。避难所主要是由市町村（基层地方政府部门）负责，阪神淡路大地震引人注目的革命性事件是，在138万名志愿者中，大多数志愿者在这些地方服务。援助范围的扩大反映了社会的成熟。

按照以往的制度，在私人所有房屋倒塌的情况下，必须由业主自行清除。但在大地震中，个人难以应对。倒塌的房屋还会堵塞道路，损害公共利益。应受灾地区的强烈要求，国家在灾后两周内做出了决定，由国家财政拨款承担灾害废墟清除费用的95%。这是一个明智的决定，此后，灾区的残垣断壁迅速清理为空地。它也成为旧行政惯例中"国家资金不得用于私人财产"的第一个特例。

堆积如山的瓦砾不仅是灾害的象征，也是恢复和重建工作停滞不前的象征。在阪神淡路大地震的案例中，国家和灾区合作，采取了能够实现迅速恢复和重建的措施（清除住宅等废墟约1450万吨，处理费用为2650亿日元）。

尽管自卫队在最初阶段应对缓慢,但在生命线恢复、道路疏通、地毯式搜寻作战(从倒塌房屋下搜出所有遗体的联合行动)、废墟清理工作中,自卫队发挥了巨大的作用。对人友善、发自内心的真诚工作表现令人们感到惊讶,新的自卫队形象也由此形成。

紧急恢复:

第三阶段是紧急恢复。建设临时住宅成为焦点。同时,全面开展对坍塌的道路、损毁的铁路和公共设施等社会基础设施的恢复建设。

俗话说"强将手下无弱兵",这正是兵库县在灾后重建中的表现。贝原知事一个月都没有回家,一直坚守在县厅进行指挥,受到他的感染,部下们也热情高涨、斗志昂扬。

1月下旬,知事宣布计划到3月底之前要建成3万户临时住宅。考虑到装配式行业的生产能力为每月1万户,这看起来是个不切实际的目标。然而,截至3月底,3万多套临时住宅已经完成交付。截至8月,共建成48300套,最多时有约47000个家庭住进了临时住宅。人们从没有隐私的避难所搬到临时住宅时感到非常高兴。然而,尤其是对老年人来说,住在临时住宅里往往会感到孤独和不方便。临时住宅的使用一直持续到2000年1月才结束。最初计划的是使用两年,但它实际上担任了长达五年的过渡角色。

JR的常规线路和新干线、阪急线、阪神线私铁全部停运。所有车辆都涌向唯一通行的主干道国道2号线,导致交通大规模陷入瘫痪,白天车辆几乎停滞不前。不过,恢复速度很快。

图2-8 神户港岛建设中的临时住宅(1995年3月)。

  作为主动脉的铁路方面,1月25日,也就是地震发生8天后,JR从大阪至芦屋的路段恢复通车。紧接着我也搭上了车,就站在驾驶座后面,可以看到从甲子园口至芦屋的途中,铁轨在一些地方不自然地起伏。虽然担心列车会脱轨,但它在进行抢修工作的人员之间慢速行驶,也就大可放心了。1月30日,从须磨到神户的线路通车。2月8日,芦屋川的艰难修复工程完工。4月1日,连接神户和大阪的东海道全线开通。这表明恢复速度相当快,让来自外国的考察者感到惊讶。

迈向全面重建：

第四阶段，即在紧急恢复的忙碌中转向全面重建的阶段。在各级重建规划推进中，住房重建具有重要的象征意义。

3月9日，兵库县宣布了在三年内建设12.5万套重建住宅的计划。其中超过六成的7.9万套为公共租赁住房和租赁住房，另外4.6万套为个人所有独栋住宅。

兵库县的一个有趣之处在于，重视调查研究，喜欢根据这些研究结果提出政策建议和确定中长期愿景。地震发生三天后，兵库县政府与神户大学的教授们共同组建了"紧急受灾调查团"，进行了为期两个月的集中调查。他们在计算重建住宅所需数量时，也参加了城市住宅学会对受损建筑的全面调查；还在城市住宅部部长柴田高博的督导下，对所有公费拆除倒塌住宅的原始资料进行了检查与核对。调查团对灾区挨家挨户进行了调查，并且成立了由民间学者和专家组成的"兵库住宅重建协会"，广泛征求意见并就相关问题展开讨论。

贝原知事本人谈及21世纪的住宅形式时，呼吁应从以个人所有独栋住宅形式为中心转向以租赁为主，公共租赁住宅的重要性将不断增加，为了避免老年人的孤立，需要尝试集合住宅、共享住宅等形式。正当开始具体讨论时，大地震发生了。这场地震客观上加速了原先的设想。

如前所述，灾害发生一周后，根据1962年《严重灾害法》认定此次受灾程度为重灾，从而受灾地方政府获得的国库补助率提高了。3月1日，国家制定了《特别财政援助法》，为受灾地方政府提供了更加丰厚的财政支援。

这一进程是由前面提到的国家和当地政府联合组织机构推动促成的。其中包括由国家各部委选派的骨干官员前往兵库组建的国家现场对策总部（久野统一郎任总部长），以及由下河边淳担任委员长的高级别灾后重建委员会。双方都在将地方需求和建设构想与国家联系起来方面发挥了积极作用。

设立基金与创造性重建：

4月1日，兵库县和神户市共同设立了"阪神淡路大地震重建基金"，旨在资助国家难以直接介入的重建项目。

重建基金最初规模为6000亿日元，之后扩大至9000亿日元，为住宅、产业、生计重建、教育等各个领域提供财政支援。其中与住宅相关的援助占了很大比例，支援涉及从公共重建[1]住宅到帮助个人住宅重建[2]等多方面。此外，重建基金还为生计重建、灾后社区重建的民间支援人员、专家、志愿者的活动提供财政支持，并且在文化遗产和私立学校的恢复方面也发挥了作用。通过设立基金这一缓冲手段，相关部门越过了国家资金无法投入个人住宅建设的旧行政壁垒。

从这个小小的新路径开始，三年后，即1998年5月，《受灾者生活重建支援法》的颁布，为在灾难中失去生命和家园的个人提供公共资金援助（最初为100万日元，后增至300万日元）开

1　日文：复兴。
2　日文：再建。

辟了道路。为此,全国知事协会以及柿泽弘治、谷洋一等自民党成员参与了签名活动,共征集了 2500 万个签名,令人感慨不已。[44]

"法律制度的完整性"使公共资金无法用于个人财产重建,这一"行政壁垒"体现的是缺乏人文关怀的逻辑,因此受灾地区对此进行了反驳。难道不该以尊重个人为公共基础吗?兵库县主张优先考虑个人生计重建,这一理念将在下一次的灾害中发挥作用。

创造性重建:

最后,我们要关注的是阪神淡路大地震灾后重建的浪漫故事。

实务性的灾后恢复回顾起来不过是理所当然之事。然而,在这个举起创造性重建旗帜的地区,灾后重建至少给世人留下了三个宝贵的财富。

第一,在神户东部新城(HAT 神户)设立了以"人与防灾未来中心"和"心理关怀中心"为核心的智库"兵库震灾纪念 21 世纪研究机构",以及围绕它的亚洲防灾中心、联合国人道主义协调办公室(OCHA)等国际防灾组织,地球环境战略机构(IGES)、濑户内海环境保护协会等环境机构,包括世界卫生组织(WHO)在内的健康医疗相关组织和红十字医院、日本国际协力机构(JICA)、兵库县立美术馆等约 20 个国际研究基地。联合国的防灾活动甚至被命名为"兵库行动框架",如此集结的知性基地具有全球性的意义。

第二,将废土填埋堆积而成的山丘改造成人与自然共生的美丽公园、作为国际文化交流场所的淡路岛梦舞台(安藤忠雄设计),并在淡路岛的丘陵上创建了景观园艺学校。

第三,得到当地人民压倒性支持,建成了西宫艺术文化中心,从而丰富了人们的生活。这是那些即便在极度悲痛中也依然没有失去对伟大远景的浪漫憧憬的人留下的遗产。

此外,神户作为前沿医疗城市所做的努力,也正在不断地取得成果。

8 创造性重建的未来发展

地方主导的重建理论

近代日本的三次大地震,即关东大地震(1923 年)、阪神淡路大地震(1995 年)、东日本大地震(2011 年),都不是在日本政治环境稳定的时期发生的,而是在政治陷入异常状态之时,自然界发起了意料之外的突然袭击。

如前所述,关东大地震发生在首相加藤友三郎逝世而无首相的时刻。而东日本大地震发生时,日本执政党民主党在政权更迭后迅速动摇,菅直人内阁在参议院选举中失利,政局动荡。

阪神淡路大地震发生于自民党长达 55 年的执政体制最终瓦解,下台后的自民党为夺回政权而拥立社会党委员长村山富市为首相的异常情况中。

正如我们所看到的,在地震发生当天上午,兵库县厅的通信系统几乎全毁,甚至无法了解本地发生了什么事情,也无法与东京的中央政府取得联系。中央政府在面对危机时也没有构建好信息系统,首相甚至不知道当天早上发生的重大事件。

虽然地方和中央政府在初战中都是失败者,但到了下午已经开始重整旗鼓,全力应对局势。总体来说,对比三次大地震,阪神淡路大地震的恢复与重建是最迅速且推进最顺利的。

这是为什么呢?

首先,可能是因为灾害的规模和性质。

毕竟初始条件很重要。另外两次大地震是由板块边界运动引发的广域复合型灾害。相比之下,阪神淡路大地震中,城市虽然遭受了大城市直下近距离的活断层毁灭性打击,但由于当时没有强风,且地震发生在新干线、城市轨道交通、大量机动车开始运行的黎明前,所以没有出现受灾的复合化。这场灾害还只是局限于发生直下型地震及房屋倒塌压迫致死这一单一系列。

其次,阪神淡路大地震的受灾地区仅限于兵库县南部的一角,日本虽然泡沫经济破裂,但其他地区仍然是繁荣发达的社会。

大概在地震发生一周后,我因需要购入水、食物和报纸,从受灾地区前往夜晚的大阪。那里完全是另一个世界,依旧是喧嚣和脏乱的大都市。神户遭受了这么多的苦难,一时之间,我感到困惑和愤怒。但我深吸了一口气,对自己说"这就对了"。我想,受灾地区会在日本不变的富裕环境中被迅速地吸收,重建也将成为可能。

再次,政治稳定很重要。

在关东大地震期间，内务大臣后藤提出了重建规划，但不仅没有获得众议院第一大党政友会和第二大党宪政会的支持，反而与双方构成了敌对局面，四个月后后藤下台。而东日本大地震中的菅政权由于陷入"众参两院扭曲"的境地，在政局挣扎中，进行着灾后重建努力。就此而言，阪神淡路大地震中，自民党、社会党和新党的联合政权在众参两院均拥有多数席位。以夺回政权作为首要任务的自民党，重视在国民面前展示灾后重建的优秀业绩，并没有制定任何拉身为社会党委员长的首相下台的政治策略。

虽然存在村山首相作为社会主义者对出动自卫队持消极态度的负面传言，但事实并非如此。正如我们所看到的，首相在灾害发生之日上午的应对迟缓，是因为政府官邸信息系统的不完备，而非由于意识形态。

首相本人对灾区民众有很强的同情心和责任感。而且，在任命小里贞利为灾害应对大臣时，首相说希望他不要有什么顾虑，尽力去做，自己会承担责任。他确实是一个诚挚的人。

在官邸内统筹各行政部门的同时，为应对局面出谋划策，指明政治方向的是内阁官房副长官石原信雄。换句话说，当时处于异常状态的村山内阁，却是三大地震灾害中，灾害应对最好的政权体系。

阪神淡路大地震后的恢复重建相对顺利的最后一个原因，是尊重以地方为主导的重建规划，而不是以中央政府下指令为主导。

许多恢复重建规划都是兵库提出的。灾害发生当天上午信息的缺失和应对迟缓使政府意识到远离现场的危险性。明智的做法是尽可能让受灾地负起责任，同时提供后援。这是村山首相、五十岚官房长官、石原副长官等所认识到的。而且时代已然超越了"自上而下近代化"的万能主义，迎来了"地方时代"。最重要的是，兵库受灾地区本身强烈要求发挥地方主导作用。

我个人的兴趣点并不在于地方自治，而是日本的外交和国际关系。大地震前几年我做此表态时，兵库县知事贝原俊民就曾私下反问我："先生认为地方政府就与国际没有关系吗？"折服于这一观点，我开始协助兵库县制定国际战略。就在这时，大地震发生了。在地震中，我自家的房子也倒塌了，全家人搬到广岛暂避，我一边在外漂泊，一边为报社写专栏文章，并为我在地震中失去生命的课题小组学生森涉君写了一篇悼念文章。不久，我接到县厅通知，加入了由学术专家们组成的城市再生战略制定研究会。

2月11日，灾害发生大约三周后我从伊丹机场乘坐直升机，从空中俯瞰受灾地区，那些损坏的房屋被蓝色防水布覆盖，十分显眼。

当抵达神户上空时，我感到很惊讶。从直升机右侧窗口可以看到六甲山，左侧窗外是大阪湾，神户的街道只有直升机底部那么窄小。这种缺乏深度的特点可能是灾害减轻的一个因素。如果不是这种地形，根本就不可能将数台消防泵车连在一起，用海水来扑灭长田的大火。直升机降落在神户，在兵库县公馆举行了第一次会议,令人印象非常深刻。

贝原知事在开始致辞时,首先说道:"尽管你们自己也是灾害的受难者,但请所有人都为灾后重建贡献你们的力量。"从东京赶来的前国土厅事务次官下河边淳先生说:"后藤新平在关东大地震后并没有制定重建规划。事实上,他一直想将帝都东京规划付诸实施,关东大地震为此创造了机会。个人认为,兵库是少有的有着未来构想的地方政府,应该将其转化为'灾后重建'并实施就好了。"他激励大家践行地方主导的重建规划。

这不是现场对受灾地区的应付之辞。他已经向村山首相提出了"灾后重建规划应当由受灾地区自己制定,并由知事作为首相代理指挥重建工作"[45]。

日本著名经济评论家堺屋太一先生和自民党的小渊惠三先生等曾经提议,成立一个类似后藤的"复兴院"那样的新机构,对此,首相官邸的核心部门感到了不适应。我们如今所处的时代与以内政部为首的中央政府享有巨大权限,可以推行"自上而下的现代化"的时代不同。

无论是在大分地方政治中具有影响的村山先生,还是曾担任旭川市市长的五十岚先生,都因从前国土厅事务次官下河边淳先生那里得到了热心指点,而对其怀有感激和尊敬之情。这就是邀请下河边淳先生担任灾后重建委员会委员长的背后原因。村山首相官邸对他的地方主导重建理论表示同感。官邸向兵库县询问了对复兴院方式的看法,得到了明确的反对答复。[46]

2月15日,在灾害发生后不到一个月,内阁会议决定成立以下河边先生为委员长的"阪神淡路灾后重建委员会"。委员会成员由贝原县知事和神户市市长笹山幸俊代表地方,关西经济联合会会长川上哲郎代表地方经济界,从邀请的堺屋太一先生和伊藤滋先生等学界专家讲座中汲取想法,并听取濑康子女士的自由派思想。顾问聘请了政界与官界权威后藤田正晴先生和平岩外四经团联名誉会长。

下河边委员长在得到顾问的认可以及首相官邸的同意后,组建并领导着一个灵活提出重建建议的小型核心机构。[47]

为实现重建远景,兵库县紧急组建了各种专案组。

我们必须尽快向处在绝望中的受灾民众展示明天的希望。过度追求便捷的现代化中是否有一些重要的事情被忽略了?现在是建设理想城市的最佳时机,机会不容错过。我们寻求的不是恢复原状,而是创造一个拥有丰富社区生活环境的 21 世纪安全城市楷模。这是知事领导下的本地区关心重建的人们的公共意愿。

"三·三·十"的愿景被提出了。前三个月为紧急恢复期,接下来三年为住房、城市、产业的战略重建期,然后用十年进行整体复兴。3 月 30 日,城市再生战略课题讨论会负责人新野幸次郎,将包含以上内容的《灾后重建战略远景》递交知事。

7 月,由兵库县进一步完善的重建规划经下河边委员长的重建委员会提交国家,并得到批准。决定在十年内实施 660 项重建项目,预算达到 17 万亿日元。[48]

行政的壁垒

虽然灾区当地满怀"不止于恢复旧貌,务必面向未来图强发展"的热情,但世上哪有那么轻易就如愿实现的事情。被称为"后藤田教条主义"的行政壁垒阻碍了这一进程。

国家资金只能用到灾后恢复阶段为止,如果要更高质量的建设,需要利用地方资金来进行。在全国范围内,神户是一个富裕的地区,并不能因为同情,就用国家资金来助长依赖。这也关系到国内的公平性。对于经济特区,不能特殊对待。用公共资金重建个人倒塌的房屋,这不符合法律制度。即便有下河边委员长的调解,行政的壁垒之厚如今也是难以想象的。尽管碰壁了,然而灾区没有因此气馁,而是以创造性重建为目标,与行政壁垒展开了斗智斗勇的激烈抗争。这就是现实中的重建过程。

所有的政策都是人制定的,而更重要的是,它们也是制度和政治社会环境的产物。巨大灾害后的重建过程也不例外。

当一个地方遭遇重大灾难时,全国人民都会因悲惨的受灾景象而感到震惊。人们对受灾者表示同情,并送去大量的捐款。不仅如此,阪神淡路大地震中还涌现出138万名志愿者,这是历史性时刻。

一位在广岛红十字医院工作的医生朋友,驾驶日本红十字会的车辆满载着医疗用品急驰前往神户。然而越接近灾区,交通变得越堵塞,他几乎无法动弹。他由于担心物资无法及时送达而变得急躁。他试图将车辆开进上下两车道之间的空隙以节省时间，但地震使路面变得凸凹不平，方向盘一时失控，他撞上了对面车道驶来的车辆。日本是世界上对交通事故的处理最严格的国家。他想这回遇到大麻烦了，但被撞的车主却说："你是去救援的吧。我的车你别管了，赶紧去吧。"正是在悲惨的境遇中，我们得以感受到平日不常见的利他人道主义行为和地域共同体紧密的纽带联系。

人们对灾区的同情也加剧了对政府的批评。政府在做什么？应对太慢了。甚至有些指责内容超出政府应承担责任的范围。当看到灾区难以言表的悲惨景象，全社会的情绪都被点燃了。

这样一个充满热情的社会，随着时间的流逝也逐渐地瓦解。特别是，如果发生下一个令人震惊的事件，人们的关注点就会转移。在阪神淡路大地震的两个月后（1995年3月20日），发生了袭击首都东京的奥姆真理教地铁沙林事件，人们对此感到恐慌。兵库的灾情失去了全国新闻焦点的位置。社会向灾区提供慷慨支援的势头迅速减弱。

不过，值得庆幸的是，在奥姆事件发生之前，也就是社会对灾区还充满热情的时期，阪神淡路重建的许多制度已经成形，这一点非常重要。

灾后一个月左右的2月22日，颁布了《重建基本法》。于2月24日成立并启动了以首相村山富市为本部长的"阪神淡路重建对策本部"，该机构设立五年。如前所述，下河边淳先生担任委员长的"阪神淡路复兴委员会"（预计活动一年）也在灾后一个月启动。在日本社会,任何事情一旦被制度化,就会得到认真对待。尽管奥姆事件使全国的关注从灾区转移了,但地方政府和下河边委员长依然利用已制定的制度继续奋斗。

到了7月,地方上提出的十年重建规划已获得国家的批准。

下河边委员长主张日本应该实施在世界范围内可以引以为傲的纪念项目,在10月10日的重建委员会上,正式提出要"创建向世界开放的综合国际交流基地"。这是参考了华盛顿特区的史密森尼学会的提案,它提议设立具有研究教育功能、博物馆功能和文化活动功能的综合性国际中心。下河边委员长曾考虑在震灾一周年,村山首相访问神户之际,提出这一构想,并请求国家提供500亿日元建设资金。[49]

然而,就在震灾将满一周年之际,村山首相辞职了。

根据首相本人的解释,辞职的原因首先是为了处理社会党重组问题,其次是关于正在起草的《日美安全保障联合宣言》,担忧"作为社会党的首相做到这个程度,将来社会党会是什么形象"[50]。村山先生担任首相时,从国家长远利益的角度放弃了之前社会党的立场,表明了自卫队符合宪法、坚持日美安保的立场,但不愿成为21世纪扩大、强化日美安保共同宣言的当事人。

我曾经对出席阪神淡路大地震20周年纪念仪式的前首相村山先生进行采访,他亲口说并不存在500亿日元资助的计划。[51]这可能只是下河边委员长的个人想法而已。

减灾智库的诞生

不管怎样,随着村山内阁的辞职,灾后重建的政治环境发生了根本的改变。

继任的桥本龙太郎政权的主要关注点有所转向。此外,桥本内阁将行政和财政改革作为核心政治任务,表明了"无圣域的预算削减"下连续三年削减10％政府开发援助(ODA)预算的政策方针,政治气候使启动新项目变得非常困难。

下河边委员会的提案在一年内完成了任务,本应由为期五年的重建对策本部监督实施,但实际上被下放给各垂直分工的官僚部门,采取了审议实施的方式。按照当时的行政改革政策规定,设立一个新的机构就必须撤销一处现有机构。没有一个政府机构愿为灾区新设庞大机构而不遗余力。尤其是根据当时的时代精神,依靠政府行政命令进行的城市建设已得不到社会认可。为开展大地震纪念项目,于1997年设立了"阪神淡路大地震纪念协会",但由于国家拒绝出资,地方政府只能独自筹集资金。

桥本内阁从1997年4月开始将消费税从3％提高到5％。政府不但没有采取措施缓解由此造成的经济下滑,反而刻意采取增加实际税收负担的措施。他们认真对待了财政再建的必要性。经济一落千丈,日本经济与东亚经济危机相互作用,也陷入了危机状态。自民党在次年7月的参议院选举中遭到惨败,桥本内阁集体辞职。

继任的小渊惠三内阁任命前首相宫泽喜一为财务大臣,致力于解决经济危机。尽管国家财政赤字累积较大，但暂时不谈这个问题，优先将经济复苏放在首位。为了复苏日本和亚洲的经济，政府决定采取大胆举措，增加财政支出，制定大型修正预算。政府急需提出紧急案件。经济企划厅厅长堺屋太一向兵库县询问是否有好的项目。政治气候变化莫测。曾经以为村山内阁被桥本内阁取代，冬季严寒已经开始，但讽刺的是，在经济崩溃中，积极的财政主义之风突然开始吹拂。大地震纪念项目是否可能再次复苏？

基于大地震的经验教训，我们不应仅局限于灾区的恢复与重建，还应该为创造21世纪文明社会奠定基础。这不仅是对地震死难者的真正哀悼，也是惠及全国乃至全世界的事情，所以国家应该给予支持。这是贝原知事坚定不移、绝不动摇的决心。而应邀担任阪神淡路大地震纪念协会理事长的石原信雄先生则温和地指出该构想过于庞大。除非是以大地震为契机，专注于日本社会需要解决的问题，否则将无法得到广泛的理解。

针对这一情况，兵库县在防灾总监齐藤富雄的带领下萌生了"国际防灾安全机构"的设想，并在石原先生的建议下寻求建立"阪神淡路大地震纪念中心"。内容包括地震灾害展示与信息传播、研究调查和人才培养，以及为广域防灾提供对口支援。这是为保护人们未来免受灾害而建立一个智慧基地。

尽管中央政府的抵制依然强烈，但政治环境发生了变化。加入小渊内阁并成为执政党的公明党积极地开展了防灾工作。

1999年8月土耳其、同年9月中国台湾都发生了大地震，社会再次被上了一课,大灾害还远未结束。对于这两起地震,兵库派遣了海外援救队伍,并报道了相关活动。政府重建对策本部也出现了积极回应纪念中心构想的负责人,国土厅防灾局要求提供总预算。

虽然感受到兵库方面高涨的热情,但对以往"闲置公建"持谨慎态度的小渊内阁官房长官野中广务(后来的自民党干事长)做出裁定,设施建设和运营费用由国家和地方对半分担。之后,"阪神淡路大地震纪念中心"更名为"人与防灾未来中心",于2002年4月正式成立,由京都大学的河田惠昭教授担任机构负责人。以地震为科学研究的基础,旨在提升防灾减灾水平,保障社会安全的日本唯一的智库由此诞生了。

我认为我们克服了政治气候的变动,成功地创建了一个减灾智库,以便在下一次大灾害中保护尽可能多的国民。[52] 就像前面提到的,以此为中心,在神户东部新城(HAT神户)集聚了约20个与防灾相关的国际智慧基地。

注释

① 兵库震灾纪念21世纪研究机构《灾害对策全书》编辑企划委员会编,《灾害对策全书1:灾害概论》(行政,2011年);深尾良夫、石桥克彦编,《阪神淡路大地震与地震的预测》(岩波书店,1996年);日本地震学会、地盘工学会、土木学会、日本建筑学会、日本机械学会共同调查报告中的《阪神淡路大震灾调查报告》编辑委员会编著,《阪神淡路大震灾调查报告(共通编2)》(土木学会·日本建筑学会,1998年)等。

② 警察厅编,《警察白皮书(平成七年版)》,财政厅印刷局,1995年。

③ 日本火灾学会,《关于在1995年兵库县南部地震中的火灾调查报告书》,日本火灾学会,2011年。

④ 同上。

⑤ 阪神淡路大地震纪念协会(现兵库震灾纪念21世纪研究机构)编,《阪神淡路大地震纪念协会口述历史》(人与防灾未来中心图书馆藏),以下简称《阪神淡路大地震口述历史》。

⑥ 日本消防协会编,《阪神淡路大地震志》(日本消防协会,1996年)。

⑦ 北淡町(现淡路市)町长小久保正雄的访谈(2002年8月7日,北淡町役所),《阪神淡路大地震口述历史》收录。

⑧ 繁田安启北淡町消防团副团长的谈话,日本消防协会所编书《阪神淡路大地震志》收录。

⑨ 西宫市教育长(后担任市长)山田知的访谈(2005年8月25日,西宫市役所),《阪神淡路大地震口述历史》收录。

⑩ 前泽朝江兵库县妇女防火俱乐部联络协议会会长的谈话,日本消防协会所编书《阪神淡路大地震志》收录。

⑪ 神户大学医学部附属医院集中治疗部副护士长小田千鹤子的谈话,同前书所收录。

⑫ 三宅仁长田区西代户崎自治会联合协议会副会长的谈话,同前书所收录。

⑬ 芦屋市消防团长川合友一的谈话,同前书所收录。

⑭ 《读卖新闻》1995年2月19日版。

⑮ 兵库县警本部长泷藤浩二的访谈(2002年9月19日,JR西日本本社)以及警察厅长官国松孝次的访谈(2004年10月7日,东京损保日本本社),均收录于《阪神淡路大地震口述历史》。参考《每日新闻》1995年3月12日版。

⑯ 关泽爱,《减轻地震火灾的损害对策》,兵库震灾纪念21世纪研究机构《灾害对策全书》编辑企划委员会编,《灾害对策全书2:应急对策》(行政,2011年)。

⑰ 消防厅编,《阪神淡路大震灾的记录(第二卷)》(行政,1996年)。

⑱ 关泽爱,《减轻地震火灾的损害对策》。

⑲ 消防厅编,《阪神淡路大震灾的记录》,附册资料卷(行政,1996年)。

⑳ 日本火灾学会,《关于在1995年兵库县南部地震中的火灾调查报告书》。

㉑ 消防厅编,《阪神淡路大震灾的记录(第二卷)》,第67页。

㉒ 对神户市消防局局长上川庄二郎的采访(1999年12月6日,阪神淡路大地震纪念协会),收录于《阪神淡路大地震口述历史》。同时公开发表在阪神复兴·岩井论坛事务局《岩井论坛讲话集》第3号(2006年)上。

㉓ 对陆上自卫队第3特科联队长林政夫的采访(2005年7月29日,于高知县厅),除了收录于《阪神淡路大地震口述历史》,松岛悠佐的《阪神大地震：自卫队的作战》(时事通讯社,1996年)中也有多次提及。同时参考官方记录：防卫厅陆上幕僚监部,《阪神淡路大地震灾害派遣行动史(平成七年一月一日至四月二十七日)》(陆上自卫队第十师团,1995年)。

㉔ 对兵库县防灾股长野口一行的采访(1998年6月22日,阪神淡路大地震纪念协会)收录于《阪神淡路大地震口述历史》。秘书科科长(后任副知事)齐藤富雄所著备忘录《关于自卫队在阪神淡路大震灾中的初期灾害派遣》(2010年2月8日),自卫队方面,采访第3特科联队长林政夫,以及参考防卫厅陆上幕僚监部《阪神淡路大地震灾害派遣行动史》。

㉕ 对陆上自卫队第36普通科联队长黑川雄三的采访(2005年9月17日,滋贺县守山市黑川宅),以及中部方面总监松岛悠佐的采访(2004年10月6日,东京大金空调本社),两者均收录于《阪神淡路大地震口述历史》。另外参考松岛《阪神大地震：自卫队的作战》和防卫厅陆上幕僚监部《阪神淡路大地震灾害派遣行动史》。

㉖ 神户商船大学,《震度7的报告——当时,在神户商船大学里发生了什么……》(神户商船大学,1996年),日本消防协会编,《阪神淡路大地震志》。

㉗ 有田俊晃白鸥寮宿舍自治会会长的回忆,同前述的神户商船大学《震度7

的报告——当时,在神户商船大学里发生了什么……》。

㉘ 河田惠昭,《大规模地震灾害所致的人员伤亡预测》,《自然灾害科学》第16卷,第1期(日本自然科学学会,1997年)。

㉙ 2006年5月19日,消防厅确认。

㉚ 目前还没有对灾害相关死亡的整理性描述,因此笔者咨询了相关人士。

㉛《阪神淡路大震灾调查报告》编辑委员会编著,《阪神淡路大震灾调查报告(共通编2)》,特别是第七章"地震活动特性"部分。

㉜《神户新闻》,1974年6月26日晚刊。

㉝ 同前述《神户新闻》。

㉞ 伊丹市市长松下勉的采访(2007年1月25日,阪神淡路大地震纪念协会),以及尼崎市市长宫田良雄的采访(2006年12月9日,阪神淡路大地震纪念协会),两者均收录于《阪神淡路大地震口述历史》。尼崎市和伊丹市分别有49名和22名受难者。

㉟ 芦屋市市长北村春江的采访(2003年9月19日,阪神淡路大地震纪念协会),以及副市长后藤太郎的采访(2003年8月7日,阪神淡路大地震纪念协会),两者均收录于《阪神淡路大地震口述历史》。五百旗头真,《危机管理——行政的应对》,朝日新闻大阪本社编,《阪神淡路大地震志——1995年兵库县南部地震》(朝日新闻社,1996年),高寄昇三,《阪神大地震与自治体的应对》(学阳书房,1996年)。

㊱ 神户市市长笹山幸俊的访谈(2001年2月5日,神户国际会馆)。局长山下彰启的访谈(1999年11月18日,神户市厅)。兵库县知事贝原俊民的访谈(2001年10月5日,兵库县厅)。以上访谈均收录于《阪神淡路大地震口述历史》。

㊲ 西宫市市长马场顺三的采访(2002年10月3日,西宫市厅),以及山田教育长的采访,均收录于《阪神淡路大地震口述历史》。

㊳ 兵库县知事贝原的前述采访、副知事芦尾长司的采访(2000年8月30

日,港湾银行总行),均收录于《阪神淡路大地震口述历史》,以及根据野口股长的采访和前述齐藤备忘录《关于自卫队在阪神淡路大震灾中的初期灾害派遣》等。

㊴ 笔者个人于1995年4月15日,在兵库地区政策研究机构对兵库县知事贝原进行了采访。此次访谈的口述历史成为五百旗头真著作《危机管理——行政的应对》一书的基础。

㊵ 贝原俊民,《兵库县知事的阪神淡路大地震——15年的记录》(丸善出版,2009年)。

㊶ 警察厅基于调查结果的推测。警察厅编,《警察白皮书(平成七年版)》。

㊷ 首相村山富市的采访(2003年2月19日),内阁官房长官五十岚广三的采访(2003年6月3日),以及官房副长官石原信雄的采访(2003年4月8日),以上均收录于《阪神淡路大地震口述历史》。村山富市述、药师寺克行编,《村山富市回忆录》(岩波书店,2012年),五十岚广三,《官邸的螺旋楼梯——市民派官房长官奋斗记》(行政,1997年),石原信雄述、御厨贵和渡边昭夫访谈《首相官邸的决断——内阁官房副长官石原信雄的2600日》(中央公论社,1997年),山川雄巳,《阪神淡路大地震中村山首相的危机管理领导力》,载于《关西大学法学论集》第47期(关西大学法学会,1997年),五百旗头真《危机管理——行政的应对》。

㊸ 村山首相的采访(2003年2月19日),及冲绳与北海道开发担当大臣小里贞利的采访(2002年8月21日),以上均收录于《阪神淡路大地震口述历史》。

㊹ 阪神淡路大地震纪念协会编,《飞翔的凤凰——创造性复兴的群像》(阪神淡路大地震纪念协会,2005年),第十一章。

㊺ 同上书。

㊻ 前述村山首相的采访、五十岚内阁官房长官的采访,及下河边俊的采访(2000年5月11日),贝原,《兵库县知事的阪神淡路大震灾》(前文已提及)。

㊼ 御厨贵、金井利之、牧原出访谈,阪神淡路震灾复兴委员会(1995—1996)

委员长下河边淳,《〈同时进行〉口述历史》(上),《C.O.E.口述·政策研究项目》(上)(GRIPS,2002年)。

㊽ 前述《飞翔的凤凰——创造性复兴的群像》。

㊾ 前述《飞翔的凤凰——创造性复兴的群像》,前述《〈同时进行〉口述历史》(下)。

㊿ 前述《村山富市回忆录》。

(51) 笔者对首相村山富市的提问(2015年1月17日,神户)。

(52) 前述《飞翔的凤凰——创造性复兴的群像》。

第三章

东日本大地震 1：巨大海啸的现场

1 海沟型大地震引发的巨大海啸

狂暴的海之恶魔

在各种灾害中，地震尤其能够引起人们深深的恐惧。人类基于对大地的信任而生活于此，而地震背叛了这一信念。人们相信大地是坚不可摧的基础的信念，在地震发生的瞬间，会彻底崩溃。大地剧烈震动，像液体一样流动，破坏了城镇的横竖秩序，张开了深不见底的裂缝，吞噬着人们。一年四季赐予我们自然恩惠的大地，在那一刻仿佛宣称自己是恶魔。

在阪神淡路灾区，我亲身体验了这一切。仅仅 20 秒的剧烈地震，感觉像持续了两三分钟的地狱般的折磨，地震过后，我感觉自己仿佛生活在一个完全不同的时代。

对东日本大地震（2011 年 3 月 11 日）的受灾者来说，9.0 的震级是极为罕见的。然而，持续约五分钟之久的剧烈地震不是唯一的灾难。地震唤醒了狂暴的海洋的力量，30 分钟后，海啸开始侵袭东北各地的太平洋沿岸城镇。统计结果显示，超过九成的遇难者是因为海啸溺亡。①根据2014年的统计,包括灾难相关死亡在内,共有19418人死亡,2592人失踪,总计22010人丧生。②[据NHK 3月10日的统计,十二年后,到2023年3月,包括灾难相关死亡(3792人)在内,死亡人数为19692人,失踪人数为2523人,总计22215人失去了生命。]

不仅如此,第三种灾难也随之而来。一场15米高的巨大海啸袭击了福岛核电站,导致电源完全丧失。

第二核电站勉强恢复了电力供应,但第一核电站的一至三号机组未能恢复冷却系统,发生了熔毁(炉心熔化)。结果,一、三、四号机组发生了氢气爆炸,向大气中扩散了放射性物质。正如后文所述,二号机组没有发生氢气爆炸,这不是因为它没有熔毁,而是因为建筑物排气面板窗口正好被破坏并打开了,导致放射性物质持续向大气中释放。通过直升机和车辆的喷水作业,相关人员勉强成功进行了暂时的冷却,但这差点让整个东日本,包括东京在内,变成不适宜居住的地区,这是一个极为严重的情况。

大地震、巨大海啸和核事故构成了东日本大地震这一广泛复合型灾害,其中,我特别想关注的是造成众多生命损失的巨大海啸。

震中位于宫城县牡鹿半岛东南偏东方向130公里处地下24公里的位置。太平洋板块以每年接近10厘米的速度,潜入日本列岛下方,而陆地板块被拖拽着一起移动的部分(称为不均匀滑动区域),在难以承受的压力之下,发生了剧烈的弹跳。据悉,在震源区域内,地面向东移动了24米,向上跳跃了5米。此外,在震源区以东 200 公里处,靠日本海沟的大陆板块上的沉积物向海沟滑落,这引发了海水的剧烈震动,由此两者产生的复合作用,导致了巨大海啸。③在南北 500 公里、东西 200 公里的巨大海域地下发生的剧烈运动,导致了日本有史以来规模最大的海啸。

地震发生在下午 2 点 46 分,但在三分钟后,气象厅就发出了海啸警报,并预测宫城县将出现高达 6 米的海啸,岩手县和福岛县则分别预测将出现 3 米的海啸,并发出了警戒呼吁。这是根据最初动态数据做出的预测,地震规模被低估为 7.9 级,结果这是一个过于保守的预测。因为这场大地震在广泛地区持续了数分钟,所以在三分钟后仍未结束其活动。

迅速发布警报显得至关重要。那些通过电视或手机接收到紧急地震速报的沿海居民,听到"即将发生大震动"的通知后,很快就遭遇了强烈震动,几乎没有时间应对这场地震本身。

此外,这个紧急速报系统成功地使十多列横跨受灾三县的新干线安全停运。然而,在发出津波预警三分钟后,由于无法确定地震规模和津波高度,也出现了一些悲剧性的反应,例如人们认为"3 米高的海啸不太可能越过防潮堤",或者"留在家里就不用担心"。

气象厅在地震发生 28 分钟后的下午 3 点 14 分发布了第二次报告,将宫城县的海啸预计高度修正为 10 米以上,岩手和福岛的海啸高度各修正为 6 米,这个修正值几乎是之前的两倍。但是,在地震后的混乱与停电中,能听到这个修改后数值的人并不多。即使听到了,他们还有足够的时间逃离吗?4 分钟后,第

图 3-1　即将吞没房屋的海啸正在袭来（2011 年 3 月 11 日）。

一波巨大的海啸袭击了三陆海岸。

虽然震中位于宫城县海域，并且气象厅以宫城县为中心发出了海啸警报，但令人意外的是，巨大海啸首先到达了岩手县的大船渡和釜石，而不是震灾正面的宫城牡鹿半岛等地。要区分潮位变化与真正的海啸来袭并不容易，在地震 32 分钟后，即下午 3 点 18 分，大船渡被海啸袭击；35 分钟后，即 3 点 21 分，釜石被海啸袭击；40 分钟后，即 3 点 26 分，宫古岛也遭受了海啸袭击。

海啸受到海底抬升以及海底地形等因素的影响，并非等速朝各个方向前进，而是呈复杂而不匀速的运动。首先，可能因为大规模的断层向北方扩展，海啸很快抵达了岩手县。而地理位置上更接近的宫城县石卷市的牡鹿半岛鲇川，海啸是在 40 分钟后到达的,和到达宫古的时间一样。

另一个大规模断层朝南方的福岛方向发展。

出现问题的福岛核电站所在地在地震发生41分钟后,迎来了第一波4米高的海啸,而在49分钟后的下午3点35分,受到高达15米的巨大海啸的袭击,核电站经受了严重的灾难。

海啸在地震发生53分钟后,即下午3点39分到达福岛县的岩城市,但是令人意外的是,在三县灾区中,海啸最后到达的是仙台平野地区。在地震65分钟后,即下午3点51分,福岛县相马市受到了高达9.3米的海啸的袭击。此外,宫城县名取的闲上地区在地震66分钟后,即下午3点52分才遭受海啸的袭击。

打一个比方,巨大的海啸首先用它的上臂袭击了岩手,随后用下臂袭击了福岛。最后,它深入侵袭了正面的仙台平野。[④]

海啸的高度是多少?"上溯高度"的最高记录出现在宫古市的姊吉地区,高度达到了40.4米,大船渡市的绫里白浜达到了26.7米,岩手县的三陆海岸受到的影响尤其严重。紧随其后的是女川港的18.4米,陆前高田的18.0米,宫城县南三陆町的15.9米,以及福岛第一核电站的15.0米。"上溯高度"是海啸高度与地形相互作用的结果。

虽然"海啸高度"在没有潮位观测器的情况下无法记录,但海啸进入陆地后的"浸水高度"可以通过建筑物留下的痕迹等进行后续调查。观察结果显示,釜石市北部的两石湾达到了18.3米,大船渡市的绫里湾和越喜来湾分别为16.7米和16.5米,宫古市田老和南三陆町为 15.9 米,陆前高田为 15.8 米,石卷市雄胜为 15.5 米,女川港为 14.8 米等。⑤

通过对比 1896 年的明治三陆海啸和 1933 年的昭和三陆海啸,内务省特别对明治三陆海啸的痕迹进行实地考察后,在 1934 年发布的报告书[简称《内务省报告书(1934 年)》]中指出了地震与海啸的如下关系:

(1)直接面对外面的海湾区海啸较高,而位于深湾内的湾区则海啸较低;

(2)V 形的海湾比 U 形海湾的海啸上涨得更高;

(3)在直的浅滩海岸上,海啸会被抑制。在没有弯曲的浅滩海岸线,像海湾这样的地方,海啸会被抑制。

这几乎代表了经验知识,就像(1)所示,这次东日本大地震也有类似的情况。但是,这次巨大海啸影响整个外洋,超越了(2)和(3)的差异,带来了严重的灾害。⑥

地震发生后的 30 分钟或 40 分钟,时间是很短的。如果去扶起倒下的家具并开始收拾,可能会来不及,很快就会被海啸卷走。若要赶往幼儿园或小学接孩子,并转移到安全的地方,时间也远远不够。而在仙台平野有一个多小时的缓冲时间,只要有逃离的意愿,就有足够的时间转移到安全的地方。

然而,事实告诉我们,比起拥有的缓冲时间,更关键的是每个人的危机意识和行动。

大船渡市在地震发生约 32 分钟后,最先遭遇海啸,有 417 人死亡和 79 人失踪。⑦与其他城市相比,受害者相对较少。这可能与地形有关,虽然湾区深处有平地,但两侧却是陡峭的丘陵住宅区。虽然湾口的防波堤不幸崩塌,但海啸侵入的范围还是有限的。

然而,在接下来的事例中可以看到,30分钟左右的时间,对老年人来说尤其残酷。在市北部的越喜来湾最深处的海边,一个斜坡长约一公里的地方设有老年福利设施"三陆之园"。当时有91人在该设施中,其中59人丧生。

震动停止后,老人们在工作人员的帮助下准备离开,7个人刚走到门口准备坐上小推车,前往高地避难,不料海啸像卷起碎石般迅速涌来。小推车被冲走,冲出了一百多米,最终在河边停住,车内2人不幸溺水死亡。毗邻的特别护理老人家中,67位住户中有53位老人在10名工作人员的帮助下尽力地坐上轮椅逃生,但很快海啸涌入,造成53位老人丧生。⑧

这说明,对于需要帮助的人来说,30分钟是非常短暂且残酷的时间。老人院、残疾人设施以及医院必须设在安全的高地上,这一点在东日本大地震中得到了充分的证实。

在海啸迅速到达的大船渡市,有一所越喜来小学的校舍,但73名学生和13名职员都安全无恙。其关键在于,学校的二楼通过一座桥与对面山丘上的主干道9号县道相连,形成了一条避难通道。

由于平田武市议员预感到小学的位置在遭遇海啸时有危险,他促成市政府拨款,并在前年完成了这个项目。学生们沿此通道逃生,最终在三陆铁路的三陆站前广场避难。当时,防灾无线电正在播报"大海啸警报"。教职员进一步引导学生前往更高的社区中心。从那里向下看,可以看见小学已经浸水至三楼,房屋和车辆被冲走。

学校每年进行两次海啸避难训练,并始终秉持"避难要更早,到更高处"的原则,这些做法起到了作用,成功地帮助学生和教职员工抵御了海啸迅猛的袭击。⑨

船员们的搏斗

三陆海岸是世界上最富饶的海域之一,每一个狭长的峡湾都盛产海鲜。

在渔业中,船是最核心的工具。例如,在"3·11"地震后,最早被海啸侵袭的大船渡湾,当时有大约1400艘渔船在作业。

对于海上的专业人士——渔民来说,海啸并不是意料之外的事件。大地震之后,大多数渔民,特别是年长的渔民都预料到会有海啸发生。他们之间有一些口口相传的经验教训。

最广泛的共识,且在一定程度作为一种社会认知的应对措施,就是将船只撤离到远离海岸的地方。通常认为,只要到达水深100米以上,最好是200米的远海,就可以确保安全。在深海中,海啸仅呈现为缓慢的涌动。然而,一旦接近浅海岸,海啸就会从海面升起,形成高墙并冲击岸边。

尽管这一点众所周知,但实际上能成功逃至远海的渔船并不多。大约80%到90%的船只在湾内被翻转或被冲到意想不到的陆地上。这是因为从大地震到海啸抵达只有半个小时到一个小时,这段时间对渔民来说太短,不足以完成出航准备并达到外海。

尤其是大型船只,除非刚好完成了出航准备,否则几乎不可能及时出海。比如在大船渡港的俄罗斯运输船,据说单是启动引擎就需要 15 到 30 分钟。即使在持续 5 分钟的地震停止后 10 分钟就出港,离开湾区进入 100 米以上水深的海域也需要 20 分钟以上。在这种情况下,在到达深海之前遇到像高墙般的海啸的可能性很大。

关于灾害时的航海方法,渔民们有一些口口相传的经验。比如"面对远处的暴风雨要迅速逃离,面对近处的暴风雨则要正面迎战"的说法,也适用于对抗海啸。当海啸像一面墙一样逼近时,绝不可以让船的底部或侧面受到冲击。只能正面迎上海啸的高墙,这是应对海啸的唯一方法。

海啸来临时,海边的家园可能保不住,但一定要保住船只。只要有船,就能从海上找到新的家园。这是大船渡的 63 岁老渔民志田惠洋所学到的。当地震发生时,他正在用小船进行牡蛎养殖作业,他立即转移到他最珍爱的渔船"志和丸"号上,并驾船穿过长达 6 公里的细长的大船渡港出海。这是老渔民凭借对当地渔港的熟悉和敏捷反应所做出的决定。

20 分钟后,他到达距离湾口 10 公里的海域,那里已经有大约 60 艘伙伴的渔船集结。虽然 60 艘听起来很多,但相比于大船渡的大约 1400 艘船来说,只是一小部分。他们通过无线电交换信息。无线电传来的声音是:"看北边的海角!"大家看到绫里海角尖的海浪冲天而起。大船渡湾的北部是海啸最早到达的地方。而在水深大约 100 米的位置的这些渔船,只是轻微地摇晃着。

由于在家中耽搁了一些时间,75 岁的渔民津间高雄错过了最佳出航时间,当他驾驶小渔船到达海湾中央时,看到海啸的高墙迅速逼近海湾口防波堤。特别在狭窄的海湾口部分,海啸形成了垂直的高墙,一艘船被海浪冲击,仿佛挂在墙上一样。湾内的其他船通过无线电相互通信,传来了"不要出来。返回!"的呼声。然后是一声声的"好疼啊!"的叫喊。接着,他们被海啸吞没了。

这个时候是很危险的。津间先生没有出海,而是决定留在海湾内中心位置的珊瑚岛的背风处,以躲避海啸。他选择了在湾内因波浪推进和回流而经常变化的环境中,与海啸做斗争。[10]

在大船渡,有太平洋水泥公司,大船渡也是三陆海岸上少有的矿工业城市。因此,在港内停靠着的水泥运输船"砚海"号,其载重约为 5000 吨,它正好快要装载完毕。

地震发生 15 分钟后,由于海啸前奏的拉浪导致海湾内水位急剧下降,"砚海"号紧急解除缆绳,驶离岸边。海啸摧毁了海湾口的防波堤,一边形成巨大的漩涡,一边以大约 10 米的高度冲入湾内。"砚海"号的船长川崎直喜(54 岁)和其他资深船员都是这片海域的专家。他们将船只移至海湾中较深水域,船长下令放下一个船锚以防船只被冲走,并且在波浪推进时,临时开启引擎全速前进,与强烈的拉浪对抗。虽然船上有两个锚,但关键是只能下一个船锚。如果两个都放下,剧烈的海浪会使锚链缠绕,船只会失去灵活性,变得无法控制。

不熟悉这些海啸应对措施的俄罗斯运输船"克利佐利托夫"号,尽管已经放下一个船锚,但还是被推进的波浪冲上陆地,随后又被拉浪剧烈地拉回湾内。为了缓和漂流状态,它又放下第二个船锚,结果情况更加严重。两个船锚缠绕在一起,使得船被牢牢绑在海底,面临触礁和翻覆的危险。

俄罗斯运输船向附近的"砚海"号请求救援,"砚海"号接收了15名船员并加以保护。受伤的俄罗斯机械长则通过特殊消防队的直升机被送往医院。

津间先生的小型渔船在充满废墟的港湾中,独自与海啸彻夜搏斗。与推进的浪潮相比,退潮时的水流显得更加汹涌澎湃。在海湾逐渐变窄的地形中,海水如同飞流而下的瀑布一般,一位渔民的船被卷入其中沉没了。

经过一夜的苦战,天亮时,已经避难到外海的志田先生的"志和丸"号小心翼翼地返回了,途中,他小心注意着不让螺旋桨被瓦砾缠住。志田先生经过津间先生的船时,喊道:"你昨晚也整晚都在船上吗?"他对这位老渔夫独自一人在小船上抗争了整晚的事表示惊讶,又追问道:"你还没吃东西吧?"随后他驶近津间先生的船,递上了点心和饮料。虽然彼此不认识,但这份关怀让75岁的渔夫感到非常欣慰。

按照"即使房子被毁,有船便有希望"的信念,志田先生守护着自己的船,第二天早晨,当他平安归来,在向港湾深处前进时,竟然看到自己的家还在。他的眼泪不由自主地流了出来。

此后,志田先生成为海难救助互助会的会长,在俯瞰湾区的山丘上,为在海中遇难的渔民们以及沉没的船只竖立了慰问碑和船魂碑。在追悼仪式上,作为会长的他致辞:"我深深地感到,我们渔民命中注定要与海啸相伴。尽管海啸是我们的宿命,遇难的情况却各不同。我们要努力克服这些灾难。"

海和海啸都是有生命的。石浜渔港在宫城县南三陆町的海角上,通常认为到达 50 米深的海域就相对安全了,但实际上在那天,船要向 1 公里外(水深 70 米)行驶才没有晃动。

然而,从福岛县相马市松川浦渔港出海的大约 100 艘渔船,本以为只要驶出 4 公里就安全了,却突然被 7 到 8 米高的巨浪袭击。船员们决定正面迎战巨浪。他们启动引擎,全速向着海浪驶去,在波峰上减速越过它们。如果在波峰继续全速前进,发动机可能会过热而损坏。他们以为越过第一道巨浪就安全了,但第二道巨浪又迅速逼近,如同墙壁一样。他们下定决心,接连越过六七个巨浪,最终驶到了 15 公里外的海面。这附近的海底总算变浅了。

由于海底地形的影响,海啸的量和方向会发生变化,海啸成了千变万化的怪兽,在海中狂暴肆虐。⑪

宫城县牡鹿半岛附近的鲇川渔港与离岛金华山之间有定期航班。可载 72 人的"鲸鱼"号正等待下午 3 点从金华山港出发,这时发生了大地震。

两名乘客跳上船。5 分钟后,海啸来临前,潮水异常上涨。当天船长在船上,代理船长铃木孝(63 岁)迅速将船开离码头。

图 3-2　被冲上码头的渔船（左边）和幸存下来的渔船（2011 年 3 月 13 日）。

这时,金华山港的远藤得也社长(70 岁)通过无线电传来指令:"带上乘客往海上避难。"码头已经开始被淹没,无法返回。铃木通过扩音器呼喊岸边的人们跑向山上逃生,然后直接驶向外海。

当他们往前行驶,看到左边是金华山,右边是网地岛。不久后,左边海上一道宽约 500 米的巨浪,像高墙一样逼近。撞击金华山的海啸,仿佛在追击"鲸鱼"号。当船只离岸 5 公里后回头望去,发现牡鹿半岛和金华山之间的海峡此时因为遭受退潮,甚至都露出了海底。[12]

多数船只无法逃到海上,最终只剩下残骸。在整个东日本大地震受灾地区,约有 2 万艘渔船以及其他游艇、客船、货船等船只遇难,总计损失近 3.6 万艘。[13]

在这段描述中提到的船员,可能是少数的例外,但不管如

第三章　东日本大地震 1：巨大海啸的现场

何,在那个地方确实存在着不少专业人士,他们坚信即便海啸是宿命,也是可以克服的,并且他们已经正面迎战(以上记述事件中的人物,其年龄、职位等信息均为当时的情况)。

2 海啸频繁来袭的三陆海岸

明治三陆海啸

今村明恒博士认为:"三陆沿岸是经常遭受海啸侵袭的地区,在日本乃至全世界都是受灾最多的。"他曾在1923年强烈预警关东大地震的来临,并于1929年成为地震学会的首任会长。他在推动地震学术研究的同时,也为提高社会防灾意识而努力奔走。

关于这个地区海啸袭击的研究显示,海啸侵袭的频率是"大约40年一次"⑭,"35年一个周期"⑮,或者"三陆地区的海啸每隔十几年或几十年会重复袭来"⑯,这样的频率在其他地区是难以想象的。⑰

个人和社会都受到亲身经历的影响。例如,1611年庆长三陆地震海啸造成从三陆海岸到仙台平原的大灾害,遭受重大损失之后,人们谈"震"色变,采取积极措施应对灾害。之后,虽然三陆海岸像上述那样,频繁受到海啸袭击,但在德川时代的250年间,此地的灾害并未严重到破坏人们生活的程度,人们也因此逐渐适应无大灾难的生活并放松了对灾害的警惕,这使得1896年明治三陆海啸所造成的损失更为巨大。

那是中日甲午战争后的第二年,6月15日正好是旧历五月五日端午节(儿童节)。虽然当天从早上就下着雨,但仍然可以看到到处是人们欢度端午节(儿童节)的喜气场面。正当节日活动进行得如火如荼时,晚上7点32分,发生了一次持续约5分钟的轻微地震(估计震度为2到3级)。人们并没有太在意,宴会也没有终止。30分钟后,大约在晚上8点过后,从海上传来巨大声响,像炮击一样。当人们疑惑地走出室外,想要望向夜晚的海面时,他们所看到的是比屋顶还高的巨大海啸的高墙,能够逃生的人寥寥无几。

关于明治三陆海啸,在大船渡湾东侧突出的半岛湾绫里湾的白浜记录着海啸最大波高为38.2米。绫里村约56%的人口,即1269人被海啸吞噬而亡。位于釜石南部的唐丹村遭到16.7米高的海啸袭击,约66.4%的居民,即1684人遇难。当时,三陆海岸上人口最多的釜石町(约7000人)也有约54%的人口,即3765人丧生。考虑到并非所有居民都住在海边,内陆也有村庄,却仍有一半以上的人口遇难,这一数字令人难以置信,这意味着沿海的城镇几乎被全毁。

以岩手县(死亡18158人)为中心,跨越宫城县(死亡3452人)、青森县(死亡343人)、北海道(死亡6人)的明治三陆海啸,其惨烈程度不亚于总计死亡人数近22000人的东日本大地震。

为何会造成如此巨大的人员伤亡? 如前所述,一方面是因为之前如此严重的海啸并不频繁,人们对此的警惕有所松懈;另一方面,人们未能及时逃跑的最主要原因是震感较轻。虽然有

第三章 东日本大地震1:巨大海啸的现场

些人因持续的弱震(震度在 2 到 3 级之间)而警惕可能到来的海啸,但这确实是极为特殊的情况。

大地到底发生了什么?为什么轻微的地震会引发如此巨大的海啸?

明治三陆海啸发生在距离海岸约 200 公里,太平洋板块俯冲至大陆板块下方的日本海沟附近海底。两个板块的接触区并不像崎岖的岩石那样硬,那里发生的地震往往是长时间的缓慢错位移动,而不是剧烈的断裂跳跃。

不过,在日本海沟向陆地侧深入 8000 至 10000 米(10 公里)的地方有大量的沉积物。正是这些沉积物由于地震的震动和海底地基的温度上升而崩塌进深海沟。这进一步动摇了海水。与地震强度不相称的巨大海啸从而产生了。近年来的研究已经在解释明治三陆海啸的这种结构[18],大自然这种突然袭击确实令人防不胜防。

那么,对于这样的灾害,社会如何应对呢?

到了明治时期后期,三陆沿岸仍然相对孤立。由于丰富的海产品,这里居住着相当数量的人口。在明治三陆海啸的五年前(1891 年),国铁东北也才刚刚开通,在那之前三陆海岸甚至没有铁路连通,更没有汽车道路。只有勉强能够让人力车通行的崎岖小道。当明治三陆海啸发生时,板垣退助内相乘坐人力车,花费了三天两夜的时间,从盛冈前往宫古进行视察。如果岩手县要从盛冈向灾区运送米等物资,首先需要运送到北上川河口的石卷市,然后再将物资转运到汽船上,最后逐一停靠三陆各个入江港口。

图 3‑3　明治三陆海啸中受害最严重的岩手县釜石町（1896 年）。

宫城县的部分电报设施得以恢复使用，仙台的支援相对迅速展开。而岩手县的灾区则通信和交通完全中断，处于孤立无援的状态。受到毁灭性打击的村庄和集落中几乎没有幸存者能够开展救援活动，虽然想向邻近的村庄请求救援，但那里也同样处于全面破坏的境况。

在这种情形下，在发生海啸的第二天傍晚，上闭伊乡长和远野警察署署长带领着 7 名巡警和超过 80 名消防员抵达了釜石，给当地带来了"鼓舞人心的勇气"。而远野地区早在 2011 年之前就作为后方支援基地支援沿岸灾区。

灾情被广泛传播后，政府和军部响应县的请求并采取了行动，提供医疗援助和物资支持，并募集到了许多捐款。县政府和中央政府决定向每个灾民提供 30 天的伙食费（一人一天 4 合米)以及用于搭建应急小屋(避难所房屋)的费用,还为失去家人的人发放10日元的预备灾害费等。一个半月后,政府还决定投入公款用于渔业的重建工作。

尽管当时的处境看起来令人绝望,但一年时间过去,渔获量恢复了,房屋重建工作也在快速进行。每次灾害过后,岛上人民就发挥勤劳的天性,迅速重建家园,这一特点在明治三陆海啸后也得到了体现。

高扬的槌声宣告着重建的脚步,这是美好的,但人们会不会在相同的地点重建家园和城镇,再次重演被海啸吞噬的悲惨历史呢?尽管国家没有出资建设安全的城镇,但明治海啸后,灾难的惨状让不少地区开始考虑高地迁移。在现今的大船渡市,当时的气仙郡吉浜的村长新沼武右卫门规划了高地迁移,将道路转移到了山腰,村民们也移居到那里。据说,在大槌町的吉里吉里和浪板,以及山田町的船越,也进行了类似的迁移。[19]

明治时期的高地迁移

前面提到的内务省报告书[20]介绍了宫城县和岩手县在明治三陆海啸后尝试建设安全城镇的十来个案例,我们将这些案例分为成功、半途而废以及失败三类。

成功的例子有以下五个:

宫城县的唐桑村大泽(现在的气仙沼市),在明治时代遭遇了6.5米高的海啸,受到了严重损害。到了昭和时代,尽管面临3.9米高的海啸,共806人之中却仅有5名居民遇难。大谷村大谷地区(现在的气仙沼市)在明治三陆海啸中有241人遇难,而后通过村营项目进行了高地迁移,在昭和时代没有一人遇难。岩手县的鹈住居村箱崎(现在的釜石市),遭受了8.5米高的海啸,整个村遭受了毁灭性打击。村民自发进行了高地迁移,在昭和时代遭受了4.4米高的海啸,几乎没有受到损害。船越村船越(现在的山田町),会受北面的山田湾和南面的船越湾两侧的海啸侵袭,在明治三陆海啸中,6.5米高的海啸袭击了船越村(整个船越村共有1250名遇难者)。居民自发进行高地迁移,并整修了街道,在昭和时代仅有4人遇难。

相反,失败的例子有以下几种情况:

宫城县唐桑村只越(现在的气仙沼市),在明治时代,遭到8.3米高的海啸冲刷,有241人遇难。尽管他们致力于往高地迁移并开始了土地开发,但由于遇到了岩层障碍,经费增加,最终只建成了0.9米宽的避难路。在昭和时代,这里遭受了6.6米高的海啸,导致24人因来不及避难而丧生。

岩手县越喜来村崎浜(现在的大船渡市),在明治时代遭到11.6米高的海啸冲刷,受到毁灭性打击。当地并没有选择将村落迁移到高地,而是采取了在原地进行填土和区域规划,重建了布局合理、街道整齐的城镇。在昭和时代,7.8米高的海啸再次袭击此地,导致村庄的大部分被冲走,50人遇难。

十五浜村雄胜(现在的石卷市)也试图通过将海边的集落提高四尺(约1.33米)来提升其安全等级,但到了昭和时代,该村庄遇到了海啸,其高度是之前的两倍。这个事件表明,不彻底的预防设施是徒劳无功的。

吉浜町本乡(现在的大船渡市)在明治时代经历了26.2米高

的巨大海啸之后,部分地区进行了高地迁移,并在原先海边村落处建造了8.2米的防潮堤,还在其内侧种植了宽10米的防潮林。然而,在昭和时代,14.3米高的海啸摧毁并冲走了防潮林,这说明不够坚固的防潮林并不能成为有效的防护措施。

唐丹村小白浜(现在的釜石市)可谓命运多舛。明治时代的大海啸几乎摧毁了整个村落,导致数百人丧生。之后,村民们用捐款各自购买了高地上的农田并进行搬迁。然而,个体经营的悲哀在于,通向海边的道路不完善,带来了许多不便,他们又陆续把家搬回了海边。加之发生了山火,而水利建设不佳使得高地的村落被烧毁,最终,人们又回到了海边。而在昭和时代,11.6米高的海啸再次袭来,造成158户中有108户人家被冲走。

近代历史才刚开始时的明治三陆海啸中,由于国家没有进行统一的重建措施,只能依靠各个城镇、村落甚至个人,通过各种试错进行社会实验,其中不乏悲剧性的实验。值得庆幸的是,在昭和三陆海啸之后,内务省基于对这两次三陆海啸的研究验证,提出了有意义的海啸防灾措施:

(1)应对海啸的绝对安全措施,只有迁移到高地;

(2)如果要在海边的土地上重建村落,建设"规模足够并且强度充分"的防潮堤是必不可少的。意识到这一点后,人们开始采取相应的行动。

明治海啸之后,作为三陆复兴的举措之一,政府也曾考虑建设一条南北贯通的沿海铁路,但直到1984年还是"想象中的铁路"。虽然盛冈等内陆地区与三陆沿岸横贯的铁路工程已经在进行,但直到昭和初期仍未开通。

经历大灾难后,社会深刻地感受到道路和铁路的根本性,但往往是事后才认识到,那时候已经太晚了。

昭和三陆海啸

1886年明治三陆海啸47年后的1933年,发生了昭和三陆海啸。那时,体验过明治海啸的孩子们已经47岁,成为这个地区的核心成员。对于那次惊人的海啸,人们的记忆仍然深刻。尽管如此,那几年频发的地震已让人们对大自然的异常变得敏感。

3月3日桃花节(女儿节)的凌晨2点31分,三陆地区遭遇了震级5级的强烈地震。讲述这场三陆海啸的是著有《哀史之三陆大海啸——从历史的教训中学习》[21]的山下文男先生,当时他是绫里村的小学四年级学生。他回忆道,神龛上的物品掉落,房子似乎要崩塌,全家十口人都惊慌失措地大声呼喊,跳了起来,他则紧紧抓住父亲。

与明治三陆海啸的突然袭击相比,昭和三陆海啸在发出了频繁的警告后到达。虽然海啸的威力不如上次那么强大,但绫里村仍然记录到最高波高28.7米,全村约6.7%的人口,即178人不幸遇难。遭受8.3米高海啸袭击的唐丹村,有约10.7%的人口,即360人丧生。

昭和三陆地震被认为发生在日本海沟外侧,即太平洋板块(外板块)内的断层地震(8.1级)。死亡人数达到了3064人,但这一数字不到明治海啸的七分之一。确实，明治时期的海啸在高度和力量上更为猛烈。尽管如此，仍有不少海湾地区记录到了超过 10 米的波高。如果人们没有及时逃离，可能也会造成像明治时期那样的高死亡人数。

这一点也可以从以下事实看出：明治三陆海啸发生时冲毁的房屋数，宫城县 984 户，岩手县 5446 户，总计 6430 户；而昭和三陆海啸发生时，宫城县冲毁了 1241 户，岩手县 4962 户，总计 6203 户，虽略有减少，但与明治时期的差距并不大。㉒然而，在昭和三陆海啸发生时，遇难人数仅为明治时期的七分之一。房屋损失差不多，但在昭和三陆海啸发生时，有七分之六的人因为当时没有在家，才得以幸存。

因为有上次悲惨的教训，加之这次地震的震动剧烈，许多人即使在气温低至零下 10 度的深夜，仍然选择了奔向高地逃生。与物理条件同样重要的是人们基于认知的行为决策，而这一决策起到了决定性的作用。

内务省在十年前，就经历过关东大地震后的大规模城市规划。昭和三陆海啸之后，今村博士强烈建议将约 3000 户向高地搬迁，这一计划引起了广泛关注。内务省的大臣官房负责昭和三陆海啸后的重建计划以及宅地造成事业。具体内容在昭和海啸发生后次年 1 月底已明确如下。

对包括宫城县 15 个町村的 60 个村共 801 户进行高地搬迁。其中，十五滨村就以雄胜地区的 226 户为首，以及对 11 个村进行集体迁移，49 个村进行个体迁移。

在岩手县，18个町村、38个村中，共2199户进行了高地迁移，均为集体迁移。其中最大规模的是田老村，共500户，但它的土地开发面积"未确定"，计划"近期开工"，最终却以未能实施告终。除此以外，其他所有项目都已启动，也有很多工程已竣工。[23]因此，可以认为，这3000户中，除了田老村的500户外，共有32个町2500户完成了高地迁移，尽管仍有一些例外情况，但大多数地区已经执行高地迁移。

作为以上工程项目的资金来源，预计高地迁移的费用为约54万日元，政府对此提供低利率贷款，而且由国库补助这些利息。除此之外，岩手县的七个町村还计划进行街道恢复工程，预算为10万日元，其中8.5万日元预计将由国库进行补助。

明治海啸时，国家完全没有实施城市建设的项目，相比之下，昭和海啸时，政府和内务省执行了以2500户高地迁移为核心的项目，这无疑是具有划时代意义的。虽说如此，政府的政策并没有覆盖海啸波及地区的所有村落，而是选择性的。国家对于高地迁移的资金支持，仅限于提供低息贷款和补贴利息。按照当时的情况来看，这已是大胆的支持措施，但若与东日本大震灾时的国库全额负担的情况相比，不禁令人感慨万千。另外，在宫城县，高地费用的27.5%是由募捐资金所覆盖的。[24]

东北地区的农村在昭和经济大萧条时期经历了如同"卖女儿"般的悲惨境遇。因此，农林省对农业者的生活问题非常敏感，在海啸之后，也通过行业协会等机构支持这一方面的复兴。据说，有些灾民声称，按照关东大地震的例子，要求国家提供救援支持，这是他们理所当然的权利。

第三章　东日本大地震1：巨大海啸的现场　　173

在大正民主时期,关东大地震的经验似乎在一定程度改变了政府官员和灾区居民甚至整个社会的认知。㉕

田老村的防潮堤

在明治、昭和、平成三次三陆海啸中,明治时期的海啸造成了与平成不相上下的损失。考虑到当时地区和整个日本的人口有限,那时造成的死亡人数的绝对值非常惊人。人口比例上的损失是惨烈的。

特别是田老村遭到了全村覆灭的厄运。村庄直接面向太平洋的海湾处,海啸的威力达到了最大。田老村被14.6米高的海啸吞噬,345户几乎全部被冲走,人口的83%,共1867人丧生。这个数字简直让人难以置信,仿佛除非是魔鬼有意为之,否则不可能发生。据说,幸存的仅有36名村民和60名出海捕鱼的渔民。

"田老地区遭受的破坏极为严重。"人们纷纷如是说。第二天来到田老村的人看到的是,房屋和村庄都消失了,只剩下变成沙漠一般的遗址。或是从淤泥中伸出一只手,或是两腿直立露出,或是半个头部露出,就像是"被沙子埋葬的人"一样。野狗群聚起来,撕咬尸体,有人悲伤地想要驱赶它们,结果反而被野狗攻击,简直如地狱一般。㉖

几乎全村毁灭的田老村会选择消亡吗?答案是否定的。

田老村的海产丰富。不仅如此,田老村还是一个美丽、值得人爱的村庄。出身名望家族的扇田荣吉先生在海啸中奇迹般生还,在他的带领下,人们开始制订田老村的重建计划:(1)高地转移;(2) 建防潮堤;(3) 山麓筑土。重建以这三项为主,并用捐款作为启动资金。

但是,随着居民们对困境的抱怨日渐增多,为了先解决他们的困境,不得不放弃高地转移和建防潮堤这两个安全城市建设的根本性工程。

基本上,田老村选择了在同一个地方重建同一个村庄,并重新恢复往日的繁荣,但又一次面临严重灾难带来的地狱般的情景。

在昭和三陆海啸中,受灾最严重的还是田老村。

大约在凌晨3点袭来的10.1米高的海啸将田老村吞没,558户中有500户被冲走,占全体居民的32.5%,共901人遇难。在寒冷的深夜,一些人虽然一度逃到山上,但感觉海啸平息了就回

图3-4 昭和三陆海啸后在田老村建造的巨大防潮堤。但它也未能挡住东日本大地震的海啸。

到家中，钻进被窝，结果导致了悲剧。除了偶然出海打鱼的以外，共损失了990艘渔船。

田老村再次遭遇大海啸的毁灭性打击后，在出色的村长关口松太郎的领导下，田老村制订并实施了强有力的复兴计划。内务省等官方机构建议高地转移，但村长关口松太郎拒绝了，他选择构建防潮堤、重新规划街道、扩建疏散路线，还是执行了"原地复兴"的政策。

昭和海啸之后，关口村长说："在田老村，没有能够让500户人家迁移的高地。"在国家的财政援助下，960米长的第一道防潮堤在7年后完成。防潮堤高10米，设计成船形曲线，以便将海啸波浪引向外侧，并结合向高地疏散的规划以应对超越堤岸的巨型海啸。1960年智利地震引发的海啸被这个防潮堤挡回，田老村的防御措施因此得到了高度评价。

然而战后，包括乙部地区在内的住宅区开始超出第一道防潮堤扩展开来，因此在海岸线上又筑起了第二道防潮堤，并在1979年形成了类似于"万里长城"的X形构造的防潮堤。在2011年的"3·11"海啸中，高达19.5米的巨型海啸摧毁了第二道防潮堤，并将东部的乙部地区的住宅和居民卷入大海。海啸在X形的中心地带集中，不仅越过了第二道防潮堤，也一举超越了第一道防潮堤，激烈地涌入田老村的西部地区。因为防潮堤仍然存在，城内的老市街区被淹没，像湖水一样，但遇难者以东部地区为中心，仅达到明治时期海啸死亡人数的十分之一，共181人。

经历了三次悲剧，田老村该何去何从？我在2015年4月访问了当地。

同样对田老村怀有深厚感情的宫古市市长山本正德为我做了解释。最让人印象深刻的是，他们超越了"田老村没有适合迁移的高地"的历史认识，开辟了东部的乙部地区北方的山地，实施了为285户进行高地迁移的大型工程（称作三王团地）。

原本保护田老地区（西部）的10米高防潮堤仍然保留，而防潮堤内侧，从国道45号线到山地的部分已抬高，以打造更安全的住宅和商业区。他们改变了原来的X形，沿着海岸线新建起一道14.5米高的防潮堤，因此原先保护田老地区的防潮堤成了二级防潮堤。在"3·11"海啸中被摧毁的东部城区，除了保留田老观光酒店作为遗迹之外，所有住宅都迁移到了高地，只剩下与渔业相关的设施和办公室。

这一次，他们正在努力建成一个更安全的田老城区。

3 消防队员的苦战

与居民同在的消防团

"3·11"大地震发生一个月后，我前往灾区，再次感受到了深深的震撼。特别是看到岩手县陆前高田市的情况，我几乎感到心惊胆战。陆前高田市的中心部位（高田町）位于三陆海岸，拥有一片相当广阔的平原。在这片平原上，现在除了零星的建筑残骸之外，几乎什么都没有。火车站、商业街和高田的松原都不见了，只剩下一片废墟。自卫队开辟的临时道路上，偶尔有卡车颠簸通过,在这座死寂的废城遗迹里,几乎无人迹。

市区位于平原较为深处的中心地带,那里曾有一座三层高的漂亮市政府大楼。我询问了当时的市长户羽太先生。市长逃到了屋顶,但海啸迅速上涨,甚至越过了三楼的屋顶。市长已做好了死亡的准备,幸好屋顶上有一部分高出四层楼,几个年轻人在那里,他们把市长拉到了蓝色屋顶上,他因此死里逃生。

即便如此,无人能想到海啸会淹没屋顶,这也是整个城市仅剩下废墟,陆前高田变成一片瓦砾的原因。根据历史记录,明治时代的三陆海啸造成了 19 人死亡,昭和时代则有 3 人死亡,这些都是高田町的海啸死亡记录。正因为有说法认为高田町位于宽广的广田湾深处,几乎不会遭遇津波,所以,对当地人来说,这样的灾难是难以置信的。

在那个时候,这个城镇的普通人都在做什么呢?当城镇的居民在生死边缘徘徊时,无论在哪个灾区,都会有一群人到最后都在尽力帮助镇民,这就是协助消防署的民间自治组织——消防团。消防团团员身穿容易辨认的半袖外套进行救援活动,看起来像是职业的消防人员,但平日里他们就是普通老百姓。当时高田町的消防团分团长大坂淳先生(当时 54 岁,2014 年 1 月去世),是一位车站前商业街的摄影店老板;熊谷荣规先生(当时 44 岁)则是辞去白领工作后开了一家居酒屋。

尽管是平民,消防团团员们面对紧急情况时舍生忘死的精神不亚于公务员。他们不顾自己和家人的安危,全力奔波救助。分团长大坂淳先生临出门时,嘱咐妻子马上拿点现金到位于高地的老家避难;熊谷先生则对妻子说了一声"我去团里一趟",然

后就离开了家。㉗

在当地,人们一直相信地震25分钟后海啸会来袭。在此之前关闭水闸是消防团的任务。熊谷先生开着消防车,确认了他负责区域内的水闸已关闭。大坂分团长在路过消防署时得知,因为地震摇晃,有些沿岸的水闸无法关闭。他意识到这种状况可能会让团员遭遇危险,便驱车在市内穿行,强烈敦促市民和团员立即避难。

据说有的消防人员为了关闭水闸而牺牲,但这种情况极为罕见。地震32分钟后,海啸最早向大船渡市袭来,仙台平原则是1小时后。所以,消防员和消防团团员在大多数情况下能够顺利完成关闭水闸的任务。然而遗憾的是,这次的大海啸轻易越过已关闭的水闸,使其发挥的作用有限。另一个更严重的问题是,消防团团员返回城镇后,发现仍有很多居民没有避难,于是,心急如焚的他们又四处奔走,试图确保居民们安全撤离,最终自己也被海啸吞没,像这样的案例也很多。

在东日本大地震中,殉职警察(包括死亡和失踪)共30人,消防署署员27人,而消防团团员则多达254人。㉘

在三陆沿岸各个社区,由于正规消防员数量不足,居民只能依赖消防团团员。而消防团团员为了救助居民拼尽全力,往往陷入"一个人也不能落下"的心理状态。正因为如此,高田分团长大坂先生命令消防团团员也要立即逃往山上,这是一个冷静且正确的判断。近年来,当飞机遇到气流不佳的情况时,机组人员会根据机长的指示回到座位,并中断服务。在危机现场,为了下属的安全，领导者应该坚决命令停止行动。只有自身安全的人，才有能力救助他人。

大坂分团长虽然做出了明智的判断，但他自己却未能逃脱海啸。当他的车驶向从火车站前通往本丸公园的大道尽头的T字路口时，巨大的海啸紧随其后。他意识到无论向哪个方向跑都无济于事。突然，他想起了童年时在附近玩耍的一个小巷子，于是急忙向那条小巷奔去，但在前往本丸公园的斜坡途中被水流困住。然而，从两侧汹涌而来的海啸相撞后，抵消了一部分力量，大坂先生没有被从斜坡上拖走，仅仅是被水淹没。这真是一个奇迹。

接着，大坂分团长不得不做出判断，命令跟在后方的熊谷先生及其车队"立即逃往山上"，结果他们来不及逃离，被海啸吞没。最终，整个城镇都沉没在15米高的海啸之中。

然而，熊谷团队通过另一种方式幸存下来。当他们意识到巨大的海啸迅速逼近，无法逃往山上时，他们看到了附近的美亚超市大楼，消防车上的一名团员大叫："不行了，没办法了，到美亚去！"他们冲进停车场，迅速跑上紧急楼梯。当他们上到楼梯间的平台时，回头看到刚刚坐的车已经被冲走。他们被水追赶着继续向屋顶跑去，最终，水在屋顶前停了下来。幸存的团队看到周围的一切都被黑色的海水包围。熊谷先生在想，整个高田可能已经遭受重创，首先逃向山区的大坂分团长可能也未能逃脱。

约有4名消防团团员和其他约10位邻居在美亚超市的屋

顶上度过了一夜。随着海浪的退潮,他们看到有人站在木板上呼救,但也无能为力。

对社会过度依赖的教训

陆前高田市的高田町是这个城市的中心,曾有 7600 人居住,但这次超过 1100 人遇难。这些人出于各种原因未能在地震后立即逃离。其中也包括了大坂先生和熊谷先生的夫人。两位先生都在灾难中奋不顾身,所幸在生死关头都幸存下来。

然而,对于那些不顾自己及家人安全、只为了社区居民安全而全身心投入的消防队员们,社会真的可以这样过度依赖他们的自我牺牲精神吗?我们应当制定确保消防队员自身安全的救援操作手册,以便他们能够在确保个人安全的前提下进行救援活动。

在宫城县名取市的闲上发生了一个极端的例子。邻居劝说一位名叫吉田的独居老妇人一起逃生,但老妇人坚决拒绝离开她长居的地方,坚称愿意在此结束生命。周围人努力劝说,甚至老妇人的朋友也加入劝说,她最后终于松口答应了。在出发前,老妇人先去了洗手间,然后拿了东西,她所有的要求都得到了满足,从开始说服到最终出发,花了大概 30 分钟。然而,这个地区从地震到海啸到达有超过一个小时,他们刚上车不久便被海啸袭击,除了一人奇迹般地幸存外,其他人都遇难了。[29]

在西方,人们可能会更加干脆地尊重老人的自由意志,简单地说一句"祝你好运"便离开。而日式的温柔,是基于集体主义的亲切关怀，在这种情况下反而可能夺去更多的生命。我们不应该在紧急时刻花费 30 分钟去劝说，而应该在平时就讨论好应对突发情况的方案和训练避难措施，以便在危急时刻迅速逃生。

从阪神淡路大地震的经验中，消防、警察、自卫队的一线部队进行了各自的组织改革，其中包括加强灾害应对装备，但最重要的改革是建立了全国性的广泛相互支援体系。虽然消防工作是以市町村级单位为基础，而且在阪神淡路大地震发生的 1995 年 6 月就成立了紧急消防援助队，但直到 2003 年 6 月通过立法，才赋予了消防厅长官直接下达指令的权力。这一改革在东日本大地震中证明了其效力，东日本大地震时，全国各地的消防直升机和车辆纷纷赶往受灾地区。

和陆前高田市一样，平野部也被海啸彻底摧毁。时任消防署署长小畑政敏接到来自京都、兵库、鸟取的紧急消防救援队即将抵达的消息，3 月 13 日一大早，他在镇入口迎接救援队。当看到 50 辆消防车队轰隆隆地驶入镇里，他忍不住落泪。加油，我们马上就到，这样的支援是实实在在的。㊿

4　警察的灾害应对能力

地震灾害与海啸灾害

如上所述，在阪神淡路大地震期间，警察、消防和自卫队等担任公共援助的一线部队中，警察是迄今为止营救幸存者最多的。

除联合救助外,公布的数据显示,警察成功救出了3495人,消防队1387人,自卫队165人(参见表2-2)。其中86%的幸存者是在灾害当天被救出的,99%是在最初的三天内获救的。虽然常说"72小时内救援至关重要",但实际上"24小时"才是决定性的。废墟下的求救声会随着时间的流逝而减弱直至消失。因此,距离灾区最近的高密度人口居住区中作为公共援助机构的警察,成为救助幸存者最主要的力量。相比之下,远离人口稠密的市区的自卫队在灾害发生后可救援的人数就停留在一个较低水平了。

东日本大地震中,警察救出了约3750人。[31]

两次大地震的救援意义有所不同。

阪神淡路大地震中,被埋在瓦砾下无法自行逃脱的人,首先是凭借家人和邻居的互助被救出的。而那些难以简单救出的人才成为公共救助的对象。正如在阪神淡路大地震章节中阐述的那样,该比例约为四比一。

对于受东日本大地震海啸袭击的人们来说,首先要做的是海啸袭来前的"逃生"。如果不幸被海浪卷走,要拼命游泳并浮出水面,及时抓住陆地上的树木或柱子才能成功"逃生",等待警察、消防和自卫队等公共救助。那些无法自救的人,最终会被海浪吞没,根本就无法获救。而那些自救成功后,瑟瑟发抖、孤立无援的人,将会通过直升机等方式被转移到安全地带。这就是东日本大地震救援的特点。这些只是一个大致的过程,其中还有许多意想不到的变化。

第三章 东日本大地震1:巨大海啸的现场

三十多岁的警官宇山浩史(福岛县磐城市东警察署警员)惦念着家人安危的同时,回想起在参加警察入职面试时面试官的话:"警察与其他公务员的区别就在于,他们能冒着生命危险去保护他人。有时,保护他人的生命甚至要优先于家人,你做好思想准备了吗?"[32]

"危急关头,奋不顾身",这不仅是自卫队的誓言,也是包括消防队在内的全体一线公共救援部队追求的终极精神。

之前提到,在东日本大地震中,有30名警察牺牲。为了确保民众的安全,他们前往海边的村镇,通过扩音器广播海啸来临和撤离的消息。有时候,他们还要帮助那些撤离迟缓或行动不便的人,自己却被意想不到的巨大海啸吞没。还有的警察连同驾驶的警车被海浪卷走,他们以为必死无疑,但最终砸碎警车侧面的玻璃窗逃出,并从车顶爬到树上而获救。[33]

在福岛县新地站,当JR常磐线的列车停靠时,地震突然来袭。剧烈晃动让人站立不稳,地震波使整个车站看起来像魔芋一样扭曲。

车厢内40名乘客中,有2名刚从警察学校接受完初级培训的年轻警察。他们按照培训中学到的事故应对手册展开行动,确认乘客安全,救助受伤人员。两人分头从车厢前后进行安全检查后报告给列车长,这时他们的手机收到了巨大海啸的警报。新地站位于距离海岸500米的平坦地区,他们有些犹豫,如果海啸没有波及此处,若让乘客下车撤离,是否会给乘客带来不必要

图3-5 被海啸摧毁的JR常磐线新地站(2011年3月17日)。

的麻烦，但为了确保所有人的生命安全，最终还是决定组织所有人撤离。

两名警察分别在撤离队伍的前后，开始向内陆一侧的镇政府高处行进。后面的警察齐藤圭因为照顾一位行动不便的老太太而落在了队伍最后。行走了大约15分钟后，忽然从地下传来一阵剧烈的响声。回头一看，只见巨大的海啸如同一堵墙般朝他们逼近，他做好了死的准备。幸运的是，他及时拦停了一辆恰好路过的轻型卡车，将老太太和几个人推上车，才得以逃生。回头望去，海水已经涌到了镇政府的脚下。也正如之后广泛报道的那样，停在新地站的JR列车被巨浪摧毁得面目全非，弯成一个刺向天空的"へ"字形状。[34]事实证明，撤离是正确的决策。

广域支援体系和灾害救援部队

警察也在不断改进。与阪神淡路大地震时相比,有两个方面得到了极大改善:一是建立了全国性的广域支援体系,二是成立了专门应对灾害的部队。

1995年6月,随着阪神淡路大地震的应急工作告一段落,警察厅制定了"广域紧急援助队"制度,包括2500名负责救助的警备部队和1500名交通保障部队。交通保障部队则是基于阪神淡路大地震时交通瘫痪的惨痛经验设立的,从全国范围抽调这些部队集中部署到受灾地区,以提高危机应对能力。灾害发生时,将由警察厅长官担任应对总指挥,负责决策和指挥广域支援。此后,考虑到遗体检验等内容,增设了刑事部队,并参考新潟中越地震的经验,2005年4月警察厅又在警备部队中增设了200人的特种救援队,配备了应对灾害的专门设备以执行救援任务。

此外,在东日本大地震期间,拥有直升机的广域警察航空队、新技术机动警察通信队和管区机动队的紧急灾害警备队得到了扩充,使快速反应部队增至1万人。灾区三县平时的警力总计约8000人,地震期间每日三县最多接受了4800人的广域支援。以县为基本单位的警察组织能在紧急状态下进行全国范围内的调动、统一响应,可以说这是一项开创性的改革。

可能我了解的情况不够全面,阪神淡路大地震时,警察与消防、自卫队相比,人手多却装备落后,但如今这种情况已经发生了很大变化。正如前面所提到的,新组建了特种救援队,并增设了航空队和机动通信队。甚至还组建了由女警察组成的生活安全部队,将最新的装备和救援方法集中投入灾区。

广域紧急援助队的第一批队员在灾害发生后的第二天一早就开始在灾区展开救援行动。他们在仙台市排成队,穿过被水浸没、满是瓦砾的地区,展开营救,将困在村中的人救出。

名取川闲上大桥的周边已被海啸淹没,只剩下大桥和人行天桥露出水面,仍有受困者在呼救。当天,机动队员乘坐警用直升机,将包括一名母亲和婴儿在内的六人救出。

灾害发生九天后的 3 月 20 日傍晚,在宫城县石卷市内一处倒塌的房屋中,救出了一名男孩和他的祖母,这成为全国性新闻。执行这次营救任务的是鹿儿岛县警的直升机,他们还将二位获救者送去了医院。

三个县共有 58 个警察署、247 个派出所被海啸席卷。由于"KOBAN"是世界闻名的与居民密不可分的治安机构,派出所不可避免地建在村庄和海边。但作为灾害支援基地的警察署必须做好自身防灾工作。消防署、自卫队基地、市政厅和县厅等也是如此,承担支援职责的人员必须牢记"只有自身安全的人,才有能力救助他人"。

虽然三个县共有 71 辆警车、3 艘船、2 架直升机在海啸中损毁,但全国警察系统提供了约 1000 辆车,其机动性远远超过了受灾带来的损失。这样的应对方式非常合理。

日本全国各地都有可能遭遇重大灾害,但各地方并没有做好应对超出想象的特大灾害的充分准备。通常只能分配到维持日常事件和事故所需的警力预算。正因如此，当发生重大灾难或事件时，一个具备良好机动性、能够对全国各地进行广域支援的系统是非常重要的。这不仅适用于意外的紧急状况，今后甚至会发展为常态化的机动防卫力量，跨区域提供保护。

从阪神淡路、中越、中越近海，再到东日本，社会结构的韧性在一系列接连不断的自然灾害应对中得以演进，这不仅限于应对灾害，在历史上也具有重要意义。㉟

5 自卫队的任务

"危急关头，奋不顾身"

在我被任命为防卫大学校长后，按照惯例，我接过当时的防卫厅长官的任命书并进行宣誓。在誓词中有一句是"危急关头，奋不顾身"。无论是身穿制服的自卫队队员，还是身着西装的防卫厅文职人员，都要宣读这一誓言。

这句话是认真的，还是只是表面文章？陆上自卫队参谋长森勉曾在给防卫大学的学生们演讲时说："死并不是重点，重点在于如何圆满完成任务。"我对他的这番话印象深刻。在自卫队中，从上到下有许多人怀着为完成任务不顾自身安危的坚定信念。

然而，这种牺牲精神并不是无限制的。对优秀的指挥官而言，部下是宝贵的，指挥官不希望他们牺牲。在期待部下英勇作战的同时，指挥官也会把握火候，非万不得已，绝不允许部下冒进，通过命令来保护部下和组织。组织的合理性要求维持部队的战斗力。不推崇不眠不休直到倒下的"英雄主义",而应当采取合理的方式恢复战斗力。"只有自身安全的人,才有能力救助他人。"

在东日本大地震中,自卫官们最难的部分或许并不是"奋不顾身"。这是一份需要觉悟的工作,不少人不知疲倦、拼命地进行救援工作。许多队员在最初三天里没有睡觉和休息。

问题在于"奋不顾身"也包含了"无暇顾及家人"。想去救助妻儿,或者至少确认一下家人安否,但他们不得不暂时按捺住这些想法,在下午2点46分地震发生后,就立即投入有组织的救援行动中。这意味着他们必须忍受舍弃家人去救助他人的矛盾。当在救援行动中救出了一个孩子,或者抱起一个遇难孩子的尸体,尤其是当他与自己孩子同龄时,内心的波动无法抑制。

东北六县是陆上自卫队东北方面总监部(仙台)辖下的第六师团(山形县东根)和第九师团(青森)的警备区。第六师团属下的第22普通科联队的驻地位于宫城县多贺城市,其与航空自卫队的松岛基地最靠近受灾地区,实际上驻地的一半已被海啸淹没。多贺城驻地在防灾地图上原本不应该被淹,但靠近海边的自卫队员住房都遭受了海啸的无情袭击。在这种情况下,他们是如何在执行任务与保护家人安危之间取舍的呢?

一名队员意识到自己的家在河岸边,很可能已被海啸吞没了,非常担心怀孕的妻子和孩子的下落。虽然没说什么,但上司察觉到了他的担忧,并在傍晚时悄悄对他说:"你去看看家里情况吧。"这名值夜班的队员在深夜独自涉水回到家,但已被水淹没的家中没有一个人影。他甚至不记得自己是怎么回到部队的。

另一位队员的妻子在开车去接孩子的路上被海啸冲走,她拼命逃生并打电话给丈夫:"救救我。"被海水浸湿、瑟瑟发抖的妻子发出撕心裂肺的呼救。丈夫想立刻冲去救她。但是,他们是一支与战友们一起日夜操练、时刻准备着的部队,肩负着保护人民的崇高使命。这种使命感已深入骨髓。然而此刻,妻子生死攸关,他想立刻去救妻子:"刻不容缓地赶到她身边。"去还是不去,哪怕被视为逃兵?他的心都要被撕裂了。就在这决断难下的时刻,妻子再次打来电话:"我没事,你去帮助其他人吧。"宛如天使般的声音使他稳定了心神,抛开杂念,全身心投入救援工作中。"我想对妻子和孩子说谢谢,真心感谢你们。"[35]

当面对紧急状况时,组织的领导层如何指挥应对至关重要。多贺城联队的国友昭联队长和他的上级第六师团长久纳雄二,在地震发生后幸运地连通了手机。联队长报告说:"(我们)要出动了。"师团长回应:"好,出动。"仅此而已。虽然他们都不是东北人,却被东北人深厚的乡情所感染。言语之中,两位指挥官都表露出作为"家乡部队"的自豪感,展现了东北部队名副其实的深情厚爱与坚韧不拔的作风。

来自全国的陆海空部队集结在东北方面总司令君塚荣治将军麾下,3月14日,君塚被任命为灾害联合行动部队(JTF)指挥官。温文尔雅、有着学者般风度的君塚将军,凭借出色的局势掌控能力,指挥着每日早晚8点两次全体会议,令日美军官都赞叹不已。有些人只有在面临危机时,才会展现其真正价值。君塚联合指挥官向部下们做了战前训示。

"或许其他组织的人可以说，在我们背后有自卫队，剩下的就交给他们了。但我们身后无人，我们是最后的守护者。我们要一直救助受灾民众到最后。即使为受灾群众提供的热饭菜还有剩余，你们也不许接受。要先忧后乐。只有在彻底完成援救灾区任务之后，我们才可以开始休息。（自卫队员们始终遵守这一纪律，谢绝灾区提供的热食，在救援卡车后面吃着自带的干粮。）尤其重要的是，细心对待每一位遇难者的遗体，就像他们可能还活着一样，像对待自己的家人一样。"㊲

我曾经看到一张照片，是一位老妇人向着身着迷彩服的自卫队员背影合掌并深深鞠躬。联合指挥官要求队员们犹如拯救世界的神一般。

自卫队的自我牺牲精神是国家和国民的坚强后盾、不可或缺的宝贵财富。虽然让宣誓的队员们不眠不休地战斗是好事，但如果他们家人的安全成为问题，应不应该在自卫队内设立一个专门处理这些问题的部门呢？社会也应认识到这是维持自卫队战斗力的必要措施。

陆上幕僚长的当机立断

3月11日下午2点46分灾害发生的那一刻，防卫省的文武干部正在市谷A栋11层的事务次官室开会。按规定，一旦发生5级以上地震，就进行紧急集结。当晃动开始时，干部会议立即终止，并打开了电视新闻。据电视报道，震源位于宫城县海岸。

预感到事态严重性的陆上幕僚长（参谋长）火箱芳文，一边走下楼梯一边思考着如何实施全国总动员。当他冲进4层的幕僚长办公室时,已有了计划。

这是一场战斗,必须迅速集中兵力。他首先打电话给东北的君塚总司令了解情况。"我们遭到了海啸袭击。室内一片狼藉。刚建不久的隔壁大楼和连接处开始冒出烟尘。因为停电,电视也看不了。"陆上幕僚长指示:"不用等待援救请求,立即出动。全国的部队将增援。"然后,他给西部方面总部(熊本)打电话:"先期出动第四师团(福冈县春日)和第五工兵团(同县小郡)。但是,第八师团(熊本)和第十五旅团(那霸)的作战部队按兵不动。虽然总理或统合幕僚长(总参谋长)的正式命令可能很快就会下达,但无须等待,立即出动。"不用说,之所以不派遣熊本师团和西南旅团的作战部队,显然是为了备战东海动荡的国际形势。陆上幕僚长给全国五个自卫队总部都打了电话,发出了同样的指示。㊳

当被问及幕僚长之所以如此迅速下达指示,是不是因为自卫队针对这种情况做好了事先的应急计划时,回答是否定的。�339
东北方面总监内部是有针对宫城县沿海普通地震和海啸的应对计划和训练的,但没有针对如此大地震的全国动员计划。那么,是参谋长一人瞬间做出决定并向全国发出指令的吗?回答说,是的。我吃惊不已。怎么可能做出这样的壮举呢? 并且,这不是参谋长的"独断专行"吗?虽然他觉得自己很不愿意这么做,但他坚信,在如此严重的情况下,这样做是正确的。

当天下午3点半,召开了省部级对策会议,幕僚长可能过于敏捷的及时应对措施得到了批准并正式发布。会议一开始,防卫大臣北泽俊美表示,首相菅直人要求自卫队尽快开展最大限度的救援行动。陆上幕僚长回应已经做好了安排。虽然防卫大臣没有明说"做得好",但也没有指责其独断专行。可以说,这是政府对陆上幕僚长"独断专行"的事后认可。

尽管没有针对东日本大地震的全国派遣计划,但这并不意味着没有对如此大灾害的应对思路。在预设的首都直下型地震中,存在一个出动12万到13万人的派遣计划,这大约是自卫队总人数的一半,虽然这是一个相当勉强的计划,但其中也明确了两类不可动用的部队。一是负责保卫东京、大阪、札幌等重要地区的部队,二是国防前线的部队。正是基于自卫队上层的这些共识,陆上幕僚长当即想出了应对方案并迅速做出了部署。[40]

自卫队的大改革

在阪神淡路大地震的初期应对中反应迟缓的自卫队,之后进行了彻底的改革。在全国所有陆上自卫队的驻地,始终保持一个约30人的小队(称为快速部队),24小时轮流待命,以便能够随时出动。这使得在灾害发生时,无论在全国哪个地区,都能迅速部署先遣队或侦察部队。一旦发生5级以上地震,直升机将立即起飞拍摄现场情况,并通过视频传输装置实时将图像传送到主要指挥中心的屏幕上。

防灾装备也得到了显著增强,所有必要的救助工具都被装载在卡车上,再加上原本就能力出众的工程队和补给队,应对重大灾害的能力大大增强了。

此外,两项与防灾本不直接相关的重大制度改革,最终也提升了灾害应对能力。2006年,陆海空自卫队转变为一体化作战体系,这使兵力的有效利用和集中调配变得更加容易。2007年新组建的中央即应部队,后来主要负责处理福岛核电站事故。阪神淡路大地震和东日本大地震间隔的16年里,尽管预算和人员不断缩减,但自卫队在面对国内外新的挑战时,进行了多项重要的改革。

在防卫省干部的积极努力下,这些改革强化了国防基础设施,并在东日本大地震时发挥了作用。因"兵力投入过少、过慢"而导致的错误不会再重演,历史的教训已刻骨铭心。火箱陆上幕僚长在地震发生瞬间的行动就是最好的例子。日本海上自卫队的舰队司令官仓本宪一也毫不犹豫地下令:"所有可出动的舰艇都前往三陆海域支援。"横须贺地区总监高岛博视随即奉命出动。[41]

在确认了首相菅义伟要求自卫队最大限度出动支援的意图后,防卫大臣北泽和总参谋长折木良一征调了包括预备役和应急预备役在内的人员,总计达10.7万人,这是自卫队史上最大规模的调集行动。东日本大地震中,大约72%的生还者,约2万人是由自卫队救出的,与阪神淡路大地震形成鲜明对比。

6 现场主义的奋斗

另一支一线部队

在以办公室工作为主的中央政府机构中,有一个保留了实战性质,并在东日本大地震的紧急应对中发挥了重要作用的机构,那就是日本国土交通省。

该省东北地区建设局局长德山日出男,在他位于仙台的办公室里迎来了大地震发生的瞬间。储物柜倾倒,墙壁上出现裂缝,在停电数秒后,办公楼自备发电机启动,恢复了电力。他从办公室出来,快步走进30米远的灾害应对室,这时,整栋建筑再次摇晃起来。防灾科科长熊谷顺子提议,让仙台机场的国土交通省防灾直升机"陆奥"号"无人升空"。"无人"意味着不需要国土交通省人员同行,只有航空公司的机组成员飞行。局长当即表示同意。"陆奥"号不仅成功地避开了海啸巨浪,而且传回了沿岸村镇和仙台机场遭受海啸袭击的实况画面,有力地确保了国家和民众对受灾状况的掌握。

晚上10点,东京本部与仙台之间进行了视频会议。国土交通大臣大畠章宏做出了两项明确指示。第一,鉴于阪神淡路大地震的经验教训,要优先抢救生命。第二,现场的德山局长代理行使大臣和国家的一切必要的行政权限,可以跨越部门界限,一切责任由自己(大畠大臣)承担。由于该视频会议是向全国的国土交通省机关实况转播,德山局长得到了各地国土交通省分支机构的支援。

德山局长首先全力以赴,疏通东京与灾区之间的道路。

东北高速公路在地震中受到了一定程度的损坏,路面出现了断层和裂缝,所以公路被关闭了。哪怕是仅疏通一条车道也行。这样,用了一天的时间修复了一条可供自卫队车辆通行的道路,尽管在高速公路入口处,警方警告救援车辆"自行决定是否通过"，但在新干线停运的情况下，这条东北高速公路的重新开通对全国的救援工作起到了至关重要的作用。

接下来，全力清理了从东北高速公路直通三陆海岸的15条横向道路。当地400家建设公司赶赴现场，开始了彻夜施工。不需要修建完美的路面，只需尽快开通一条车道，以便救援车辆在受灾者失去生命前抵达，这被称为"梳齿行动"。令人惊讶的是，在3月12日成功开通了11条路线，在15日成功开通了所有路线。

接下来，为了重新开放仙台机场，从全国各地调集了排水泵。有着熟练实战经验的美军飞机实施了代号"朋友作战"的行动，在仅仅五天后就降落在机场跑道的一角。4月13日，机场已部分重新开放。

陆地和空中的恢复工作以惊人的速度进行。

德山局长继续全力以赴支持那些受到海啸影响的地方政府。

他利用国土交通省健全的通信系统，与各地首长进行通话，迅速提供他们急需的物资，从帐篷、棺材到食品和卫生用品。全国的国土交通省机构都给予了支援。国土交通省紧急灾害对策派遣队进驻灾区的政府部门，协助市长和町长工作。国土交通省与建筑行业和黑猫宅急便这样的运输公司等民营企业进行合作，有效开展了一系列高效的活动，显示了它作为另一支前线部队的特色。㊷

DMAT的医疗支持

正如我们已经看到的，在阪神淡路大地震中，估计有超过16

万人瞬间被倒塌的房屋困住。死亡 6434 人（包括灾难相关死亡），受伤者 43792 人，是死亡人数的约 6.8 倍，受伤者中 16684 人为重伤。

受伤者遍布灾区各处，而死者则多位于中心区域。死者和重伤者之间的界限微妙且复杂，相当多的重伤者最终死亡。受伤的人数众多，而且他们需要前往的医院及其工作人员也受到了灾害的影响。如果能得到适当的治疗，或许还能有生存的机会，但在遭受严重地震袭击的地区，生命线已被切断，伤员无法得到足够的救治。这一幕让全国各地赶来的具有专业技术的医疗志愿者感到震惊。"防止可能的灾难性死亡"成为他们之间的一个话题。

这份情怀推动了医学界和国家制度的完善。阪神淡路大地震的教训促使全国各地设立了灾害救援医院。医疗团队在 2004 年中越地震中积累了经验，到了 2005 年 4 月，灾害派遣医疗队（DMAT，Disaster Medical Assistance Team）成为厚生劳动省管辖的国家级组织。在这一制度下，具有应对灾害急性期（约 48 小时）抢救能力和机动性的医院，可提前进行注册，接受培训和演习，然后在需要时从全国各地向灾区集结。这些团队是"自给自足"型医疗专业人员，他们自备饮用水、食物和睡袋，以减轻灾区的负担。

后文将详细叙述，东日本大地震发生 51 分钟后的 3 点 37 分，在首相官邸召开了第一次紧急灾害对策本部会议，并做出了五项决策。其中包括向受灾地区派遣警察、消防、自卫队、海上保安厅，以及由 DMAT 提供的医疗援助。DMAT 是由全国各地有爱心的医疗人员自发组成的,到东日本大地震发生时,已成为在国家领导下承担公共责任的组织。

从3月11日到22日,来自全国各地约380支DMAT团队的约1800名医护人员集结灾区,开展了救灾工作:支援灾区医院;展开诊断、急救等医疗活动;根据患者症状,进行区域内和广域地区的转院工作。

考虑到自然灾害经常会导致当地的医疗机构受到严重破坏,DMAT的出现对灾区群众来说是真正的福音。而且,DMAT已成国家的制度,这意味着未来全国所有灾区都能受益,这对于灾害频发的日本列岛居民来说是一种安慰。期待它的稳步发展。

然而,在东日本大地震现场,也有些情况让DMAT感到意外和困惑。

在阪神淡路大地震中,受伤人数是死亡人数的6.8倍,而在东日本的海啸灾害中,伤者只有6114人,仅占近2万名死者的约三分之一。此次灾害中外科急救的需求有限,相反,内科疾病,包括需要透析的病人数量不少。地震与海啸灾害的差异显著。

面对这种情况,医疗人员迅速做出了调整。在一周内,来自全国的内科医疗队伍集结到灾区,取代了外科团队。这些经验教训无疑将提高日本灾害医疗的整体响应能力。

在这方面,作为日本灾害医疗先驱之一的熊本红十字医院早已具备应对海啸灾害的经验。该医院曾在2004年苏门答腊海啸时前往现场提供医疗支持。当东日本大地震的消息传来时,他们回忆起在苏门答腊所见到的景象,"海啸到来,丝毫不剩地席卷了一切",想到"必须在 72 小时内开始初期救援工作",而且"大型特殊医疗救护车必不可少"。

他们在灾害发生当天晚上 9 点派出了第一批救援队,到午夜前共派出了具有小型医院功能的灾难救护车 6 辆。次日,又从民间借调了 5 辆 10 吨卡车,用于运送 90 吨救援物资。车队从熊本出发,历时 40 小时到达宫城县石卷市红十字医院。截至 5 月底,熊本红十字医院共向灾区派遣了 231 名医生和工作人员。[43]

在日本社会中,医生通常被视为富有智慧、沉着冷静的精英群体。然而,从阪神淡路大地震到东日本大地震的连续大灾害中,日本的医疗团队展现出了对遭受苦难的人们深深的同情及承担社会责任的强烈使命感,他们通过行动证明了他们是一群理想主义者。

非常规的灾难也展现出了平日难以发现的人们内心深处的光辉。

学校和教师们

对于肩负着培养下一代的责任的学校和教师而言,这场大灾害是一次巨大的考验。教师们除了教育孩子的本职工作外,还要为逃离海啸的当地居民们提供校舍作为避难所,而且很多教师投入大量精力管理避难所,帮助人们渡过难关。

受灾地区的小学、中学等教育机构遭受了严重破坏。众所周知的案例是,宫城县石卷市的大川小学被海啸吞没,由于当时

第三章　东日本大地震 1:巨大海啸的现场

未能做出正确的疏散决策,多数教师和学生不幸遇难。而在宫城县山元町的中浜小学,尽管海水已然淹没到了校舍二层的天花板,师生们却成功逃至屋顶附近的阁楼并在那里熬过了艰难的一夜,最终92人全部死里逃生、躲过一劫。

在此次海啸中,在日本东北三县(岩手县、宫城县、福岛县),幼儿园儿童、中小学生和大学生共590人遇难,教职员共36人遇难。回顾1896年明治三陆海啸,仅小学生就有6000名遇难者(当时三陆沿岸只有小学),与之相比,如今的应对措施已有了显著的改进和提升。然而,590名死者,这一数字依然令人心痛。

灾难波及从幼儿园到大学的公立学校总计6484所,根据文部科学省统计,其中有202所被认定为受损最为严重的一类学校。如上所述,釜石市鹈住居的中小学校以及大船户市越喜来小学的全体教职工和学生在地震发生后即刻逃至高地,但校舍最终被海啸吞没,无法再用。

许多未被海啸淹没的中小学则成为当地居民的避难所。在日本,学校通常是当地居民开展防灾、体育和节日庆典等活动的场所。当灾害发生时,学校就变成了挽救生命的避难所,对于失去家园的居民而言,在建成临时居所前,学校就是他们暂时的栖息地。截至2011年3月17日,东北三县共计523所学校成为当地居民的应急避难所,其中岩手县64所,宫城县310所,福岛县149所。

这意味着,遭受了巨大的人员伤亡和物质损失的学校教职员工们,不仅要为重开学校而艰难奋斗,而且还要为当地居民提供特别的支援。

许多教师都非常尽责地工作和照料当地受灾民众。根据文部省的调查,在受灾沿岸地区学校中,47.2%的学校的全部教职员,以及 21.5%的学校的一半教职员从事了避难所的运营工作。从电视新闻所报道的灾区学校毕业典礼的画面中不难看到,即便是海啸发生三个月后,仍有大量避难者滞留在学校的礼堂。这就是受灾地区社区共同体的象征场景。

迎接 21 世纪到来的日本正面临少子和老龄化浪潮的冲击,全国范围内正在着手地方学校的合并和关闭。东日本大地震正好为受灾地区加速这一进程提供了契机。

随着 4 月份新学期的到来,三个受灾县中仍有 104 所公立学校无法在自己的校园复课。灾害发生时,三个县的小学和初中总计 1987 所,而三年后的 2014 年减少了 160 所,总计 1827 所(岩手县减少 68 所,宫县减少 47 所,福岛县减少 45 所)。

在全国范围内地方学校被迫合并和关闭的时期,大灾害的到来无异于雪上加霜。然而,我们绝不会忘记的是,即便在这样的情况下,教师们和学校为了照料孩子们和当地受灾群众,在救灾中表现出了忘我的奉献精神。[44]

7 地方政府间的广域支援

关西广域联合会的"对口支援"方式

在阪神淡路大地震期间,有 138 万名志愿者驰援灾区,那一年被称为"志愿者元年"或"志愿者革命"。这成为催生《非营利组织（NPO）法》出台的契机，也成为日本公民社会发展的转折点。

那么，伴随着东日本大地震又出现了哪些社会现象呢？组织化和专业化的NPO活动变得更加突出。企业组织化的支援活动全面展开。利用社交媒体寻求协作和支援成为新趋势。然而，最大的新现象是地方政府之间的广域支援。日本的国家行政体系是上下层级的结构关系。值得注意的是，在这次大灾害中，全国许多都道府县等地方政府向受灾地方政府提供了密集而持续的广域支援。

据说，早在东日本大地震发生前，已有100多个地方政府之间签订了灾害互助协议。其中大约20个是相邻城市之间的互助协议。然而，像这次的大规模灾害，相邻城市同时受灾，这些互助协议就无法发挥作用了。那些由于共同拥有机场或石油储备基地等而签订互助协议的远距离地方政府，给予了实质性的支援。[45]

在这种情况下，关西广域联合会的"对口支援"活动成为全国各地地方政府之间横向支援的巨大动力。

关西广域联合会是于2010年成立的一个特别地方公共团体，旨在推进地方分权和关西广域行政的发展。这是全国第一个跨府县行政边界的广域联盟，最初由近畿地区的2府3县以及包含中国地区、四国地区的鸟取县和德岛县在内的7个府县共同组成。其后，2015年，奈良县也加入进来，使近畿地区变成2府4县加2个县的形式。第一任联合会会长是兵库县知事井户敏三。

关西广域联合会的特点在于各府县在职能上分工明确。比如，京都负责旅游业和文化产业，大阪负责产业，和歌山负责农业、渔业，滋贺负责环境，形成了各府县在各自擅长的领域发挥领军作用的横向结构。其中，在频繁发生自然灾害并随时都有可能发生南海地震海啸的时期，兵库县负责的防灾领域活动最为活跃。

就在那时，东日本大地震爆发了。地震的两天后，2011年3月13日，关西广域联合会委员会紧急会议在神户召开，知事们齐聚一堂。

联合会会长井户知事提出倡议，正因为关西曾经历过阪神淡路大地震，所以关西同人才最有可能步调一致，向东北灾区提供有力的支援，需要确定受灾县的对口支援方案。虽然已拟定对东北六县的支援方案，但最终选择了将关西的多个县组合起来，支援受灾最严重的三个县的多对一（双重配对）的支援方式。时任大阪府知事的桥下彻表示遵从联合会会长的多对一方式的决定，所以这一决定最终获得了通过。具体方案是，京都府和滋贺县支援福岛县，大阪府与和歌山县支援岩手县，兵库县、鸟取县和德岛县支援宫城县，关西各府县内的市级地方政府也响应并参加支援。

因为自身曾经历过大灾害，所以关西广域联合会深知，受灾最严重的地区的行政组织已遭受到破坏，以至于它们要求外部支援也是困难的。所以不能等待支援请求，而是要主动提供必要的支援。不要因担心会出现不匹配的无用支援而陷入退缩的困惑中。哪怕是扑空，也不允许错失良机，应坚持在应对大灾害时行动起来的原则。

战后的日本更倾向于收到当事人的请求后再行动。无论是对灾区的援助，还是对外援助（ODA）等，都是基于对方的请求。但在重大灾害的危急时刻，这无异于抛弃无法发声的受灾者。经历过阪神淡路大地震的兵库县，对东北受灾地区采取了主动支援的做法，这得到了社会的高度评价。因此，当熊本地震发生时，日本政府首次采取了主动支援的行动。

设立现场办公区，主动去探寻需求。不仅提供食物，还有防寒衣物、临时厕所、蓝色防水布、婴儿用品、生理用品、一次性尿布等物资，细致地满足灾区所需。此外，关西地区一年内还接纳了约5000名避难者。兵库县吸取之前在地震后离散家属信息失联的惨痛教训，开发了一套能够帮助建立全国避难者信息的系统。

然而，最重要的举措是派遣工作人员到灾区。由京都府和滋贺县派出的福岛支援团队，首先在新潟市收集了核电站等当地信息，并于3月16日在会津若松市的市政府大楼和福岛市的县政府会馆设立了现场联络办事处。

大阪府与和歌山县派出的岩手支援团队，于14日在岩手县政府设立了当地联络处，并在作为沿海受灾地区后方支援基地的远野市也设立了一个办公室，后在釜石政府大楼设立了现场办公室。兵库县、鸟取县、德岛县的宫城支援团队于3月14日在宫城县政府设立了当地联络处，23日在气仙沼、南三陆、石卷三个城镇设立了现场支援总部。

这些都是为了积极掌握现场情况的先头部队行动，同时也是后续支援活动的动脉和基础。实际上,通过这些渠道,关西广域联合的各府县和市镇的支援者人数不断增加,仅第一年就超过了 6 万人。到 2015 年 1 月,近四年时间内,兵库县及其市镇派出的工作人员总数达到了约 23 万。㊻

最初,工作人员被派往灾区的期限通常是一周。灾区没有酒店,工作人员就睡在会议室或巴士上,这样的生活条件本不应持续太久。被派出的县工作人员主要负责支援活动的管理、收集和传递当地需求信息以及物资和避难所等方面的管理工作。

市镇的公务员也能作为灾区政府空缺工作人员的替补人员。精通户籍登记、灾害证明办理、遗失申报、国民年金事务、税务等政府业务的市镇工作人员非常受欢迎。三个月后,增加了临时住宅和救助金的相关业务;近一年后,又进展到对具有房屋和城镇重建所需的土木建设、农业土木、城镇建设等专业知识的职员的需求。

由于具有灾害经验,关西不仅派出了普通的医疗团队,还派遣了心理疏导专家和建筑安全评估师等专业人员。

随着城市重建与相应工作岗位的需求成为中心任务,对具有专业技能的人才的需求增加,职员的中长期派遣也相应增加。如城镇建设和土木的专家等被派遣长达一年时间。不仅限于关西的府县,还采用了任期一年、续聘三年的任期制度招聘新职员,并将他们派往灾区。返聘具有专业技能和经验的原工作人员,并由政府承担其费用,这极大地强化了地方政府间的支援力度。㊼

东京都杉并区的集体支援

支援力量不仅限于关西广域联合会。根据总务省从各县官网上收集的"各都道府县对受灾县的支援状况（2012年3月21日）"[48]，几乎所有都道府县都派出了紧急消防救助队和医疗团队。

例如，为有可能成为下一个受灾地区而做了长期准备的静冈县，将目光瞄准了岩手县的山田町和大槌町，从3月19日开始，向两地持续大规模派遣了医疗救助队和现场支援队。

不仅仅是都道府县级别的行动。东京都杉并区由于与福岛县南相马市有青少年棒球交流，已经签署了灾害时的相互支援协议。田中良区长还联系了与杉并有合作关系的群马县东吾妻町、新潟县小千谷市、北海道名寄市等地方政府，成立了支援南相马市的"地方政府联盟支援会"。

也曾有一些民众反对以他们的纳税金支持遥远的灾区。条例使得支援其他地方政府成为可能，并通过为灾区募捐的活动筹集了超过5亿日元，争取到了国家的财政支持。杉并区通过迅速果敢的决策和行动，为地方政府间的灾害支援开辟了新的局面，迎来了多元、多层次的广域防灾支援的时代。[49]

全国地方行政间支援体制的形成具有重要意义。近年来，地方行政的主体性在法律和社会上都得到了加强。尽管如此，地方行政在面对大灾害时依然显得非常脆弱。

例如大槌町，在大灾害中从町长到四分之一的普通公务员都殉职了。这种损失无论是对国家还是人民来说，都是无法弥补的。目前，由业务内容相同的其他地方行政部门提供支援，暂时弥补空缺。最终，还是需要地方政府和当地居民自己重建家园，不过，"有朋自远方来"的鼓励仍弥足珍贵。

国家为地方行政间的横向支援提供财政支持是极其重要的。然而，国家在整体协调上的缺失也应受到批评。

日本的中央行政平时对地方行政的干预较多，但面对大灾害的应对计划和危急时刻发挥的主导作用却不足够。这两方面都超出了地方行政的能力范围，只能由能够统筹全国的中央政府来完成。因此，有必要对灾害预防体系做出重大改革。

企业支援进入新阶段

那大约是在"3·11"之后的秋天。在东京的一个会议上，三菱商事的小岛顺彦会长告诉我，该公司正不断派遣员工到灾区开展志愿者活动。我感受到企业的支援活动达到了一个从未有过的新层次，于是询问了此举的意义。他说，从灾区返回的员工们发生了变化，以前总是等待上级下达指示后才开始行动的年轻员工，现在开始主动提出建议并行动起来，这对公司来说是一件好事。到底在灾区发生了什么，能让人发生这样的转变？

从藤泽烈的论著《支撑公共事业的企业》[50]中，我了解到在各企业中，三菱商事开展了大规模的支援活动。截至 2014 年底，该公司累计派遣 3529 名员工参与志愿服务。不仅如此，灾害发生后，该公司设立了 100 亿日元的灾后重建支援基金，并于次年成立三菱商事重建支援基金会，通过该基金会开展各种支援活动。三年内，它向3695名本科生和研究生提供了为期一年、每月10万日元的奖学金。他们与在灾区开展良好活动的NPO合作，对425个项目提供了资助。此外，他们还向灾区的44家企业提供投资和融资。换言之，他们与有着相同重建支援愿景的各方携手合作，以经济支援为核心，积极参与灾区的重建。

此外，该基金会与郡山市签署了协议，致力于福岛果树农业的振兴和产业化。2015年10月，他们完成了葡萄酒酿造设施的建设，以支持酿酒葡萄的生产，并正在尝试使用这些葡萄来生产葡萄酒和高度数甜酒。他们不仅支持仍然受到谣言困扰的福岛克服困难，而且还积极参与到设施建设中。

快递公司大和运输的活动也非常独特

在"3·11"地震中，大和运输有5名员工遇难。然而，在灾区现场，许多员工在没有上级指示的情况下，开展了救援物资运输的志愿活动。对此，公司总部组建了"救援物资运输协作队"，从全国各地派遣了累计1000名员工到灾区，使快递服务得到恢复。

此外，大和运输还决定在全国范围内每寄送1个包裹，就向灾区捐赠10日元。大和运输一年运送约13亿个包裹，这相当于每年捐赠142亿日元（占公司当前利润的约四成），是所有公司中捐款数额最大的公司之一。它以此为资金设立了大和福祉基金会，为渔业、旅游、医疗、儿童保育等领域提供支持。例如，在震灾发生当年的10月，在南三陆町投资3亿日元重建了临时鱼市场,并举办了首次拍卖会。

大和运输与岩手县北公交公司合作,从2015年开始运营,在宫古市和盛冈等其他城市之间运行"人货同乘巴士",在巴士后部设置快递货物存放区。这是一种应对少子老龄化社会的巴士公司与快递业共存的战略。

最能体现大和运输与当地社区鱼水关系的理想主义活动是在岩手县启动的"爱心快递"。这是一项购物支援服务,老年人可以根据社会福祉协会分发的目录订购商品,然后由大和运输负责配送。

照顾老年人原本是民生委员的工作,但随着老年人数量激增和民生委员数量减少,这项工作变得难以维持。那些深居简出的老人,收到包裹时喜悦之情溢于言表。大和运输的配送员将老人的这一情况告知了当地的社会福祉协会。现在,这个系统不仅在东北地区运行,还逐渐扩展到全国的偏远地区。

除了三菱商事、大和运输外,还有麒麟控股、Recruit、Globis等多家企业以独有的民间特色,为灾区的重建贡献力量。

为什么以营利为目的的私营企业会热衷于参与灾区的重建支援呢?

在20世纪80年代,企业的社会责任(CSR)曾是一个热门话题,时兴企业将部分利润用于公共事业,回馈社会。日本经济在泡沫破裂后进入了被称为"失去的20年"的时期,在这一时期,这种趋势似乎有所退却,但与此同时,阪神淡路大地震时,涌现出138万名志愿者奔赴灾区支援。三年后,《非营利组织法》颁布。在社会认为民间资本应支持公共事业的普遍共识下,发生了东日本大地震。一些有活力、有抱负的企业开始参与东北地区的灾后重建,由于其拥有雄厚的资金和组织实力,所以影响力巨大。

"参与公益事业"似乎是这些企业的共同理念,前面提到的藤泽的研究论文指出[51],迈克尔·波特教授(哈佛大学)的"共同价值创造"(Creating Shared Value)概念非常重要。企业通过与其他参与者合作解决社会问题,创造新的价值。这不仅能提高员工的士气和自豪感,也能提升企业的形象。

如大和运输每年捐赠相当于利润四成的大额资金,虽然当年利润有所减少,但第二年就实现了V形回升。这表明,与当地社会联系紧密的企业具有强大的竞争力。并不一定只有推出新服务才能提高企业的利润,那些旨在满足人们需求的创新活动,最终也会提高企业的竞争力。

一个有趣的现象是,在大灾之后的恢复重建过程中,企业的盈利和可持续发展意识在创造新的社会价值中发挥了很好的作用。纵观成功企业的支援案例,除了企业自身的资金实力和管理能力外,与地方行政及NGO的合作也是成功的关键因素。阪神淡路大地震期间,民间活动还只是业余志愿者的行为,但16年后的东日本大地震中,NGO已成为日本社会不可或缺的专业性的非官方组织。这一点值得赞叹。

远野市的奇迹

如果要列举在东日本大地震的灾区支援中做得最好的地方

政府，我会毫不犹豫地回答"岩手县远野市"。

前面提到的关西广域联合会通过对口支援方式展开广域支援，东京杉并区率先开展集体支援这些都非常重要，但远野市的贡献甚至超过了它们。

第一是"防灾准备"。市长本田敏秋敏锐地洞察到宫城近海地震和海啸必将发生，于是在2008年10月31日至11月1日举办了为期两天的防灾减灾演练活动"陆奥警报2008"，让远野市很早就有了防灾减灾意识。演练聚集了东北沿海25个地方政府组织，还邀请了警察、消防、自卫队和民间团体参加。特别是在自卫队东北方面总监宗像久男的积极支持下，东北各支自卫队也正式参与其中，可谓规模庞大。

演习中假设发生在宫城近海的地震规模是8级，而实际发生的却是9级的大地震和海啸。从这个意义上来说，准备工作和演练还远远不够，但正因为事先有过演练，灾害发生后大家才能迅速采取恰当的行动。对此，许多人都持这样的观点。相比之下，在关西地区，地震前民众和地方政府沉浸在安全神话中，没有任何准备；而在东北地区，不论是学校教育还是有责任感的领导，都具备一定的防灾意识，都做过演练和准备。

第二点是远野市成了灾后初期救援的内陆基地。远野市位于三陆海岸沿线城市的后方，距离釜石市和大槌町30多公里，南面距离大船渡市和陆前高田市约40公里，北面距离宫古市约60公里，且均有通向上述各地的道路，地理位置重要。

地震虽然对远野市政府也造成了一定损坏，但这里作为一个内陆安全基地,自卫队等首先在市体育公园进行集结,随后全国各地的支援力量纷至沓来。远野市对这样的状况给予积极迎接,成为汇集沿海灾区信息的指挥中心,并主持救灾工作。

特别是,没有明确目标但希望在灾区做志愿者的人都知道,只要到远野市就能找到前往沿海灾区的途径。不仅市政府,而且相关机构以及具备专业技能的 NGO 都齐聚远野市并协调工作。事实上,可以说本田市长带领的远野市本身就是一个具备专业技能的志愿者组织,在东日本大地震中发挥了强大的志愿服务力量。

这些工作本来应该由县政府负责,但庞大的县级机构很难专注于特定问题。一位拥有坚定信念的领导者带领的市政府,在防灾准备和灾害应对初期的危机管理中发挥了显著的作用。[52]

注释

① 根据警察厅《东日本大地震与警察》(警察厅,2012 年),溺水死亡 14308 人,约占 90.6%,压死等 667 人,约占 4.2%;火灾死亡 145 人,约占 0.9%。

② 消防厅灾害对策本部,《东日本大地震》第 149 报(消防厅,2014 年);国立天文台编,《理科年表(2017 年版)》(丸善出版,2016 年)。

③ 河田惠昭,《作为巨大灾害的东日本大地震》;关西大学社会安全学部编,《东日本大震灾复兴第 5 年的检证——复兴的实体与防灾、减灾、缩灾的展望》(Minerva 书房,2016 年)。

④ 海啸观测值来源于消防厅《东日本大震灾记录集(2013 年 3 月)》(消防厅,2013 年)的表 2-2-4,关于海底地震活动范围的扩大,可参考冈田义光,《2011 年东北地区太平洋冲地震概况》。

⑤ 日本气象协会编,《地震海啸概要》第 3 报与《灾害与防灾:防范统计数据集(2014)》(三冬社,2014 年)。

⑥ 内务大臣官房都市计划课,《三陆海啸受灾町村复兴计划报告》(1934 年)。

⑦ 消防厅灾害对策本部,《东日本大地震》第 149 报(2014 年)。

⑧ 村井俊治,《东日本大地震的教训——在海啸中存活下来的人们的故事》(古今书院,2011 年)。

⑨ 河北新报社编辑局,《再次站起来!——河北新报社,东日本大地震的记录》(筑摩书房,2012 年)。

⑩ NHK 东日本大震灾系列片《证言记录:东日本大地震Ⅱ》(NHK 出版,2014 年)。

⑪ 继续参阅村井的《东日本大地震的教训——在海啸中存活下来的人们的故事》。

⑫ 继续参阅河北新报社编辑局的《再次站起来!——河北新报社,东日本大地震的记录》。

⑬ 根据 2012 年 8 月国土交通省海事局的调查,兵库震灾纪念 21 世纪研究机构《灾害对策全书》编辑企划委员会编,《灾害对策全书别册:"国难"与巨大灾害的应对》(行政,2015 年)。

⑭ 社会经济历史学者森嘉兵卫先生。收录在山下文男,《哀史之三陆大海啸——从历史的教训中学习》。

⑮ 京都大学防灾研究所的中村重久先生。同样收录在山下文男,《哀史之三陆大海啸——从历史的教训中学习》。

⑯ 参阅 1934 年《内务省报告书》。

⑰ 山下前述《哀史之三陆大海啸——从历史的教训中学习》。

⑱ 中央防灾会议,《关于吸取灾害教训的专门调查会报告书:1896 明治三陆海啸》(2005)。此外,关于绫里三次遭受海啸灾害与进行复兴的详细研究,参见飨庭伸等,《在海啸中能生存下来的村庄》(鹿岛出版会,2019 年)。

⑲ 山下前述《哀史之三陆大海啸——从历史的教训中学习》。

⑳《内务省报告书》(1934年)。

㉑ 山下前述《哀史之三陆大海啸——从历史的教训中学习》。

㉒《内务省报告书》(1934年)。

㉓《内务省报告书》(1934年)。

㉔《内务省报告书》(1934年)。

㉕ 北原糸子,《海啸灾害与近代日本》(吉川弘文馆,2014年)。

㉖ 山下前述《哀史之三陆大海啸——从历史的教训中学习》,中央防灾会议前述《关于吸取灾害教训的专门调查会报告书:1896 明治三陆海啸》;岩手县,《岩手县海啸状况调查书》(1896年);高山文彦,《在大海啸中生存——巨大防潮堤与田老村百年的努力》(新潮社,2012年)。

㉗ NHK 东日本大震灾系列片《证言记录:东日本大地震Ⅰ》。

㉘ 消防厅灾害对策本部,《东日本大地震》第149报(2014年)。

㉙ NHK 特别采访组,《巨大海啸——那时人们是如何行动的》(岩波书店,2013年)。

㉚ 南三陆消防署、亘理消防署、神户市消防局、川井龙介编,《东日本大震灾消防队员殊死搏斗的记录——在海啸与废墟中》(旬报社,2012年)。

㉛ 警察厅紧急灾害警备本部,《关于东日本大地震的警察活动的验证》(警察厅,2011年)。

㉜ 福岛县警察本部监修,《生活在福岛、守护福岛——警察官与家人的手记》(福岛县警察互助会,2012年)。

㉝ 同前书《生活在福岛、守护福岛——警察官与家人的手记》。

㉞ 同前书《生活在福岛、守护福岛——警察官与家人的手记》。

㉟ 前述《关于东日本大地震的警察活动的验证》;警察厅,《关于东日本大地震的警察措施》(警察厅,2016年)。

㊱ 节选自国友昭多贺城联队长号召的自卫队匿名报告书。泷野隆浩,《纪

实自卫队与东日本大地震》（白杨社，2012年）。

㊲ 东北方面总监君塚荣治与笔者的谈话及其在防卫大学的演讲（2011年10月21日）；须藤昭，《自卫队救援活动日志：东北方面太平洋海域地震的实地报告》，扶桑社，2011年。君塚陆将后来成为陆上幕僚长，于2015年12月不幸去世，愿其安息。

㊳ 日本防卫学会，《自卫队灾害派遣的实态与课题》[日本防卫学会编，《防卫学研究》第46号（2012年）]；火箱芳文，《即动必遂——东日本大震灾陆上幕僚长的全部记录》（管理社，2015年）。

㊴ 笔者与陆上幕僚长火箱芳文的关系始于笔者担任防卫大学校长时期。陆上幕僚长火箱芳文作为当时的干事（相当于副校长）辅助笔者。他在担任陆幕长后，作为防卫省的高级官员，与笔者偶尔会面，并且那时还可以自由地使用手机。因此，现在很难具体确定笔者是在什么时候、哪里得到相关信息的。

㊵ 笔者在多次谈话中表达了对火箱陆上幕僚长的关心，在防卫省（市谷）的会议等时机，向统合幕僚长折木良一表达了关心。

㊶ 高岛博视，《武人的本愿 FROM THE SEA——东日本大地震中的海上自卫队活动记录》（讲谈社，2014年）。

㊷ 大畠章宏编，《东日本大地震紧急响应的88条智慧——国交省初次行动记录》，勉诚出版，2012年；震灾应对研讨会执行委员会编，《"3·11"大震灾的记录——中央省厅、受灾自治体及各行业等的应对》，民事法研究会，2012年。

㊸ 日本红十字社，《东日本大地震——救助活动到复兴支持的全记录》（2015年）；熊本红十字医院，《复兴的轨迹——东日本大地震82小时的救助记录》（2014年）；井清司企划编辑，《特辑：灾害医疗与东日本大地震》，《住院医师》，2012年7月号（医学出版）；宫城县，《东日本大地震——宫城县的灾后一年灾害对应的记录及其检验》（2015年）。

㊹ 青木荣一编，《走向恢复与复兴的地区和学校》，村松岐夫、恒川惠市监修，《从大地震学习的社会科学（第六卷）》，东洋经济新报社，2015年；消防厅，

《东日本大地震记录集(2013年3月)》。

㊺ 善教将大氏在兵库震灾纪念21世纪研究机构的报告,《灾害时相互应援协定是否发挥了作用——利用受灾自治体调查的分析》,收录于五百旗头真监修、大西裕编著,《灾害面前的自治体间联合——东日本大震灾中的协作性治理实态》,Minerva书房,2017年。

㊻ 兵库县复兴支援科,《关于东日本大地震的支援》(2015年)。

㊼ 从关西广域联合会广域防灾局的藤森龙先生和兵库县防灾企划局的笔保庆一先生那里得到了指导。兵库县,《东日本大地震:兵库县的支援一年的记录》(2012年);河本寻子、重川希志依、田中聪,《通过听证调查对灾害支援及受援任务的考察——东日本大地震的案例》;以及《地域安全学会论文集》第20期(2013年)。

㊽ 总务省,《各都道府对受灾县的支援状况(2012年3月21日)》(总务省:https://www.soumu.go.jp/main_content/000151767.pdf)。

㊾ 兵库震灾纪念21世纪研究机构,《第二次自治体灾害对策全国会议报告书》(2013年)。多次听取区长田中良的说明。

㊿ 藤泽烈,《支持公共的企业》,冈本全胜编,《东日本大地震的复兴将如何改变日本——政府、企业与NPO的未来形态》(行政,2016年)。

㉛ 前述藤泽《支持公共的企业》。

㉜ 远野市,《远野市后方支援活动检验记录簿》(2013年)。

第四章

东日本大地震 2：国家、社会的应对

1　日本政府的初期应对

容易被误判的初期应对机制

两者之间的区别在哪里呢？

回顾 16 年前的阪神淡路大地震，当时的首相官邸缺乏信息收集系统。当时由国土厅防灾局从各省厅和自治体收集信息，并向官邸报告。但是，国土厅并没有实行 24 小时工作制，因此，当凌晨 5 点 46 分发生灾害时，他们完全未能发挥作用。直到中午，官邸才意识到这是一起重大事件。

相比之下，2011 年 3 月 11 日，新建的首相官邸地下设有"危机管理中心"。在重大事件发生时，前警察总监伊藤哲朗担任危机管理监，负责最主要的应对工作，他负责收集信息，召集各部长级官员准备应对方案，并辅助内阁官房长官和副长官。此外，如果东京 23 区内发生震度 5 强（其他地区为不到震度 6 弱）的地震，管理人员必须立即进行紧急集会，这一系统在危机发生的那一刻即刻启动。

在国会，参议院的决算委员会正在对首相菅直人的外国人

图 4-1　东日本大地震发生时，首相菅直人正在执政党与在野党的会议上寻求合作。

政治捐款问题进行追问。突然，强烈的震动开始了。天花板上的吊灯剧烈摇晃，几乎要掉下来了，与会者都被惊呆了，面面相觑。委员会主席呼吁大家"保护自身安全""请躲到桌子下"，会议随即休会。

　　与此同时，危机管理监伊藤正在官邸 4 楼的个人办公室。地震开始时，他立即指示紧急集结小组进行安排，并亲自前往地下的危机管理中心。在那里，他在干部会议室旁边设立了官邸应对室，室内并排着十面巨大的监控屏幕，100 至 200 名各相关部门的局级以下官员聚集在此，负责进行信息传达。官房副长官（政务）福山哲郎、官房长官枝野幸男相继出现在干部会议室。地震发生 14 分钟后，即下午 3 点，紧急集结小组的会议开始。

官房长官批准了危机管理监提出的建议,即创建一个紧急灾害对策本部。3点7分,菅首相从国会返回并立即加入,该建议得到了首相的批准。

根据灾害法规,发生重大灾害时,应设立由"防灾"部长担任本部长的"非常灾害对策本部"。而在"显著异常且严重"的大灾害情况下,由首相担任本部长的"紧急灾害对策本部"通过内阁决定来设立。尽管当时海啸还没到来,但官邸根据危机管理监的提议,在3点14分通过轮值内阁会议设立了该总部,从一开始就达成了对这一重大事件的共识。

从3点就已经开始的紧急集结小组会议中,确定了将救人作为首要原则,并批准了消防、警察、自卫队、海上保安厅以及DMAT等进行广泛救援的方针。

这里包括五个内容。在3点37分,第一次紧急灾害对策本部会议开始,会议中确定了"灾害应急对策相关的基本方针",并作为政府的处理方针发布。紧急集结小组在危机管理监和内阁府(负责防灾的部门)的带领下,基于事先准备好的处理方针迅速开展了应对工作。[①]

北泽防卫大臣也一度加入了官邸地下的会议,但自卫队此时的应对非常关键。由于地下室不方便连接外部电话,北泽防卫大臣又返回防卫省,在3点半主持防卫省对策会议时,他传达了"首相指示自卫队要尽最大努力"的指令。火箱陆上幕僚长迅速响应,已经向全国五个区域总指挥部发出了出动指示,并说明了该指令。北泽防卫大臣对此没有说"做得好",但也没有因为"擅自动用部队"而斥责。这表明官员们对重大事件的应对都持

第四章 东日本大地震2:国家、社会的应对

有共识。②

至此的灾后第一个小时的初期行动应对,与阪神淡路大地震时的应对形成鲜明对比,可以说是异常迅速的。官邸以及像自卫队这样的前线部队都试图从16年前的失败经验中吸取教训,开展应对危机的措施。

核事故的发生

然而,事实上,这一次遭遇的并非普通灾害。尽管官邸一开始就预想到了重大事态,但实际上遇到的是一场超乎想象的超大型灾害,仿佛在嘲笑他们的预判。

在下午3点42分,当地下的危机管理中心传来"福岛第一核电站,所有交流电源丧失"的广播声时,官邸陷入了僵局,许多非核专家并不清楚这句话的含义。"危机管理中心的整体氛围在这一刻无疑发生了变化。"福山副长官回忆道。③

日本社会在面临突发大灾害时,都表现得非常勇敢。但从这一刻起,敌人从一个可以看见的、可以去勇敢面对的对手变成了一个不可见其踪影却又蠢蠢欲动的恶魔。

晚上7点3分,政府发布了核能紧急事态宣言,并设立了以首相为本部长的"核能灾害对策本部"。根据2000年制定的《核能灾害对策特别措施法》(通称《原灾法》)第10条规定,当发生核辐射外泄等异常事件时,必须上报。并且,根据该法第15条,如果情况未得到控制并进一步恶化,内阁总理大臣必须发布"核能紧急事态宣言"。因此,2011年3月11日晚上7点03分发布此宣言,表明了这次发生的是一个重大事件,目前的首要任务是迅速采取防护措施,保护国民不受核辐射的影响。

与此同时,"紧急灾害对策本部"成立,地震和海啸的应对工作也由各相应部门负责,而首相则决定专注于解决失控的核电站事故相关问题。地下危机管理中心忙于处理海啸,而核电站的问题处理则经过了一番讨论,相关部门确定将5楼的首相办公室作为指挥中心。

市民运动出身的首相菅直人,在首次出任厚生大臣期间,曾因HIV/AIDS问题与官僚对峙,这一经历使得他更倾向于限制官僚在政策决定中的影响,而不是依赖官僚。

在处理核电站事故的过程中,首相官邸面临的主要困难是缺乏准确的信息和专业知识。

福岛核电站的运营方东京电力提供的事故信息不明确且难以理解。不巧的是,事故发生当天,东京电力的会长和总裁都在外地旅行,这可能也对情况产生了不利的影响。然而,即使总裁次日回到东京,情况也未见好转。东京电力的高层管理人员大多不是核电领域的专家,因此,他们很难准确评估事故现场和解读其报告的内容,也难以清晰地向官邸和公众传达这些信息。

首相因应对连续发生的核事故而感到焦虑,寻求专家们对这些碎片化信息的整体含义进行解释。然而,不仅是东京电力的相关人员,就连核能安全保安院和核能安全委员会的工作人员也无法提供令人满意的解释。官邸缺乏专家能够基于对核电问题的深入专业理解和现场知识,来阐述当前情况和未来发展趋势。在这种情况下,首相的焦虑是可以理解的。但首相愤怒的言辞,使向他提供建议和辅助变得更加困难。

菅首相并不擅长动用政府机构来处理问题,而更倾向于通过个人行动寻求解决方案。他在处理核电站事故的初期,有两个典型的例子:一是12日清晨对核电站现场的视察,另一个是15日清晨突然访问东京电力总部。这两项行动经常受到批评,被认为是首相的鲁莽或愚蠢行为。

的确,首相在灾后第二天就前往如战场般的核电站一线是存在风险的,也可能给忙于应对紧急情况的现场负责人带来困扰。然而,如果留在官邸却无法获取准确信息,那就等同于政府放弃了责任。

如果东京电力作为当事方能够自信地处理情况,那么政府只需观望即可。但东京电力对实际情况的掌握和会采取的应对方案都是令人怀疑的,似乎处于失控状态。在这种情况下,政府高层(不一定非首相不可)直接迅速前往现场,以便准确掌握情况后再制定应对方案,这是非常必要的。首相在灾后第二天清晨突击访问现场,应被视为其对国家生死攸关问题表现出的意志坚定的行动。

通过这次视察,首相意识到第一核电站的所长吉田昌郎是一位信念坚定并且奋战在一线的人,还建立了与他的直接联系,吉田昌郎可以用手机直接联系高层官员。

2 福岛的现场

因海啸而丧失电源

在福岛现场,究竟发生了什么?

3月11日下午2点46分,随着地面的巨响,一场震级6级的剧烈地震袭击了福岛核电站。当时,所长吉田昌郎和约750名东京电力公司员工,以及约565名合作企业的工作人员正在第一核电站工作。六座核电站中,一到三号机组正在运行,而四到六号机组因为定期检查等而停机。

随着剧烈的摇晃,正在发电的三个核电机组全部自动紧急停机(即施行了紧急自动停止操作,又称为"scram")。同时,整个站点发生了停电。尽管核燃料棒停止了核分裂发电,它们仍继续释放高热。为冷却这些燃料棒,需要电力来运行冷却系统。

虽然外部电源被切断,但系统切换到了内部的应急柴油发电机。同时,所长也确认了所有人员的安全。尽管收到了"福岛将遭遇3米高的海啸"的警报,但因为福岛核电站建在海拔10米的地方,所以吉田所长认为核电站是安全的,没问题。

于是,所长和第一核电站的管理人员移至前一年新建的位于35米高地的抗震楼,启动了危机管理的准备工作。虽然这是核电站中最安全的封闭指挥室,但无法看到外面的情况。大约在地震发生50分钟后,不知为何,内部的紧急发电也停止了,导致所有电源都丧失了。一到五号机组的各个反应堆冷却系统也相继停止。抗震楼的高层管理人员在那一刻并不知道发生了什么。

在建筑外部的目击者们目睹了一幕令人难以置信的景象。在下午 3 点 27 分,第一波高达 10 米的海啸撞击防潮堤,溅起水花,随后退潮,露出了海底。紧接着,在下午 3 点 35 分,第二波海啸以近 15 米高的墙壁状冲击了核电站建筑。不幸的是,第一核电站一至四号机组的应急柴油发电机安装在了建筑的地下,这是海啸袭来时最脆弱的位置。地震发生后,为了检查四号机组设施而进入建筑地下的两名技师被海啸吞没,不幸殉职。

然而,幸运的是,二号机组配备了反应堆隔离冷却系统(RCIC),这是一个利用从反应堆出来的蒸汽驱动泵送冷却水的系统。技术人员在地震后立即启动了该系统。

在下午 3 点 42 分,吉田所长通过视频会议系统向东京电力总部宣布了所谓的"第 10 条"声明。他通报了站点目前处于黑暗(SBO)状态,全站交流电源丧失,仪器也无法读取数据。根据《核能灾害对策特别措施法》第 10 条,在这种情况下,东京电力有义务立即向国家报告。正如前面提到的,这个消息从东京电力总部传到首相官邸,然后在地下的危机管理中心被宣布,给在场的人造成了巨大冲击。

10 分钟后,紧接着的是"第 15 条"相应的紧急情况——"炉心冷却装置注水失败"。用吉田所长自己的话说,就像是处于一种"飞机所有引擎都停止运转,连仪表也看不到的情况下进行操控"的状态。

在常规方法行不通的情况下,下午 5 点 12 分,吉田所长命令尝试使用消防灭火系统向反应堆注水,并打开了连通注水线路的阀门。本来通过控制室的一个按钮就能打开的阀门,现在需要手动开启,因此他派出了一个小组进入黑暗中进行操作。

海啸破坏了消防栓,水无法流出。因此,他们决定使用消防车来代替。关键是将水注入后能否进行冷却。无论是用何种方法都要通过水进行冷却,以此来争取时间恢复电源并重建冷却系统。为了恢复冷却系统,需要派遣电源车提供所需的电力。

敢死队

在反应堆失去冷却能力8小时后,到了深夜,一号机组建筑周围的辐射水平上升,安全壳的压力超过了其使用极限。这无疑表明,最严重的情况——堆芯熔毁正在迫近。

在12日凌晨0点06分,吉田所长下令准备排气操作。这是一项将蒸汽排放到外部环境的紧急措施。通过注水进行排放(湿排气)可以降低辐射量,但恢复这套系统较为困难。而如果进行干排气,将会释放大量的放射性物质,从而导致周围环境受到严重污染。然而,如果不进行排气,那么核反应堆发生像切尔诺贝利那样的大规模爆炸的风险将会显著增加,这将使得任何人都无法接近反应堆,从而无法对其进行控制。因此,为了进行排气,必须派遣一个小组进入高辐射水平的建筑内部,手动开启排气阀门。

一号机组和二号机组控制室的值班班长伊泽郁夫(当时52岁)召集下属,说:"非常抱歉,但……有人能去吗?"在沉重的气氛中,伊泽继续说:"不能让年轻人去。我先去。"随着沉默被打破,有很多人说不应该让负责控制室的值班班长去,应该让自己去。现场的悲壮之战正向极限状态挺进。④

12日早上7点11分,首相菅直人搭乘直升机"超级美洲狮"抵达第一核电站的操场。首相迎面质问迎接他的东京电力公司副社长武藤荣:"为什么还不进行排气?"东电向官邸请求现场执行排气后,官邸在凌晨1点半左右批准了这一提议。然而,排气操作却迟迟未被执行。首相因此感到愤怒并进行质问。即便是最了解核电发电的东电高层管理人员、前一天晚上刚到达福岛的副社长,在面对国家最高权力者的严厉质问时也感到手足无措,难以做出回应。首相的言辞散发出一种难以配合的氛围。

大约早上7点半,在抗震楼的2楼会议室,菅首相以同样的态度对吉田所长进行质询。吉田所长冷静地展开图纸,解释情况,并向首相讲解了在高辐射环境中需要进行的工作。然后,高大的所长坚定地望向首相,说:"我们会进行排气。哪怕需要组建敢死队也会执行。"

首相最终找到了一个可信任的现场负责人。他相信吉田所长会说到做到。首相离开后,吉田所长下令,次日上午9点进行排气。第一支突击队成功开启了一个阀门,但第二支突击队却遭遇高辐射,无法继续前进,两名成员不得不放弃任务并返回,这是第一次有人累积接受辐射量超过100毫西弗,他们被命令停止在此地工作。

尽管这种排气方式遇到了困境,但另一个恢复小组在下午2点半成功执行了一号机组的排气操作。

堆芯熔毁

紧接着,3月12日下午3点36分,恰好在海啸袭击后24小时,一号机组的核反应堆厂房突然发生了氢气爆炸,这是一次巨大的冲击。这仿佛是核能的恶魔在嘲笑现场人员不惜生命的努力。这一刻,人们不禁开始怀疑:我们真的有办法对抗这样的灾难吗?

厂房被氢气爆炸吹飞,这表明了一个严重的问题:压力容器内的燃料棒已经暴露在水面上,并开始发生熔融。如果不把熔化的燃料棒浸在水中,核辐射将会扩散到整个站点,造成更加灾难性的后果。因此,为了冷却核反应堆,无论如何都必须注水。现场人员连接了三辆消防车的水管,在3月12日晚上7点04分开始向一号机组注入海水。

然而,大约在7点20分,东京电力公司执行副总武黑一郎在东京官邸给吉田所长打来电话,他传达了一个消息:首相尚未正式批准注水,因此要求立刻停止注水。但事实上,首相菅直人并不是反对注入海水。但距离实施还有一段时间,因此,他在6点的官邸会议上表示,在实施注水之前应该首先了解可能带来的问题。但武黑因害怕惹怒易怒的首相,急于下令现场停止注水。

吉田所长告诉他的下属,他将会开启视频会议,并宣布按照官邸的指示,暂时停止注水。然而,他强调这只是表面上的,实际上他们必须继续注入海水。尽管后来包括自民党的议员安倍晋三在内的一些人批评官邸,认为官邸错误地向现场施压,导致

图 4-2 在福岛第一核电站一号机组反应堆建筑内发生了氢气爆炸（2011 年 3 月 12 日）。（照片提供：福岛中央电视台）

了危机，但事实上，现场的操作并没有受到官邸干预的影响。

紧随一号机之后，三号机也陷入了危机，在 3 月 14 日上午 11 点 01 分，发生了氢气爆炸。这次爆炸比一号机组的更为剧烈。东电和合作企业的 7 名工作人员以及刚刚抵达提供支援的 4 名自卫队队员在这次事故中受伤。意外的是，在这样的狂风暴雨和巨大物体四处飞溅的情况下，没有人丧生，这被视作一个奇迹。与核能这个恶魔的战斗注定是一场惨败。

接下来二号机组也会爆炸吗？正如之前所述，只有二号机组的冷却系统还在运行，但在 3 月 14 日下午 1 点 25 分，系统停止了，反应堆内压力开始升高。

是不是一切都结束了呢？不，在极限状态下，事态进展充满了讽刺的意味。当你满怀希望时,现实可能会残酷地打击你;而当你准备好面对绝望时,它却可能给你带来意外的转机。比如,下午 1 点 45 分左右,吉田所长向东京电力总部传达了一个消息⑤:二号机组建筑侧面的蓝色出风面板,原本用于释放压力,但不知为何,目前已经损坏并处于打开状态。这既意味着放射性物质持续释放,也解释了为何二号机组没有发生氢气爆炸。到了下午 6 点,通过连接电池,他们成功地打开了逃生安全阀(SR 阀),消防车可以开始注入海水。随着注水作业的进行,反应堆的压力开始下降,但是,就在这种关键时刻,由于消防车燃料耗尽,注水作业被迫停止。

在二号机组的反应堆内,燃料棒可能在 3 月 14 日下午 6 点 22 分左右露出来(第一核电站技术团队估计是 7 点 22 分)。两小时后,这些燃料棒完全熔融;又过两小时,预计压力容器底部可能发生熔穿。吉田所长说:"我真的以为这次可能会死,就是在这个时候。"

他们似乎用尽了一切办法。吉田所长做好了最坏的打算,"大概有 10 个同伴愿意和我一起面对死亡"。然而,他还是希望能让大多数人撤离,只留下绝对必要的人员。于是,吉田所长给官邸的首相助理官细野豪志打了个电话,决定采取措施让其他多数下属和工作人员撤离到第二核电站,以保障他们的安全。⑥

为什么核电站会失控?

为什么会发生与切尔诺贝利同样严重的"7 级"核事故?同时,为什么这场核事故能在没有任何人员牺牲的情况下实现冷却停机？带着这双重疑问，我在 2015 年 6 月 29 日访问了福岛第一核电站。

当我进入核电站时，工作人员告诉我需要把辐射剂量计放在胸前的口袋里。短短不到两小时的访问中，我接收到的辐射剂量总计为 0.01 毫西弗，这远低于我们平时做一次 X 光检查的剂量。在核电站里，虽然有穿戴特殊口罩和铅背心的重装工作人员，但也有许多穿着和我们相同的普通工作人员在工作。

我原本以为第一核电站进入退役程序后，会变得很冷清，但没想到那里还有 7000 人在工作，这比它正常运行时还多 2000 人。特别让我印象深刻的是那里还耸立着很多污染水储存罐，这显示了他们还在努力处理核事故带来的另一个问题。

从一号机到四号机都发生了很严重的事故。但奇怪的是，只有二号机的建筑还保持着原来的样子，颜色也没有变，依然完好地矗立在那里。增田尚宏先生（当时为核电站废堆公司总裁，2019 年成为日本核燃料公司总裁）作为第二核电站的所长，面对我们尖锐的提问，都给予耐心的回答。

为何会导致严重事故？

当地震发生时，正在运行的一到三号机组全都立即自动停机。由于外部电源中断，应急柴油发电机启动，冷却系统就能继续工作了。

这次现场访问让我了解到，地震造成的外部电源丧失并非普通的停电，而是第一核电站与变电站连接的高压输电线被土石流冲断了，这使恢复供电变得困难。

接下来是海啸。第一核电站的一到四号机组建在海拔 10 米的高地上，而五号机组和六号机组则建在 13 米的高地上。但袭击此地的海啸高达 15 米，淹没了第一核电站六座机组的全部设施。如前所述，一到四号机组的应急柴油发电机设置在涡轮机房地下，也被海啸淹没了。这样一来，包括自备发电在内的所有电源全部失效。核电站的所有操作都通过中央控制室（第一核电站有三个，每两座机组共用一个）的开关来执行。一旦失去所有电源，就无法进行操作，甚至无法读取仪表。

失去冷却装置的反应堆，因核燃料棒释放的剧烈热量而水分蒸发，燃料棒暴露并最终导致熔毁。一旦发生熔毁，大量放射性物质将释放。

为阻止这一情况并进行修复，恢复电源至关重要，但这需要时间。在这段时间内，必须向反应堆压力容器注水，以避免熔毁。不幸的是，一旦发生熔毁，下落的核燃料棒需要浸泡在水中，否则它们将穿透压力容器底部，落入安全壳内（熔穿），变成核废料。这将导致放射性物质剧烈释放，人们将无法接近。这也会导致核电站站点完全失控，甚至有可能再次引发核裂变。在争取时间恢复电源的同时，向反应堆注水成为基本的应对策略。

当放射性物质从裸露的核燃料棒释放出来时，它们首先积聚在反应堆容器内，然后扩散到整个建筑里。为了避免这些物质引发爆炸，之前提到了一种方法，即通过排气将空气排放到外部。这也意味着将放射性物质排放到大气中，增加了周围居民的危险。但是，如果发生爆炸，放射性物质将大量释放，导致核电站无法控制的情况，这更加严重。因此，采取了疏散居民和实施排气（通风）的措施。

遭遇海啸袭击后正好一天，在3月12日下午3点36分，一号机组发生了氢气爆炸。紧接着，在3月14日上午11点01分，三号机组发生了氢气爆炸，整个建筑的顶部被炸飞了。他们采取了各种冷却和排气的尝试，甚至是冒着生命危险去执行。这些方法起初看起来有些效果，但后来又发生了新的爆炸。如果接下来二号机组也爆炸，那后果将不堪设想。

然而，当得知努力架设的注水线不起作用时，第一核电站的所长吉田昌郎已经做好了最坏的打算，并将非必要人员疏散到第二核电站。看起来，整个局势已经失控。

但令人惊讶的是，二号机组并没有爆炸。原来，在二号机组里有一个叫做RCIC的自动冷却系统，它不需要电源，并且在最初的三天里一直在工作。另外，建筑侧面有一个大型蓝色出风面板（原因不明）破损，释放了内部的压力。因此，二号机组没有爆炸，这被认为是现场局势的转折点。

因此，一度被疏散到第二核电站的员工和作业人员又被召回。

现场的执行能力和命运女神

第一核电站的五号机组和六号机组是最新型的核电站，它们的输出能力达到了110万千瓦（而一号机组只有46万千瓦）。尽管它们也被海啸淹没，但它们的自备发电功能在关键时刻奇迹般地幸存。在六号机组旁边的两层仓库里，有一台应急柴油发电机。这台发电机幸免于水淹，为五号机组和六号机组提供了电源，使冷却系统能够正常运行。与安装在地下的一到四号机组的紧急自备发电装置不同，这为五号机组和六号机组提供了另一种安全保障。据说，这种布局并非为了应对海啸，而是因为地形特殊。

几公里外的第二核电站的四个机组，每个机组都是110万千瓦的最新型号。它们也被海啸冲刷，遭受了巨大打击。但与第一核电站不同，第二核电站的四条外部输电线中，有一条幸存下来。人们动员公司员工和合作企业员工进行紧急施工，以惊人的速度完成了任务，连接了这条电线。因海啸导致电动机短缺，自卫队的运输机从爱知县的小牧将马达空运到福岛。但由于交通瘫痪，电动机迟迟未能送达。增田先生说："如果再晚几个小时，第二核电站可能也会像第一核电站那样陷入困境。"是日本人的现场执行能力和及时反应，挽救了第二核电站。

还存在另外一个威胁：在核反应堆建筑中，使用过的燃料棒被放置在水池中进行保管。特别是四号机组的水池中存放着1535根这样的燃料棒。如果水池里的水蒸发掉，燃料棒将有可能再次起火。

在3月16日美国众议院的听证会上，美国核监管委员会的雅茨科委员长指出了四号机组的危险。他担心，如果水池里的水大量蒸发，导致燃料棒再次燃烧，那么包括东京在内的东日本地区可能会变得无法居住。

继一号机组和三号机组之后,未运行的四号机组在15日早上6点过后发生了氢气爆炸。据说是因为氢气通过管道从三号机组流入四号机组。这次爆炸把建筑炸飞了。虽然听起来有点讽刺,但爆炸后建筑的损坏带来了一个意想不到的好处,那就是从上方向一号机组、三号机组、四号机组的水池注水变得可能了。

通过侦察飞行,在确认四号机组的池中有水之后,3月17日上午9点48分,自卫队的直升机对三号机组进行了空中放水。虽然这些水量远远不足以解决问题,但这代表了日本国家对抗核事故的坚定决心。之前,日本在失控的核电站面前显得束手无策,但通过自卫队的注水行动,日本开始展现出反攻的姿态。这一行动也给美军和美国政府留下了深刻的印象,尽管他们之前不知道自卫队缺乏防辐射直升机,而这也推动了被称为"朋友作战"的日美协作。

自卫队、消防和警察对三号机组和四号机组进行了地面注水。特别是从民间调集来的被称为"长颈鹿"的高空水泵车非常有效,它通过喷水保护了因氢气爆炸而损毁的核电站建筑。

尽管注水的画面吸引了人们的注意,但比燃料棒池更关键的是反应堆的冷却和电源的恢复。

3月20日,二号机组成功地连接了外部电源,3月23日,一号机组和二号机组的中央控制室恢复了照明。而三号机组和四号机组的中央控制室,也在前一天恢复了电力。这些都是由东京电力公司和合作企业的员工通过努力工作而取得的成果。

虽然大量释放的放射性物质迫使人们不得不离开故乡,但是发生熔毁的三座核反应堆并未引发最坏的情况——压力容器和安全壳被大爆炸吹飞,最终还是通过冷却达到了稳定。命运女神似乎并未抛弃日本。

这次核事故中竟然没有任何人遇难,这简直是一个奇迹。

如果3月12日那天,第二组敢死队在给一号机组排气时没有意识到辐射量很高并及时撤退,他们可能会因核辐射而丧命。

而在三号机组爆炸最严重的时候,有11名东京电力的员工和自卫队队员就在附近。当时,巨大的物体像暴雨一样落下来,连汽车都被严重破坏并翻倒。但奇迹是,这11人只是受了伤,并没有人丧生。这简直是令人难以置信的奇迹。

个别侥幸的背后,其实是有许多在现场的人做好了牺牲生命的准备,正如共同通信社报道核事故的采访人员——高桥秀树编著的《全电源丧失的记忆》[7]所详细记录的。或许正是这样的现场中日本人的奋斗,使日本能在历史上一次次地重获新生。

在核事故摆脱最糟糕的状况后的3月下旬[8],政府着手组建复兴构想会议。

3　盟友援助

东日本大地震的应对中,特别值得一提的是,驻日美军进行了大规模的支援活动,我们称它为"朋友作战"。

其实,大型灾害发生后,国际援助是很常见的。比如,在1995年的阪神淡路大地震时,日本获得了来自80个国家、地区和机构的援助,而东日本大地震的援助则远远超过此数,共收到191个国家、地区和机构的支援。这些援助通常包括水、食物、毛毯等物资和捐款。此外,还有24个国家和地区,以及联合国等4个国际组织派遣了拥有专业技术的救援队、搜救队和医疗支援队前往日本。

即便在常规的灾害支援活动中,美国的举措也显得突出。美国国际开发署(USAID)将对外国灾难的援助行动制度化,并且在东日本大海啸的消息传来时立即采取行动,很快与日本政府达成了支援协议。仅仅两天后,一支由72名队员和6只搜救犬组成的救援队抵达青森县的三泽空军基地,并从15日开始在岩手县的大船渡市等地进行搜救活动,一直持续至19日。在这次支援中,有4个国家派出了超过100名人员,分别是美国、韩国、日本和法国。[9]

但"朋友作战"更为特殊,它不仅是一次常规的国际灾害支援,而且是驻日美军陆海空军及海军陆战队的总动员,以此补充自卫队的灾害支援行动。自卫队总兵力不足25万人,派出了前所未有的约10.7万名队员支援东日本灾区,更令人惊讶的是,大约4.5万名驻日美军中有1.7万人参与了救援。[10]值得一提的是,尽管美国海军第七舰队的主力航母"乔治·华盛顿"号由于在横须贺基地进行改修,无法参与救援,但他们迅速将正处于美韩联合演习、在附近航行的航母"罗纳德·里根"号调往三陆海岸,成为这次支援活动的中心据点。此外,在"朋友作战"中,美军还提升了指挥权,从在日美军司令(空军中将)提升至美国太平洋司令官(海军上将),为更大规模的支援做好了准备。

灾害援助的日美关系史

在灾害时期,提供捐款和物资支援是国际社会的优良传统。比如,早在1906年的旧金山大地震时,日本的捐助就是款额庞大且充满诚意的,给当地人留下了深刻的印象。而到了1923年的关东大地震时,美国也回馈了更大规模的援助。当时的驻日美国大使赛勒斯·伍兹感叹,这样的相互援助能化解日美之间的很多矛盾。但是,如关东大地震时发生的朝鲜人屠杀事件所展示的,灾区民众对外来人会抱有强烈的不安,甚至政府层面也对以灾害援助为名的他国军队介入持警惕态度。因此,在关东大地震时,因援助而入港的外国军舰被拒绝,士兵不能上岸,而是由日方负责物资的卸载和运输。[11]

此外,尽管在灾害支援方面日美之间表现出友好的国民情感,但这并不能完全主导现实中的双边关系。就在关东大地震后的第二年,1924年,美国国会通过了《排日移民法案》,这成为日美关系中的重大对立因素。

第二次世界大战期间,日本与美国交战并战败,导致战后日美关系非同寻常。日本的主要城市因空袭而变为废墟,军队也被解散。那时,日本国土处于以美军为中心的联合国军占领之下。这是联合国为了消除"来自日本的威胁"而采取的措施,美国占领军不仅负责保护日本不受外国攻击,还承担了保护日本人免受内部灾害等危险的任务。

实际上,在战败后的日本,城市和房子都很脆弱,经常遭受自然灾害。占领军在日本各地展开救灾,帮助灾民。据村上友章的研究，占领军曾多次参与日本的救灾行动。其中包括1946年的昭和南海地震（死者133名）、1947年袭击关东的"凯瑟琳"台风（死者193名）、1948年的福井地震（死者3769名），以及1949年登陆九州的"朱迪斯"台风（死者154名）等。除了这些救灾行动，美国还通过一个叫"拉拉物资援助"（Licensed Agencies for Relief in Asia，简称LARA）的计划，给战败的日本提供了很多帮助。这些救灾和援助行动，都被认为是有利于改善战后日本民众对美情绪的。当时的首相吉田茂，无论是口头还是书面，都反复对最高司令官麦克阿瑟表达了对美军灾害援助的感激之情。[12]值得一提的是，从那以后，美军对日本的灾害支援一直都非常积极和热情。

1950年，朝鲜战争的爆发让局势发生了巨大变化。麦克阿瑟命令日本政府建立警察预备队，从而使日本自己的军队得以重新建立。日本各地的灾害救援成为这支新建部队的首要任务之一。在第二年7月，京都地区梅雨季节的暴雨引发了洪水灾害（死者306名），福知山的部队接到当地请求后，迅速派出两个中队前去救援。他们的果断救援行动取得了显著的成果。然而，参与建立警察预备队的警察厅实权人物后藤田正晴严厉责备了这支地方部队的独断专行，并对他们进行了处罚。

三个月后，当"露丝"台风（死者943名）袭击西日本时，驻扎在山口县小月的第1普通科联队在出动前上报了情况，并最终获得了吉田首相的批准和鼓励。他们派出了两个中队，共300名队员进行救援，取得显著的成果并受到祝福。这是战后日本的实力部队第一次公开参与灾害救援。这次行动表明，战后重建的日本部队有着服务国民并获得民众共鸣的决心。

1951年的《旧金山和约》使日本在第二年恢复独立。到了1954年,自卫队开始负责保卫日本的主权。尽管"占领军"名义上不再存在,但根据《日美安全保障条约》,美军仍在日本驻扎,"驻日美军"依然存在。当时的日本自卫队的实力仍然很薄弱,远不足以对抗冷战下的假想敌苏联的威胁,因此,驻日美军成为核心安全装置。在灾害处理方面,自卫队能够以实际行动帮助民众,让国民看到他们存在的意义。但是,在灾害处理方面,仅靠自卫队是不够的,有时候需要借助在日美军的力量。

1959年,伊势湾台风导致的死亡人数高达5098人,成为日本历史上记录的最大风害灾难。从台风接近阶段开始,爱知县知事和位于守山市的自卫队第十混合团就进行协商,并迅速开展救援活动。但仅凭第十混合团远远不够。陆军副长大森宽从空中视察到大片灾区被水淹没,决定从全国调集1万名自卫队队员。尽管如此,人手仍不够,因此爱知县知事请求在日美军支援。结果,有23架美国空军直升机在名义上接受自卫队指挥,参与了这次的救援活动。日美的联合行动成功救出了16500名灾民。⑬不得不说,美军运用直升机的能力是一流的。

从过去的经历可以看出,随着占领时代的结束,美军不再参与灾害救援,而日本自卫队开始承担起主要的灾害救援任务。在伊势湾台风灾难后,日本制定了《灾害对策基本法》,这个法律立足于现场,明确规定了在灾害处理中,主要由地方自治体(市町村)来负责救援,但在灾害规模较大时,县或国家将从更高的层面进行协调。而在伊势湾台风的救援中,我们可以看出,尽管

第四章 东日本大地震2:国家、社会的应对 239

美军拥有强大的力量,但在大规模的灾害中,他们考虑到这是日本作为一个独立国家的内部灾害,因此选择了在自卫队的指挥下协助救援。

灾害平稳期到活跃期

战后日本经济困难,还遭遇了很多台风和地震等自然灾害。其中,伊势湾台风是最严重的一次,也由此催生了《灾害对策基本法》(1961)。但讽刺的是,在此之后,日本列岛的灾害进入了一个相对平静的时期。自1948年的福井地震以来,直到1995年的阪神淡路大地震的近半个世纪的时间里,几乎没有发生内陆活断层引起的强烈地震。

不仅如此,包括大型台风等风水灾害的破坏力也有所减弱。查看《理科年表》,可以发现,从战后到1960年的15年间,日本经历了六次造成100人以上死亡的风水灾害,如枕崎台风、"凯瑟琳"台风、昭和二十八年六月暴雨、洞爷湖台风、狩野川台风、伊势湾台风等。而从1961年以来,没有一次风水灾害造成超过1000人的死亡。甚至从60年代起,也没有发生造成超过500人死亡的风水灾害。在60年代,还有三次灾害导致超过300人死亡,但到了70年代和80年代,这样的灾害只各发生了一次,而90年代之后,这样的灾害就再也没有发生。

死伤人数的减少,并不仅仅是因为自然灾害的减弱。战后日本的城镇和住宅十分脆弱,但进入60年代的高速成长期后,建立起了更多现代化的建筑和坚固的住宅。1980年,《建筑基准法》规定了建筑的抗震和加固标准。即使相同强度的地震或台风,受灾程度也会因社会的韧性而有所不同。也就是说,从60年代以来,在自然灾害的相对平静化与日本社会韧性增强的共同作用下,灾害有所减少。

在这一时期,自然不存在在日美军的灾害救援出动的问题。考虑到严重灾害的减少,本应减少自卫队的灾害派遣。但实际上,自卫队的灾害派遣任务却增加了。派遣自卫队参加灾害救援,在50年代的时候,每年不超过200次;但到60年代,每年超过300次;到了70年代,每年超过400次。在社会韧性增强的灾害平静期,为什么派遣自卫队参加灾害救援的情况反而增加了呢?这是因为即便不是严重的大灾害,只要地区居民有需求,自卫队也会响应。除了应对灾害,他们还会参与除雪工作和紧急病患的转运。但这样也引起了自卫队内部的一些争议。有些干部认为,自卫队不应成为"万能的便利店"。其主要任务是艰巨的国防工作,如果总是去处理这些琐碎的事情,可能会影响他们履行更重要的国防职责。自卫队内部对于这种争议的认识有所摇摆,他们设立了一个原则,即所谓的"不可替代性"原则,即仅限于民间或其他政府机构无法应对的情况,以此为分界线。

然而,和平时期的一概而论在现实的危机中可能会被推翻。冷战结束后,1991年的云仙普贤岳火山喷发,以及1995年的阪神淡路大地震之后,日本列岛突然转入地震活跃期,频繁发生重大灾害。即使日本一直自认为凭借社会韧性足以应对风水灾害,进入21世纪后,情况也变得复杂了。由于全球变暖导致海面温度升高,日本列岛附近多次出现超出预期的严重灾害,如势力未减的台风和由线状降雨带引起的集中暴雨等。在灾害频发的时代,自卫队和美军如何应对?

正如第二章所述,阪神淡路大地震虽然是多重意外的袭击,但自卫队的救灾行动基本上遵循了战后的趋势。为了营救受灾民众,位于姬路的陆上自卫队第3特科联队(联队长林政夫)和位于伊丹的第36普通科联队(联队长黑川雄三)在灾害发生后不久的凌晨就迅速且积极地行动了。不过,他们的上级第三师团长并未给出指令。当然,这中间有个人因素,但在战后和平主义的思潮的影响下,存在着对民间控制绝对化的信条,这使得自卫队在很多情况下受到了限制,不被允许在没有地方长官请求的情况下擅自行动。

伊势湾台风的先例也说明了在这种情况下,自卫队高层和政府首脑的判断至关重要。阪神淡路大地震中,中部方面总监松岛悠佐根据空中侦察到的早期信息判断,仅派出第三师团就足以应对。就像我们之前看到的那样,在伊势湾台风发生时,自卫队最高领导层从高空侦察到一大片洪水后,就决定提供广泛支援。然而,在阪神淡路大地震的情况下,则由中部方面总监主导进行现场判断,但他从空中视频中无法确认屋顶的状况及一楼的破坏程度。伊势湾台风造成了5000人死亡,但当时他们并没有意识到阪神淡路大地震是比伊势湾台风更为严重的灾情,最后死亡人数高达6434人。他们错误地认为有限的应对措施已经足够,随后便陷入了增派人手的被动局面。

由于所有车辆都在唯一还能通车的国道2号线上拥堵不前,交通瘫痪,所以自卫队赶到现场的时间被推迟。正如第二章所述,灾区开始有声音质疑"看不到自卫队的身影",这使得当时的官房副长官石原对防卫厅干部大声斥责,要求他们"全力以赴"。后来,从中部地区各部队增援的自卫队,积极开展了为期100天的对受灾地区基础生活的支援活动,他们的努力和热忱受到了灾民的广泛感谢。阪神淡路大地震期间对于自卫队行动的社会批评和评价,深刻影响了此后,尤其是东日本大地震时的自卫队行动。此外,在将近半个世纪的平静无灾害时期,日本作为经济大国,国民对悲惨的灾害变得极为敏感。在这个富裕而成熟的社会里,人们对安全的要求非常高,他们期望国家能够迅速而积极地应对灾害,因此也格外关注作为应对灾害最后手段的自卫队的反应和行动。[14]

军事职能的扩大

冷战结束后的海湾危机时期,国际社会批判日本未能为国际安全做出贡献,这促使日本放宽并扩大了自卫队的行动范围。1992年《联合国维和行动合作法》的通过,实现了自卫队以和平目的海外派遣的制度化,自卫队随即被派往柬埔寨参与维和行动(联合国柬埔寨临时权力机构)。同时,自卫队参与国际灾害救援活动也得到了允许。虽然日本国际紧急援助队已于1987年成立,但自卫队进行海外灾害救援活动直到1992年才得到认可。自卫队1998年首次被派遣参与洪都拉斯的飓风灾害救援,并且在2004年的苏门答腊巨大海啸、2010年的海地地震、2013年的菲律宾台风、2015年的尼泊尔地震等灾害中参与了救援活动,展现了日本冷战结束后在国际灾害支援方面的意愿和能力。

美国在这些国际灾害救援活动中发挥了主导作用。美国国际开发署(USAID)成立于1961年的肯尼迪政府时期,起初是由总统直接负责的机构,承担包括经济发展在内的非军事领域的海外援助。冷战后的1998年,该署因组织变更,被置于国务院之下,除了经济领域、健康医疗领域,还扩展到冲突预防和人道援助领域,灾害时的紧急援助活动已成为其支柱之一。前述的东日本大地震发生时派遣救援队到日本是该机构组织活动的一部分。

进入21世纪,美国在遭遇"9·11"恐怖袭击后,看似长期致力于恐怖主义的战斗,但实际上,美国并没有减少国际灾害救援等人道领域的活动,并一直探索在军事和民生领域都能开展活动的创新政策。

在美国社会扩大对冷战后人道领域的关注过程中,军方显然也不可能置身事外。美国军队也扩大了在灾害和冲突后的重建等非军事领域的活动。这些活动虽然不是军队的传统职责,但没有军队则难以完成。美军也在高风险的民生领域中开展了人道援助和灾难救援(HA/DR)的活动。例如,在2004年12月的苏门答腊海啸到2011年东日本大地震的6年多时间里,美军向亚太国家开展的灾难救援活动多达11次。这些活动大多由海军陆战队承担。

冷战后美军的变化反映在日美同盟中。1997年修订后的《日美防卫合作指针》,2004年的日美《物资劳务相互提供协定》(ACSA),2005年由日本外务大臣、防卫大臣等组成的安全保障协商委员会(2+2),就灾害发生时的军事合作的各种相关事项达成了一致意见。上述的自卫队参与国际灾害救援的活动顺应了这一国际趋势。日美同盟的合作也逐渐扩大和深化。[15]

这样的趋势下,可以理解为何在东日本大震灾中,美军采取了大规模的对日支援行动。尽管美国的支援意愿是坚定的,但日本方面的接受意愿又是如何呢?

美国政府对于派遣军队进行国外灾害救援活动有三大原则:受灾国的请求;超出该国应对能力的灾害;符合美国国家利益。这三条原则具有高度的合理性,包括日本在内的许多国家基本上都遵循这一原则。尽管在提供支援时普遍采取了上述的方针,但并不意味着在接受救援时也必须遵循相同的方针。例如,包括美国和日本在内的发达国家,由于对本国的应对能力有极强的自信心,在面临超出应对能力的大型灾害时,对于接受外国的人力支援,特别是军队提供的支援,往往会犹豫。

阪神淡路大地震时日本的应对就是一个典型的例子。当时,美国军队派遣了一艘军舰到神户海域,并私下提出将其用作酒店等设施,但日本方面并未接受这一提议。在战后和平主义时期,神户港的港湾协会坚持反军事主义立场,要求美军提交非核证明,事实上禁止了军舰入港。在阪神淡路大地震时,虽然海外提出了许多支援意向,但重视自助的日本并不热衷于接受外国的帮助。除了接受资金和物资外,日本犹豫不决,对于带有灾难救援犬的救援队保持着谨慎的态度。

日本虽然热心提供援助,但并不愿意接受外国的援助,这一态度在国内外引发了争议。因此,在阪神淡路大地震三年后,日本政府与各相关部门之间达成了协议,决定采取更积极的接受外国支援的政策。正因为日本方面反省了对接受救援的消极态度,东日本大震灾发生时,包括美军支援在内的日美合作得以顺利达成。

东日本大地震爆发与日美紧密合作

　　3月11日下午,大地震和海啸爆发之时,按美国东部时间(与日本有14小时时差)是同日凌晨。美国政府反应迅速,在地震发生后不到80分钟的3月11日凌晨1点45分(东京时间下午3时45分),白宫的工作人员就被危机管理室的电话叫醒了。电话传来的第一条消息是:"日本东北部发生了大地震,海啸警报已经发布。"美国时间凌晨3点30分,美国政府召开了第一次工作人员会议,到上午9点,危机管理助理理查德·里德向奥巴马总统汇报了情况。总统立刻指示:"要为日本提供所有可能的支援。"当来自美国政府内部的知日派人士——美国国家安全委员会日韩部部长丹尼尔·拉塞尔报告灾情进一步扩大时,总统指示必须协助日本,并让日本方面知晓。[16]在这样的危急时刻,总统的话语显得非常凝重。

　　实际操作层面上,美国与日本的协调工作很早就已开始。在灾难发生后近6小时的晚上8点半,日本外相松本刚明与美国驻日大使鲁斯进行了电话会谈,双方正式承诺合作。东京时间12日0点15分,首相菅直人与总统奥巴马进行了电话会谈。总统在表达慰问之余,也承诺"提供所有可能的支援"。首相在感谢致辞中,对于在地震后的早期阶段就收到包括驻日美军在内的协助提议,表示了深深的感谢。由此可见,关于美军援助的实务协调一直在进行。

日美双方政府对美军支援的协议达成得非常迅速。更为引人注目的是，两国政府还未下达正式指示之前，美军从五角大楼高层到驻守冲绳的第 31 海军陆战队，已经在大地震消息传来之际，展示了对同盟国日本的支援意愿并做好了准备。冲绳海军陆战队在 11 日当天就开始向岩国和横田的美军基地集结，而在东南亚执行任务的主力舰艇"埃塞克斯"号似乎迫不及待地折返，直奔日本灾区。在这样支援日本的意愿中，"朋友作战"（Operation Tomodachi）这个名称应运而生。

"朋友作战"这个名字是由美军方面提出的。根据矶部晃一在《"朋友作战"的最前线》中的描述，最初提出这个名字的是夏威夷太平洋司令部负责日本事务的一位年轻空军少校和一位退役空军人员（保罗·威尔科克斯）。他们并不精通日语，提出这个名字是为了表达帮助困难中的朋友的情感。尽管夏威夷的美国太平洋军和驻日美军内部也有知日派认为这个名称不够严肃、不够成熟，但当驻日美军向位于市谷的日本联合参谋会咨询意见时，日方并无异议。因此，美国太平洋军司令官罗伯特·威拉德海军上将采纳了这个名称。（虽然有报道称这是在 3 月 13 日做出的决定，但根据《海军陆战队新闻》的报道，这是在得到日本政府官方同意后，于 16 日公布的。）

威拉德司令官从灾情发生之初就密切关注着史无前例的大地震和海啸，他凭直觉意识到许多日本人正处在危险之中，并立即确认了太平洋军所属的舰船和飞机的位置，指示其准备前往灾区救援。太平洋军的最高指挥官亲自做决策，展现出最积极的灾害救援态度。

第四章　东日本大地震 2：国家、社会的应对地震发生的第二天,即 12 日,驻日美军忙碌地行动起来。

位于冲绳普天间基地的第 3 海军陆战队夜以继日地工作,快速运送储备的救援物资,将具有巨大运输能力的空中加油运输机 KC-130J 超级运输机派往空军基地横田。海军陆战队普天间基地的直升机部队飞往美军所在的厚木基地,全面参与了灾害救援。

以冲绳嘉手纳为基地的美空军第 18 工程分队飞往三泽基地。这支部队拥有 450 名士兵和 1000 名辅助人员,是美空军中最大的工程队,具备在战斗环境中开展设施建设的能力。

从靠近美国首都华盛顿特区的马里兰州安德鲁斯基地,美空军的大型运输机 C-17 装载了前述美国国际开发署的救援队和各种救援设备物资,起飞前往三泽。C-17 到达日本后,将支援日本国内的运输。同时,从夏威夷希卡姆基地,也有 C-17 飞机装载巨型发电机及其他设备和支援物资,飞往日本。[17]

福岛核电站事故——日本灭亡的危机

就这样,在东日本大震灾爆发后,美国对日本的支援迅速展开,其力度之大,足以震撼人心。但是,"朋友作战"是否一帆风顺呢?并不是,从 3 月 13 日左右开始问题逐渐浮现,日美同盟甚至面临破裂危机。原因就是福岛核电站事故中,美国方面对负责处理问题的日本一方(东京电力公司和日本政府)越来越不满。关于福岛的核电站事故,前文已经讨论过了,下面我们主要从日美关系的背景来探讨这个事件。

15 米高的海啸袭击了福岛第一核电站的六个反应堆,所有电源丧失。到了3月12日下午3点36分，也就是事件发生一天之后，一号机发生了氢气爆炸。内阁官房长官枝野公开称这一事件为"爆炸性事件"，并未承认发生了堆芯熔毁。对于大多数不太懂核裂变知识的日本民众来说，这个说法意味着什么，他们并不十分清楚。

美国核管理委员会（NRC）等核能专家迅速且清晰地认识到了情况的紧急。NRC主席格雷戈里·雅克等人在华盛顿开会，向美国政府建言。他们认为，东京电力和日本政府应对迟缓，甚至怀疑对方是否真正理解所面临的问题。3月13日，NRC的第一批专家抵达东京，他们立刻尝试向日本专家和相关人士询问情况，但没有获得确切的信息，东电相关人员"一无所知"的逃避态度让他们深感震惊。

大约在13日中午，美国驻日大使鲁斯给官房长官枝野打电话，直截了当地问"日本政府是否真正掌握了核电站的实际情况"，并且表示"我们希望实时获得第一手信息"。美方并未掩饰其急切的情绪。

原本为了执行"朋友作战"而急速前往东北海域的航母"罗纳德·里根"号，在13日检测出直升机人员的靴底有异常高的核辐射水平。根据美国海军的规定，航母迅速撤离了那片海域。"朋友作战"濒临挫败。

3月14日上午11点，防卫大臣北泽俊美前往仙台，任命东北方面总监君塚为负责陆海空自卫队灾害救援活动的"灾害联合任务部队"指挥官。而与此同时，在福岛，第一核电站的三号机组发生了氢气爆炸。自卫队中有一个中央应急集团的中央特殊武器防护队，负责处理化学武器和核武器。队长岩熊真司带领几名队员前往三号机组支援，这时机组发生了爆炸。雨点般的残骸和破片纷纷落在他们的汽车上，居然没有造成人员死亡，这简直不可思议。这起事故使得一心投入海啸救援的自卫队也意识到了核电站情况的严重性。

继一号机组、三号机组之后，如果二号机组也发生爆炸，那么就没有人能够留在第一核电站了。正如前面所述，14日傍晚，当危险性增高时，吉田所长做好了死亡的准备，留下少数人员，指示多数人员撤离到第二核电站。[18]

在那个夜晚，东京电力公司并没有正式决定从第一核电站全员撤离，但他们试图向首相官邸请求许可——他们是否可以放弃现场？15日凌晨4点，助理叫醒首相，向他说明了问题。首相愤怒地表明了立场，说"这是不可能的"，并召见东电社长，告诉了他这一决定。15日早上，首相亲自访问东京电力公司，敦促他们拿出豁出生命的态度来对待这场危机。在日本可能灭亡的最危急的时刻，首相阻止了危机的发生。

在这之前的14日晚上，美国驻日大使鲁斯第二次给官房长官枝野打电话，要求让他们的专家常驻官邸。虽然美方可能是为了获得更多的实时信息，但这让日方感到美国似乎企图侵入日本的核心领域，日方对此感到非常震惊。

与前线的"朋友作战"的积极性形成对比的是，围绕核电站事故，日美在政治层面的纷争与恼怒在逐渐加剧。

3月15日，在横须贺检测出的辐射水平也超出了美国海军的标准，美舰被迫逃往公海。在日美军司令官菲尔德告诉军方联合参谋长折木,可能会撤离在日美国人。如果日本无法妥善处理核电站问题,美国会不会放弃日本?

就在这一天,甚至连处于停机状态的四号机组也发生了爆炸并引发了火灾。存放在四号机组池中的使用过的核燃料棒超过了1500根。美国的专家指出,如果池体损坏,导致水流失,核燃料棒将再次燃烧,福岛核电站将可能发生大规模火灾,东京以北的整个东日本都将被放射性物质笼罩,变成无法居住的土地。各国外交机构开始从东京撤往西部,许多外国人开始离开日本。

如果东京电力和日本政府无法平息福岛核电站的事故,美国政府和美军可能采取什么措施呢?有两种可能。一种是逃离被放射性物质污染的日本,另一种是美军代替无能为力的日本介入。这两种都不是理想的选择。在被迫做出选择之前,首先,美方提供支持,并让日方尽力解决问题。通过各种渠道,美方向日方施加了压力。美国军方领导人也告诉日方,自卫队应该站起来战斗,拯救国家。

3月16日。从前一天开始,首相菅直人和防卫省考虑了用直升机从空中向发生氢气爆炸的第一核电站现场洒水冷却的方法,并打算当天实行。但是,通过监测发现,上空的辐射剂量极具危险性,因此他们放弃了这一计划。这一决定给日本政府相关人员和美方人员都带来了冲击,加剧了他们的焦虑感。日本似乎在无条件向核辐射这个恶魔投降!

这一天深夜,包括军方联合参谋长折木在内的自卫队干部共同决定,无论明天发生什么,都会进行洒水,并将这个决定告知首相。[19]

3月17日上午9点48分，两架大型直升机（"奇努克"）分别从海中汲取了七吨海水，在确认美方最担心的四号机池中仍有水之后，对三号机建筑物上空进行了洒水。总共进行了四次，洒入近30吨的水。尽管实际进入三号机建筑内部的水量有限，冷却效果可能微不足道，但是，自卫队直升机冒险挑战核电站的行为，通过电视直播传遍全国，这个行为对人们的心理产生了极大的影响。原本担忧的美方，看到了此举也深受感动，并给日本政府打来了祝福的电话。日方积极应对的态度驱散了日美间的乌云。实际上，后来消防车直接进入了已损坏的建筑物，并开始洒水，成功地冷却了第一核电站的一号、三号和四号机组。之后，电力供应恢复了，正如前一节所提到的，这保障了冷却系统的正常工作。

日美间的信息共享和合作进展

首相菅直人对东京电力的不满，以及美方对日本的不满，都来源于两个方面：一是相关方面在处理问题时反应慢且措施不到位；二是美方和日本中央政府基本上无法获得相关事态的准确信息。

3月15日，代表美国核能相关人士的查克·卡斯托来到日本。美国政府任命他为美国驻日大使鲁斯的助手，授权他处理核电站事故的相关问题。他是美国方面处理福岛核电站问题的最高级别的现场指挥官。

为了缓解日美关系的裂痕，首相菅直人要求他信任的防卫大臣北泽俊美设法打开局面。3月16日，林防卫局长高见泽将在防卫省聚集了日美相关人士,举办了信息共享会议,会议共举行了三次,持续到19日。以此为契机,应首相指示,从3月22日起,由官邸主办日美磋商会议。地点没有选在气氛紧张的官邸内,而是都内溜池的五十铃大厦。美方由卡斯托牵头,大使馆、驻日美军的代表参加了会议。日方由官房副长官福山哲郎负责召集,以首相助理细野为中心,包括核安全保障相关的各省部门及东电的代表等参加了会议。在自卫队直升机进行洒水之后,日美双方相关人员的紧张气氛有所缓和。他们开始进行坦率的信息和意见交换。这个日美联合调查会被美方称为"细野进程",这有助于日美关系的顺畅发展,日美关系也因此有所缓和。

在军事层面上的合作:3月15日在仙台设立了统一指挥官君塚领导下的日美联合协调处,两天后已有52名美国军人加入;每天早晚8点举行会议,共享信息,并由君塚亲自解决各方提出的各种问题。

3月20日,美军太平洋军司令官威拉德和太平洋舰队司令沃尔什联袂来日。司令官威拉德宣布成立美军在日本的联合任务部队,并任命沃尔什将军为司令官。当听到有关提案要把通常由中将担任的日本驻美国军队的指挥官提升为上将,并且让他负责统一指挥全军的消息时,自卫队的高级官员里有人开始怀疑,这个举措是在打算把自卫队并入美国军队。尽管核电站事故已经摆脱了最坏的情况,但这种疑虑依然时有浮现。事实上,这两位美军司令员都是资深的知日派,从未想过触及日本的主权。他们将原先称为"联合任务部队"(JTF)的组织,在涉及

"朋友作战"时改称为"联合支援部队"（JSF），意在表明灾害救援的主导权仍然掌握在日本政府和自卫队手中，美军只是提供帮助。即使在福岛核辐射可能覆盖东日本，自卫队对抗核辐射的意愿受到怀疑时，美军依然保持谦逊，不放弃支持日本的立场。最终，"朋友作战"取得了成功。

不只是在仙台的现场，横田驻日美军司令部和市谷自卫队中心也设立了日美协调处。3月24日，市谷接纳了23名美国军人。[20]

盟友援助的意义

美军提供的支援是不可或缺的吗？具体来说，它有什么意义？

首先，美军庞大的运输能力极为有利。尤其是四发喷气式C-17大型运输机可以运送任何坦克和军用车辆，因此可以将大量的水、食品等物资以及机械设备与人员一起运往灾区。

当时，日本自卫队正在开发的国产喷气运输机C-2，其能力远远超过C-1（C-2的续航距离是C-1的四倍，货物量是其三倍），但尚未部署使用。自卫队并未考虑过对外作战，只是出于海外维和行动的需求，才刚开始增强运输力。因此，国内部队的机动力是有限的。即使是将北海道的部队派往东北灾区，也不得不借助民用渡轮或美军的运输能力。澳大利亚军队也携C-17参与了"朋友作战"计划，从西南诸岛运送部队和物资到本州的基地。

直到90年代C-17普及之前，美军一直使用四发螺旋桨的

C-130大型运输机,它能在短跑道,甚至无跑道的地方起降,非常适用于战场,备受海军陆战队的青睐。当时的海军陆战队拥有具备空中加油功能的大型机——KC-130J超级空中加油机,在日本,它主要作为巨大的运输力量发挥作用。

仙台机场和航空自卫队的松岛基地都因海啸被淹没了,看起来已经失去了从空中恢复的据点。美军首先进入了自卫队和民众共用的山形机场。而后,令人吃惊的是,在海啸发生仅5天后的3月16日,美国空军特种作战机MC-130H就降落在仙台机场。仙台机场虽然在自卫队、国土交通省及前田建设等民间企业的不懈努力下,大致上已经完成了排水工作,但仍是一片废墟。由于美军平时就负责战场活动,所以他们并没有在意大部分无法使用的地区。他们仅仅利用了一小部分可用的区域,就能确保直升机和C-130系列改良型特种作战机成功着陆。

美军之所以能提供比自卫队更多的资源,一方面是因为美军是世界上最强大的军队之一,拥有日本没有的装备,另一方面不容忽视的是,自"二战"以来,美军一直在战斗中磨砺其实用性,因此在应对严酷灾害方面,他们拥有不少可有效利用的经验和能力。从危机安全保障的角度来看,战场与灾区有许多共通之处,而且战场的环境可以说更加严酷。

因为美军常驻战场,所以他们能为"朋友作战"提供帮助的一个典型例子就是他们对气仙沼大岛的支援。当大地震发生时,"埃塞克斯"号强攻登陆舰正在东南亚执行其他任务,它花了一周时间返回日本,这为在气仙沼大岛的登陆行动提供了可能。"二战"期间,美军曾在硫磺岛等太平洋岛屿执行过登陆作战,那时候,强攻登陆舰作为母舰放出多艘登陆艇。海啸之后,三陆海岸漂浮着大量的瓦砾,如果不小心接近,螺旋桨很容易被这些瓦砾损坏。但对于以突破战场障碍为任务的美军,特别是海军陆战队来说,这样的情况他们早已有所准备。

海军陆战队希望踏上灾区的土地,加入灾区的恢复和重建工作。3月下旬,海军陆战队在向灾区各地运送生活物资的同时,注意到了仍在孤立中的气仙沼大岛。随后,日方和大岛的相关人员同意了海军陆战队的登陆。

4月1日黎明前,第31海军陆战队乘坐的"埃塞克斯"号海军强攻登陆舰停泊在离岸20公里处的海上,177名队员登上登陆艇出发,穿过漂浮的瓦砾,最终在大岛东侧的田中海滩登陆。登陆的部队穿过对岸的中心地区浦之浜,首先列队为岛上的受难者默哀,这一举动让岛上的人们感到震惊,给当地的人们带来了感动。[21]

这次行动的目标包括清理废墟、开通道路、恢复港口、提供电力等,为居民的生活重建提供了支持。为此,他们准备了必需的车辆和重型机械,并与海军一起,共计300人装备了一周的野营所需。

海军陆战队将出色的军事实力和充满真情的友谊行动结合在一起,让"朋友作战"的行动具有了独特的色彩。正如那句英语谚语所说的,"真正的朋友在困难时刻显得更加宝贵",美军在灾难中超越了同盟国义务的友谊表现,在灾难中鼓舞了灾区和日本人民。尽管澳大利亚军队忙于自己的阿富汗任务,但也派出运输机来全力支援日本,这让日本方面非常感动。

谈到"朋友作战"的进展，我们不得不提到曾在日美两国穿梭的罗伯特·D. 埃尔德里奇先生。在美国完成大学学业后，他参加了JET项目，该项目培养了很多精通日本的人才。他作为英语教室的助理，在兵库县多可郡工作了两年。之后，埃尔德里奇先生在神户大学研究生院深造，并以他的博士论文为基础，出版了《冲绳问题的起源——战后日美关系中的冲绳（1945—1952）》（名古屋大学出版会，2003年）。这本书为他赢得了三得利学术奖和亚洲太平洋特别奖，他还陆续出版了关于奄美群岛、小笠原群岛等日美之间领土问题的实证研究著作。

埃尔德里奇先生在神户大学就读期间经历了阪神淡路大地震。2006年，他担任大阪大学教授时，提出了一个建议：让驻日美军协助日本应对大型灾害。这个建议比"朋友作战"提出得更

图4-3　2011年4月1日，在气仙沼大岛的浦之浜港开始救援行动前默哀的海军陆战队员。（照片提供：美国海军陆战队）

第四章　东日本大地震2：国家、社会的应对　　257

早,是一个非常明智的想法。到了 2009 年,埃尔德里奇先生被任命为冲绳海军陆战队基地司令部政务外交部副部长。尽管有些军事领导人对他的构想表示理解,但美军总体没有采取提前行动。然而,"3·11"地震和海啸之后,海军陆战队派埃尔德里奇先生前往仙台,与东北方面总监君塚一起参与日美联合行动。他不仅参与了仙台机场的恢复工作和气仙沼大岛的支援,还在之后不断促进大岛岛民和海军陆战队之间的交流。此外,为了防备可能发生的南海海沟灾害,他还推动了太平洋沿岸各县与海军陆战队的合作。[22]后来,由于在处理冲绳的反美军基地运动问题上与海军陆战队上司意见不合,埃尔德里奇先生离开了海军陆战队,但他跨越学术与实务领域的贡献依然是值得肯定的。

图 4-4 2011 年 4 月 4 日,美军在气仙沼大岛进行救援活动。(照片提供:美国海军陆战队)

盟友援助与安全保障

"朋友作战"一词还包含另一层含义。在执行灾害救援任务时,自卫队中不到 25 万的总兵力,大约有 10.7 万人参与救灾(其中包括陆军自卫队 14 万人的一半,即 7 万人)。他们小心翼翼地确保国防前线和战略重地不出现空缺。尽管如此,这种做法还是相当勉强,难以避免基地和驻地几乎无人值守的情况。如果这时发生国防事件,该怎么办?以主力航母为核心的美军行动意味着可以填补这种空缺,让自卫队保持战斗力。

2009 年 9 月政权更迭,由民主党的鸠山由纪夫首相掌权,他试图寻求与美国关系的平等化和相对化,并梦想着东亚共同体的建立。然而,首相在处理普天间基地问题时的不慎,导致日美联盟关系动摇。日本人通常没有意识到日美同盟支撑了日本的战略稳定。如果大地震发生时日美关系已经出现了裂痕,而自卫队也已经全部投入救灾,那么那些想要改变现状的国家可能会对日本提出更多的要求。然而,"朋友作战"的行动成功地消除了这些影响。面对可能导致雪上加霜的局面,"朋友作战"这种美军前所未有的支持不仅扭转了局面,还加深了日美同盟的关系。

4 复兴构想会议

首相来电

东日本大震灾发生时,我担任防卫大学的校长。地震发生九天后的 3 月 20 日,正值防大第 55 期学生的毕业典礼。虽然我们无法举行像往年一样盛大的毕业典礼,但防大的学生毕业后就担任军职,这意味着,这个仪式具有重要的实质意义,即补充年轻干部自卫官,因此不能取消。即使没有一位来宾出席,我们也决定在灾难危机之际,举办一场规模虽小但令人难忘的毕业典礼。

令人惊讶的是,我收到消息称首相菅直人将出席。首相真的乘坐直升机到来时,我不禁失礼地问了一句:"首相,这时候您真的可以在这里吗?"他回答说:"因为这次真的非常感谢自卫队的帮助,我特意来表达我的谢意。"㉓

那时,正如前文所述,福岛核电站的灾难逐渐摆脱了最糟糕的情况。就在 3 月 17 日自卫队直升机的注水行动后,日本社会向肆虐的核电站宣战。紧接着车辆穿过建筑物,进行注水行动。通过这些操作,他们一边压制使用过的核燃料棒的发热,一边努力将外部电源接入核电站现场。

据说,官邸开始考虑制订复兴构想是在 3 月最后一周,那时国家存续的危机已经暂时缓解。

在以往多次的灾害中,从未有过正式预先制订的整体复兴构想书。然而,东日本大地震之剧烈程度超出了预期的处理范围,其影响的广泛性和复杂性也极为特殊。这场灾难横跨多个县,涉及许多政府部门,需要采取多种措施应对。如果每个地方各自为政,整体的局面可能会变得混乱。我们必须要有一个全面的规划,明确我们能做什么,能做到什么程度。

对于前所未有的大灾害,政府的应对措施被批评为不充分和迟缓。这种情况几乎成了常态。但是,这里所说的"迟缓",指的是什么呢？直指作为典型的案例,阪神淡路大震灾时的应对措施。在那次灾害发生一个月后,由前国土厅事务次官下河边淳担任委员长,成立了复兴委员会,包括兵库县知事和神户市市长在内,仅有7人的小组开始工作,并接连提出许多准确、及时的建议,帮助了灾后的迅速恢复和重建。这一次,官邸也计划在"一个月内"尽快成立复兴构想会议,避免延误。

起草初始方案的是官房副长官（事务）泷野欣也,但初始方案的规模较小,只包括东北三县的知事等大约10人。这样做的目的是避免出现"大家热烈讨论却没有实质上的进展"的情况,强调了灵活性。

然而,当民主党上台执政时,他们宣称反对官僚统治。首相菅直人不愿全盘接受官僚的建议,因此他向政治伙伴寻求第二意见。在官邸和执政党高层的推荐下,出现了30多位与东北地区有关的学者和复兴领域专家。但是,这样一个大型会议能否做出决策呢？官房副长官泷野欣也重新安排了会议结构,将其分为两层：上层是主会议,下层是由年轻专家组成的研讨委员会。[24]

4月5日晚上,我突然接到了首相菅直人的电话。我惊讶地想：首相怎么知道我的手机号码？

他提出让我担任复兴构想会议的议长,而不是委员。当时我手头已经有很多繁忙的工作了,所以没有立刻答应。因为我

第四章 东日本大地震2：国家、社会的应对

知道这不仅仅是一份兼职工作。到了晚上,我依次给三位防卫大学副校长打电话寻求意见。他们的回答都是一样的:"接受吧,这是为了国家。我们会尽自己所能分担您的校长工作。"我开始觉得这是命运的召唤,无法避免。

沉思片刻后,我决定找自己最信任的干事(身着制服的副校长),当时正在担任陆上参谋长的火箱陆将,听听他的意见。我给他的手机打了电话。他说:"请接受吧!我会全力支持你。我认为这是重振国家的绝佳机会。"我被这位始终如一、充满热情且积极向前的男人所感动。不过,在这个决策过程中,上司的意见至关重要。于是,我给防卫大臣北泽俊美打了电话,他说:"我刚和菅先生谈过,我正称赞这是一个好决定。"原来事情已经在他的掌控之中了。

第二天,两位官房副长官福山和泷野来到防卫大学,并给我做了介绍。

令我惊讶的是,会议的成员名单已经准备好了。当我提出希望找到既有专业性又能制订整体构想的专家时,被告知专家们已经在下层的研讨委员会中就位。我请求再添加三到四个能一起工作的人。最后,总共有16名主会议成员和19名研讨委员会成员,共同组成了一个规模庞大、两层结构的复兴构想会议。我与代表御厨贵和审查部会长饭尾润一起组成了一个3人小组,负责会议的运营。

五项基本方针

在面对核电站事故这一国家生存危机时,首相菅直人因易怒并独自采取行动而被称为"易怒的菅直人"。但在复兴构想会议上,他却展现出了完全不同的一面。首相几乎每次都出席会议,通过自己的行动来显示这个会议的重要性,然而,他的发言却保持克制。甚至当会议成员直接向首相提问时,首相也表示:"我来这里不是为了讨论,而是为了听取你们的建议和意见的。"

本来我在4月11日接受任命时,首相并没有给我任何特别的指示,只是递给了我当天的内阁会议决议文档。"无论制订怎样的构想,如果遭到在野党的反对,一切都将无法推进。"首相指出了目前国会扭曲的状况,并表达了对复兴构想前景的担忧。内阁会议决议文件中提倡的是"不止于恢复旧貌,务必面向未来图强发展"。

所幸的是,政府对于复兴构想持积极态度,但如果构想被扭曲的国会压制,那结果将不堪设想。我分别向自民党党首谷垣祯一和公正党代表山口那津男提出单独会面的请求。我请求他们即使在政治争斗中,也要一起合作推进大震灾后的复兴,并从全体国民的视角考虑灾区的复兴。我邀请他们到复兴会议上来发表各自的复兴计划,得到了他们的同意。

另外,我也邀请了三位同一研究领域的朋友(北冈伸一、御厨、饭尾)帮忙商议,作为议长,我制订了"五项基本方针",并向首相口头解释了其要点:

五项基本方针(议长个人案)

① **跨党派的、为了国家和国民的复兴会议**

不偏向任何政党或势力,汇聚英才。接受并回应国民和全世界人们所展现的良知与支援。

② 以灾区主导的复兴为基础，同时制订国家的整体复兴计划

东北人民对故乡的思念格外强烈，那是复兴的出发点，灾区自治体是复兴的主体。在接受他们的需求和意向的同时，参照日本社会应共享的安全标准，制订整体计划。

③ 追求的不是单独的复原，而是实现创造性的复兴

不应仅仅止于重建可能再次被海啸吞噬的家园和城镇。而是在高处建造住宅、学校、医院等，在港口和渔业等基地上建造五层以上的坚固建筑物，利用废墟建造可供避难的山丘公园。

④ 全体国民的支持和分担不可缺少

是前所未有的支援方式：募捐＋公债＋震灾复兴税。停止自我限制，积极开展节庆活动和聚会，提升日本社会的活力和增强支援力量。

⑤ 制订成为日本明日希望之光的蓝图

在确保安全、安心的标准之外，在城市建设中将老龄化社会的福祉问题纳入思考。引入新时代的先进模式，打造全国标准的模范（考虑到可能发生的南海和东南海大海啸，这是日本所有地区的共同课题）。

根据以上方针制订构想，向全体国民和全世界站出来支持我们的人们传播，并由国家和政府提出具体政策并实施。[25]

对于我的说明，首相没有特别提出要求，仅仅表示："你已经考虑到那个地步了吗？"我理解为，关于复兴构想的内容，首相打算留给我们去处理。

第一次会议的激烈争论

4月14日的第一次复兴构想会议上发生了激烈争论。

首先,争议焦点是福岛核电站事故。作为议长的我传达了首相的意思:处理核事故的任务仍然由官邸负责,不是复兴会议的工作。然而,有些人因此而愤慨,甚至有人站起来拍桌子,说"一个放弃福岛的会议根本就没有存在的必要"。首相的话其实是想明确,复兴会议的主要职责是危机管理,而不是处理核事故,这一点显而易见。在这场没有任何核能专家参与的会议中,我们没有能力讨论应对核电站事故的问题。虽然很明显不能将受到放射性污染的地区的复兴与其他地区相提并论,但会议的坚定意志是,不将福岛从整体复兴中剔除,而应作为国民共同体的一部分纳入复兴计划。我在激烈的讨论中总结了这一点。

然而,为什么委员们的发言充满了攻击性,几乎要让会议崩溃,让担任议长的我陷入困境?是因为他们面临前所未有的大灾害的复兴规划重任,处于非常激动的状态?还是因为许多与灾区有关的委员过于情感投入?或者有其他的意图?无论如何,面对言辞激烈的交锋,作为议长的我试图保持冷静,并坚持合理的论点。我也在心中坚定了绝不认输的决心。

接下来的批评是,"没有官员或退休官员的参与,会议无法制订出像样的策略",许多委员也有相同的看法。我对此表示理解。因为,尽管民主党政权制度下对官僚制度的反对声音很大,但我也担心,如果不利用官僚系统中的专业知识,将难以制订和

图 4-5　首相菅直人（右起）和笔者在复兴构想会议的首次会议上致辞（2011 年 4 月 14 日）。

实施良好的复兴计划。我把这些批评性的意见看作对我们的建议，并回应说："我会努力积极有效地利用官僚的专业知识。"

在第一次会议后的记者会上，我遭到了记者对于复兴税问题的追问。作为议长，我在第一次会议上分发了以上提到的"五项基本方针"。其中第四条明确提出了不排除对复兴税的考虑。记者正是针对这点对我进行了追问。我回应说，在第一次会议上我们并没有讨论这个问题，因此尚未到可以回答的阶段。但记者紧追不放，希望我能以个人的观点来回答。我在声明这只是个人见解之后，表达了自己的看法。我认为，如果日本在 GDP（国内生产总值）已经高达 200％的国家财政赤字之上，还要叠加未来可能发生的大地震的复兴费用，那我们的经济将面临金融问题导致国际破产的风险。我们应当避免将巨额财政赤字的重担推给未来世代,而应当尽可能让现在的世代来担负起支持灾区的责任。我这样表述了自己的想法。

第二天早上,报纸以《复兴构想会议议长提倡增税》等醒目标题进行报道。突然间,我好像变成了众矢之的。

在第二次会议上,我受到了委员们的追问。他们认为,既然会议上没有讨论过这个问题,议长向记者表述增税论是不妥的。我解释了新闻发布会上的经过。一些委员明确表示了他们坚决反对增税,他们说:"那么,如果这个会议决定反对增税,你会遵循这个决定吗?"我回答说:"当然,这是一个民主的会议。"我建议大家不要再讨论增税的问题。首先,我们需要做的是确定复兴项目的具体事项,估算所需要的资金。在弄清这些问题之前,讨论增税问题是没有意义的。

我意识到自己有两个任务。

第一,我们要在6月底之前完成一份出色的复兴构想报告。第二个任务是确保会议中的每个人都能达成共识。这包括那些经常发表不规范言论的委员。如果会议的意见不能统一,我们就会面临媒体的攻击,一旦成为攻击目标,会议将以社会败者的身份结束。㉕

《复兴构想七原则》

复兴构想会议一开始就遇到了一些困难,我们需要进行整顿,就像相扑擂台撒盐一样净化场地。2011年5月的黄金周,我们去受灾的三个县进行了现场视察,这对我们所有人都非常有帮助。所有委员亲自到灾区考察,共同体验,这将有助于我们达成共识。

每位委员选择了一个县进行视察,而作为议长的我参与了对三个县的所有视察。在复兴构想会议开始之前,我已经通过火箱陆上幕僚长和君塚东北方面总监(两人都是在防卫大学时帮助我的干事)的好意,乘坐直升机进行了实地考察,但我发现灾区的情况比想象中要复杂得多。我希望更多地了解现场。而且,正因为我和许多委员不熟悉,利用这次难得的视察机会,我们能够更亲密地交流。

在我来回东北期间,御厨贵副议长和饭尾润部会长代表与财务省的佐藤慎一先生等人进行了商谈,他们准备了《复兴构想七原则》。这个文件表达了复兴的基本精神和方针,可以说是会议的章程。对于经常发生激烈讨论的会议来说,我们应当渴望像这样高格调的共同原则。

在5月10日的第四次会议上,我们对该议题进行了讨论。针对提倡全体国民团结与支援复兴的第七原则,有批评声音认为这可能暗示了增税。围绕这一点,会议中出现了激烈的讨论。然而,鉴于第五原则中提倡灾区复兴与日本经济复苏应同时进行,达增拓也知事提出了一种观点,认为可以通过增税来避免对日本经济造成伤害。最终通过文字修正达成了共识。于是,"七原则"得以最终确立。

复兴构想七原则:

原则1 对于我们幸存下来的人而言,对无数逝去的生命的追悼和安抚,才是复兴的起点。从这个角度考虑,我们应该建立纪念公园和纪念碑,永久地留下大震灾的记录,并由学术界人士进行多角度科学分析,将其教训传承给下一代,并在国内外广泛传播。

原则 2　在考虑到灾区的广泛性和多样性的同时,基本上以地区和社群为主体进行复兴。国家将通过整体指导方针和制度设计来支持这一点。

原则 3　为了重建受灾的东北地区,我们希望充分发挥其潜力,实现伴随技术革新的恢复重建。我们追求在这片土地上,创造出引领未来时代的经济社会。

原则 4　在保护地区社会紧密联系的同时,推进抗灾能力强、安全安心的城市建设,建设能利用好自然资源的地区。

原则 5　没有灾区的复兴,就没有日本经济的再生。没有日本经济的再生,就不会有灾区真正的复兴。基于这一认识,我们将同时推进大震灾后的复兴和日本的再生。

原则 6　在寻求核电站事故早日解决的同时,为核灾区的支援和复兴做出更细致的考虑。

原则 7　我们所有活在当下的人都应将这次大灾害视为自己的事,通过全体国民的团结与分担来推动复兴。[27]

长假之后,我不禁期待会议能朝着顺利的方向发展。到目前为止,会议时间主要花费在各委员依次陈述自己的意见,以及邀请外部嘉宾进行意见发表上(包括阪神淡路大震灾时的内阁官房副长官石原信雄、兵库县知事贝原俊民以及经济三团体)。为了打造一个跨党派、囊括全体国民的构想,我们计划邀请自民党、公明党的代表来参加并听取他们的提议,但这一计划由于自民党内部的问题而未能实现。在政治斗争日益激烈的氛围中,跨党派合作的复兴能否维持下去呢?

政府要求我们在6月底递交初步提案,并在年底提交最终报告书。然而,我们决定在6月底完成最终报告书。无论当前情况多么严峻,只要前方有希望,人们就能坚持下去。我们实在等不到年底才提交,因此会议决定加快最终报告的进程,我们应该尽早点亮复兴愿景的明灯。

讨论部会长饭尾认为,从预算编制的时机考虑,6月的提案不可或缺。因此决定原则上每周六进行5小时的会议。在现代社会中,这是异常漫长的会议时间安排。这也是出于会议内部民主主义的考虑。会议充斥着各种各样有争议的意见,我并不希望因为时间紧迫而提前结束讨论。委员们都具有专业素养,即使他们发表了情绪激动的观点,只要充分地理性讨论,客观评估这些意见的有效性和局限性,带着对灾区复兴的期盼,最终应该能达成共识。作为议长,我基本上是包容性地对待那些看似敌对和破坏性的意见,寻找这些意见中存在的道理,我被评价为"佛陀式的议长"。

然而,在会议上,一些主要来自媒体行业的委员坚持认为,我们不应等到6月末,而应现在就向国家和社会提出建议。我理解他们的观点,在会议后的新闻发布会上我甚至发出了呼吁,也向出席会议的政府要员提出了请求。然而,我并没有打算像下河边淳在阪神淡路大震灾时的重建委员会那样,将及时提出的建议作为我们工作的核心。我们需要全面展示东日本大地震这场广泛、复杂、严重的灾难的恢复情况。我并不打算改变这一正攻法。我之前提到的"七原则"也是为了回应那些希望我们立即提出建议的委员们的需求。接下来，会议将进入分主题讨论的阶段，我们会逐步深入探讨每个议题。

虽然我总是试图保持平和与冷静，在会议上耐心地讲道理，并试图创造一个温暖包容的环境，让所有委员感到舒适，但我毕竟不是圣贤，实际上，有时候我内心也会感到不安。每次会议结束后，我走高速公路驱车返回横须贺的防卫大学宿舍，通常需要一小时。尽管身体感到疲惫，但脑海中却不断回想着会议上的讨论交流，这让我难以入睡。即使躺在床上，有时也难以入眠。于是，我决定无论多晚，都要换上运动服，到防卫大学的运动场上跑步，以这种方式来放松自己。

我围着500米的跑道跑上三圈或五圈。到了晚上10点半，学生宿舍的小号吹响，随着熄灯的信号，窗口的灯光逐渐熄灭。防卫大学的学生们，好好休息吧，为了美好的明天。校长我还要继续跑。令人不可思议的是，当身体积极运动时，思绪也开始变得积极。好，下周就这样做！那天的忧虑也随之消散。

从各部委派出的大约10人负责会议的事务性工作。4月底我又直接向首相提出，在长假之后增派到约50人。这个团队非常强大，他们将迄今为止会议中的所有发言大致分为五个问题群，并整理成一页图表和一个小册子。我们的三人议长团认为，这份文件对我们撰写最终报告书的框架非常有用，因此，我们在5月29日的第七次会议上提交了这份文件，并寻求与会成员的认可。

复兴构想的难产

这时爆发了一场大反抗。委员们相继表达了他们的不满,他们认为讨论过于拖沓,不想看到这些零散的意见被整理出来,如果这些东西被公开,只会遭到蔑视,等等。除了委员清家笃外,几乎所有人都要求撤回他们的发言。或许是感到了责任重大,秘书处向议长台送来了一张便笺:"请撤回这个议题。"

然而,我已经下定了决心。这些不是委员们的意见吗?难道我们要否定这些,坐等天上掉下来的启示呢?我把纸条推到桌边。坐在我旁边的副议长御厨立刻察觉到了我的决心。"您是决定要坚持下去,是吧?我会陪您一起的。"他轻声说道。有这样坚定的伙伴真是让人安心。我没有直接反驳,而是首先就会议进程的话题发表了意见。

"鉴于大家的反对意见,关于这个问题,我建议在休息时间,由议长团进行讨论并做出妥善处理。现在,我们先来听一下部会长饭尾就已提交的议题所做的回复报告(我称之为'作业批改')。"首先,我们需要冷静下来。随后,部会长饭尾开始进行"作业批改"。他那充实的报告引人深思,我能感觉到与会人员逐渐恢复了平静。

休息时间,御厨和饭尾没有进行商议,而是去说服那些反对者,甚至在洗手间排队时也不放过搭话机会。

休息后,报告和讨论继续进行。到了傍晚,时间所剩无几,我们如约回到了"五个整理箱"的处理问题上。我开场说："我理解大家一致反对的原因，主要有两点。"会议一开始的紧张气氛已经消失了，大家安静地聆听。在接受了一些补充和修正后，我们达成了共识，将其作为未来制订复兴构想的基本框架。会议即将进入6月的最后阶段，没有时间重新开始。我提议让副议长御厨代理承担重要的基本框架的起草工作，他同意了。

当天，首相菅直人在前半段就离席了，大概是因为他以为反对意见派已经取得成功了。所以，据说当他在傍晚时分接到秘书的报告，得知会议已经平静下来时，他感到十分惊讶。

部会长饭尾安排了一系列关于重要问题的研讨会。这些研讨会以审议委员会的专家为核心，不仅邀请了原隶属于主会议的委员，还邀请了省厅的中层官僚进行集中讨论。他们不仅充分利用了官员们掌握的专业知识，有时还要求他们对前所未有的状况提出新的应对方案。与人们的普遍印象不同，官僚方面并不死板，反而感觉到他们在为国家进行创造性工作的机会中显得充满活力。因此，无论是关于安全城市建设、农渔业与产业复兴、可再生能源，还是应对高龄化社会的综合护理等各个议题，部会长饭尾都陆续提出了"作业批改"。

特别顾问梅原猛认为报告书具有人类历史性的意义，普通的社会科学者难以写出与之相匹配的优美文章，因此他建议将起草权交给文学领域的委员和记者。然而，由副议长御厨代理草拟的序文和结尾已经非常出色，特别顾问梅原猛和其他委员们都给予了高度评价。

6月18日的第10次会议中，我们提交了由御厨的总论和饭尾的各个部分合并后的草案。委员们普遍对这个草案给予了好评，同时还提出了各种各样的修改和校正建议。这些建议足以编成一本书，起草者承诺下次会准备出尽可能反映这些意见的修订版。

6月22日的第11次会议中，我们展示了一个修订版，这个版本吸纳了很多之前的修改建议。与此同时，委员们又接连提出了更多的修正意见。不过，需要修正的内容似乎越来越少了。这时，宫城县知事村井嘉浩提出了一个建议："我们这样无休止地进行细节的修正，并不利于灾区。灾民们都迫切希望我们的规划能尽快实施。既然我们已经收集了这么多的意见，那么接下来就全部交给议长来决定吧，我建议就此结束讨论。"这个建议得到了大家的支持，最后决定由议长一个人来负责后续的工作。

在实质上的最终会议，也就是6月25日的第12次会议中，我们向首相提交了题为《复兴提案——悲惨中的希望》的报告书。菅首相肯定了我们在会议中做出的努力，并承诺会像对待《圣经》一样珍视这份出色的报告书。

这份报告书在电视和报纸上也获得了好评。自6月18日草案完成以来，我们一直对媒体进行严格的信息管制，以避免报道内容受到媒体的影响。尽管有些媒体准备对报告书进行抨击，但在解禁时间前进行的记者发布会上，很多人对我们何时制订了如此深入细致的复兴构想感到相当意外。

这个复兴构想是在动乱中艰难诞生的。

即便如此，到了7月份，这个构想被采纳为霞关（指日本中央政府机关）的基本方针，并在政策中得到落实。尽管当时处在政治变动之下，但在年底，执政党和在野党就财源达成共识，并建立了实施体制。这个构想并没有昙花一现。

复兴构想的内容

以下是向首相菅直人提交的《复兴提案——悲惨中的希望》报告书的主要内容：

我们必须结束历史上不断重演的情况，不再重建那些可能被海啸再次摧毁的家园和城镇，一定要建设更安全的城市。

为了实现这个目标，有两种典型的方法。

首先，搬迁到高地。面对海啸，我们除了"逃离"别无选择，而搬迁到高地正是整体生活方式的逃离。在明治及昭和时期的三陆海啸之后，有过部分地区尝试搬迁到高地，现在国家将全面支持希望搬迁的灾民。在当今社会，山丘上的新城镇已是常态。

然而，海边和港口城市面临的现实依然严峻。因此，另一种方法是在原地重建城镇，并采用多重防御措施。国家将全面支持建设防波堤、防潮堤、人工丘陵、高耸建筑、二线堤和堆石等"减灾"工程，以打造更安全的城镇。

当我们考虑复兴时,一个特别棘手的问题是,这次大灾难发生在人口减少和老龄化严重的时代及地区。为了缓解和阻止这种情况,激活经济和振兴产业是不可或缺的。我们能否让这个地区的渔业和农业重新焕发光彩?我们应该积极地推动工业、商业、旅游业等的发展,通过各种手段,包括设立"特区",来支持这些产业的发展,使这个地方再次充满魅力和繁荣。虽然复兴的主体是当地居民,但国家必须支持有意愿的人们以及提供他们所需要的机制和资金。

与阪神淡路大地震时期不同,现在是以官方立场提出了"不止于恢复旧貌,务必面向未来图强发展"这一方针。在灾区引入具有示范性的前沿尝试是有益的。我们不仅要建设前所未有的安全城市,还更希望建立一个能应对高龄化社会,而且是具备综合护理系统的安全城市。同时,在福岛核电站事故背景下,我们还希望建立一个可发展再生能源的城市。我们希望通过获得NPO和中间支持工作者等的社会支援,在避难生活和城市复兴中尽可能地注入人文关怀。福岛的核灾区所承受的痛苦尤为深重,因此需要一直倾注格外细致的关怀。

这种积极的复兴需要巨额资金支持。我们应该依靠"现当代的全体国民的团结与分担"。在日本这个列岛上,没有哪个地方能够完全幸免于灾难。任何地方和任何人都有可能遭遇灾害,"明天可能灾难就会降临到自己头上"。我们只能形成一个相互支持的受灾者共同体,否则这个岛上的居民将无法得救。我们希望支援不被视作负担,期待在强有力的复兴支援中,激活整个日本的经济。

生杀予夺，取决于政治

复兴构想会议的答辩要点大致如上。然而，无论会议提出什么建议，这些建议能否真正发挥作用，实际上取决于政治态势。东日本大地震发生的那个时期，政治环境并不可以说是有利的。

2009 年，日本民主党政府在满怀期待中实现了政权更迭，但垮台的速度也是出奇地快。尽管首相鸠山由纪夫在不到一年的时间里就将政权交给了菅直人，但在 2010 年 7 月的参议院选举中惨败，导致"扭曲国会"成为一个严重的问题。

2011 年 3 月 11 日，如前所述，正当首相因外国人捐款问题受到追究时，东日本大地震剧烈地开始了，这一切颇有象征意义。4 月 11 日，当我被任命为议长并见到首相时，他向我透露，如果没有在野党的合作，任何构想都可能无法实现。

实际上，到了 5 月，"菅直人下台"的政治氛围变得越来越浓烈。不仅在野党在积极发起攻击，连执政党内也出现了反叛情绪，到了 6 月 2 日，甚至出现了通过内阁不信任案的可能性。为了能够执行特别法案等事项，首相菅直人承诺一旦这些获得批准便会下台，以此渡过了危机。在这种复杂的政治环境下，复兴构想会议组全力以赴地开展工作。

尽管政争不断，在复兴议题上，跨党派合作却意外地得以维持。5 月 2 日，为了受灾地而准备的超过 4 兆日元的第一次补充预算得以通过。这对于受灾地来说是一笔巨款，而我恰好在现场视察，知道这项措施给受灾地的人们带来了一线希望。7月25日，2兆日元的第二次补充预算也得到了通过。

但是，作为复兴全盘的法律基础的《复兴基本法》却迟迟未能出台。这是因为在设立复兴厅等问题上，执政党和反对党意见不一。

可以说，关东大地震模式与阪神淡路大地震模式是截然不同的。后藤的复兴院创建以帝都大复兴计划为轴心，如第一章所见，它虽然在短时间内崩塌了，但仍然是后来激发人们灵感的故事。然而，领导阪神淡路大地震复兴委员会的下河边淳等人，他们避免了创建新机构而引起的与现有各政府部门间的冲突，采取了所有以政府机构为地方主导的复兴案实施的方针。但是，包括复兴委员会的民间委员堺屋太一先生和自民党议员小泉惠三等政治家，他们都强烈主张创立新机构，以展示他们的创新应对措施。

从结果来看，阪神淡路大震灾的复兴是迅速而高效的，并被公认为成功的案例。在东日本大震灾发生的时候，菅首相的官邸也采取了同样的方式，并采取了全政府支援型的实施方案。但在自民党等反对党内，包括额贺福志郎先生在内，他们的意见是创建新的机构。在"扭曲国会"的背景下，反对党的力量非常强大。为了接纳反对党的意见，复兴厅的设立被写入了《复兴基本法》。考虑到东日本大震灾的广泛性和复杂性，作为在受灾地设置办事处的统一机构——复兴厅，最终可以说是一个不错的选择。

无论如何，2011年6月24日，《复兴基本法》正式实施，并在第二天的复兴构想会议上被赋予了官方地位。这份报告书在7月29日被政府的行政机关转变为《复兴基本方针》政策文件。虽然这是由官僚草拟的文本，但通过专家们争论得出的审议会答复直接成为政府政策的情况非常罕见。

复兴构想会议的提案，一方面是委员们讨论的产物，概括性的方向通常是由此决定的；另一方面，由饭尾讨论部会长设立的关于主要问题的几个研讨会，邀请了相关省厅的参事官等合作，充分利用官僚机构的专业知识进行提案。其成果虽为理想主义，但作为对前所未有情况的应对，是中央政府的可行性方案。事先参与商议的省厅相关部门在约一个月内顺利地将其转化为行政文件。

在对官僚持有浓厚敌意的民主党政权之下，我认为复兴构想会议是一个能够发挥官僚机构力量，同时又不受其支配的审议会。

2011年8月30日，菅直人内阁集体辞职，9月2日，野田佳彦内阁接任。

渐入秋季，对复兴实施的焦虑感持续升温。如果这样下去，我们可能会浪费掉在春季到来之前宝贵的时间。在11月10日的政府会议上，我对复兴计划在过去大约两个月的时间里被政治纷争拖误表示抗议，直言不讳地指出："进展太慢了。"不久之后，官方向我宣布了他们的决定："这一次我们决定由国家承担

100%的高地迁移费用。"

这令我十分惊讶。以前,高地迁移(也称为防灾群体迁移)的费用是由国家负担四分之三,地方负担四分之一。然而,这四分之一对于很多地方来说是个难题。对于地方来说,阪神淡路大地震的恢复和复兴的费用负担是巨大的,兵库县至今还没能还清巨额债务。我们不能强迫东北地区的小自治体面临同样的命运。因此,我之前一直向财务省的相关人员强调:"请考虑至少承担90%至95%的费用。"而在深秋的时候,我得到的答复是"国家承担100%"。

一方面,我认为这是一个好决定,但另一方面我不禁问道:"这会不会引发道德风险?"如果地方政府不承担任何费用,那么他们会不会丧失责任感?因此,为了保持他们的责任感,我认为即使是象征性的1%或者0.1%,也应该让地方负担。

我得知财政问题已经得到了妥善解决。基于民主党、自民党、公明党三党的共识,从11月到12月,第三次补充预算、《复兴特区法》、《设立复兴厅法》,以及在今后25年间将所得税提高2.1%以确保复兴财源的法案以及相关法律也相继获得通过。这是历史上最周全的东日本大震灾复兴措施,将以2012年2月10日成立的复兴厅为轴心进行推进。之前曾说生死取决于政治,这要看政治如何充分利用,也可以说,政治在忙于政局的同时,也设法将计划和财政资源落实到位了。㉘

到了这一步,焦点转向了受灾地区的地方自治体。

虽然这个世界上不存在完美的东西,但如果我们已经准备好了历史上最为周全的复兴方案和充足的财源,那么如何利用或舍弃,完全取决于地方政府。

复兴构想会议不仅仅提出单纯的恢复措施,而且提出了具有创造性的复兴目标,旨在实现具有前瞻性的模范性复兴,以应对日本社会日益严重的少子、高龄化问题。能够实现这一切的,只有那陷入极悲惨境地,甚至连恢复正常状态都困难重重的受灾地区的地方自治体。

5 致力于构建安全城市

三种复兴模式

2015年4月下旬,我花了几天时间访问岩手县三陆海岸的灾区。

所见所闻让我感到震惊。我终于等到了那一刻。整个区域正如火如荼地进行着城市建设和土木工程。我已经很久没有见过如此大规模的国土改造活动了。

时任复兴构想会议议长的我,曾在大地震发生的2011年的秋天,面对时任首相直言不讳地表示"进展太慢了"。这是为了抗议政局变动白白浪费了两三个月,使得受灾地区在冬天来临之前无法开启重建工作。而问题并不是这么简单。首先,我们应做的是从避难所向临时住房的转移,并处理废墟。那么,我们究竟何时才能正式开始城市重建呢?

那些被海啸侵袭过的原址已被划为危险区域,意味着我们

图 4-6 岩手县沿海灾区自治体

必须迁移住宅和城市。有些房子可能有超过 100 个地产所有者,要得到他们所有人的同意几乎是不可能的任务。而且,找到合适的高地也不容易。原本预计原则上使用两年的临时住宅可能会使用两倍、三倍甚至五倍的时长。

这一等待让人感到心力交瘁,但在第五个春天,真正的春天终于到来。新的城市建设无疑已经启动,不过奇怪的是,媒体并未大量报道,因此这并未成为国民的普遍认识。

在巡查岩手县灾区的复兴情况时,我认为可以划分为三个类别(模式)。[29]

类别 A:彻底毁坏→新城市创造型

正因为目睹了城市被海啸完全吞没，连政府大楼也被淹没的毁灭惨景，所以要从根本上创造新的安全城市的类型。

在岩手县，山田町、大槌町、陆前高田市就是这一类型的典型。

类别 B:沿岸部灾害→复兴型

海啸虽然侵入了市中心，但影响范围仅限于市区的一部分，并且通常只有一层楼高的浸水，因此，许多建筑物仍然存在。政府机关虽然受损，但功能仍然得以保留，计划在现有的城市基础上复兴，尝试结合防波堤、防潮堤、绿色带（绿色小丘）、第二层堤防以及地面加高等减少灾害的多重防御手段。也有像釜石市那样的尝试，清理被海啸冲走的房屋空地，并在此基础上建立新的市中心。

岩手县的中心城市，如宫古市、釜石市、大船渡市等，都属于这种复兴类型。

类别 C:减少损害→快速复兴型

三陆海岸经常发生海啸，许多城镇已经配备了高大的防波堤、防潮堤等设施。这一次，北部地区因海啸最高波峰稍有偏差而受灾，但总的来说，这种防御措施是有效的。

例如在洋野町、久慈市和普代村，这些防护设施都起到了一定作用。虽然在野田村、田野畑村和岩泉町小本等地，巨大的海啸冲过了防潮堤和水门，但与其他地区相比，这些地方的损失有限。在遇难人数超过 30 人的野田和田野畑，人们已经开始将被被淹没的住宅区迁移到内陆地区。总体来说，这些城镇的重建进展顺利。

我想特别提到类别 A 和类别 B 的交叉案例。

虽然将宫古市、釜石市、大船渡市归类为类别 B，但这三个城市都是三陆海岸的中心城市，都曾经合并了周围小镇进行扩张。这三座城市的中心属于类别 B，但是合并的周边小镇有许多是遭受了全面破坏的重灾区，例如，宫古市北部的田老地区、釜石市北部的鹈住居地区、大船渡市北部的越喜来地区、石卷市的雄胜地区等。

田老村在明治及昭和大海啸后再次遭遇灾难，但它并未遵循内务省提出的高地迁移政策，而是修建了被称为"万里长城"的 10 米高的宏伟防潮堤，这个堤坝在 1960 年智利地震引发的海啸中出色地发挥了作用。后来，为了保护东部新居民区，又修建了新的防潮堤，并从 1979 年起采用了 X 形的双重堤坝设计以增强防护。然而，这次的大海啸一下就越过了 X 形中心点两侧的防潮堤，冲走了房屋，并夺走了来不及逃生的人们的生命。

现在，田老村正准备迎来全新的变化。他们保留了西部城市那古老的 10 米高的防潮堤作为保护措施，并计划将城市迁移到国道 45 号线西侧的土坡山脚处。在这次海啸中被彻底摧毁的东部城市（乙部），除了一个作为海啸遗迹而保留下来的旅游酒店外，其余住宅区将被废弃。同时，北部山地将被开发为高地新城（三王团地）。以前，人们认为田老村没有合适的高地可供迁移，但随着技术的进步和财力的支持，现在有了解决方案。近代以来，田老村三次遭受巨大海啸的袭击，如今终于决定要彻底转变成一个真正安全的城市。

鹈住居是一个古老的城镇，如今成为釜石市的一部分，位于丰石湾以北的第二个入海口大槌湾前。海啸来袭时，这个城市被完全摧毁，但在这里诞生了"釜石奇迹"和"悲剧"。

地震发生时，位于山边的釜石东中学在进行足球训练，学生们看到操场出现裂缝，便按照平时的训练，沿着小山向深处奔跑。老师们也指导所有学生这样做。与此同时，旁边的鹈住居小学原本打算让学生们转移到建筑高层，但看到中学的孩子们往山上跑，便也指示学生们跟着他们一起逃往更高的地方。正因为他们及时开始逃生，才在35分钟后的海啸到来前成功爬到了比预定避难所更高的地方，最终幸存下来。这是学校教育中强调"自救逃生"能力培养的生动体现。

当地防灾中心是平日防灾训练的基地，这次也有许多居民在此避难。但这次的巨大海啸导致水位上涨至二楼高，大约有60名在此避难的居民不幸遇难。现在，整个城镇正在进行土地整治。值得一提的是，2019年橄榄球世界杯预选赛就是在新建的复兴体育场举行的，这个体育场是在一所中小学的原址上重建的。

位于大船渡市北部的越喜来湾是此次巨大海啸最早袭击的地区之一，海啸在大约30分钟内就到达。海湾城市也全部被毁，但我之前已经提到，这里也发生了奇迹（比如小学的学生和教职工安全撤离)和悲剧(比如老人福祉设施的惨剧)。对于需要帮助的人来说,30分钟是一个非常短暂的时间,充满着残酷。当我想起那些和老人们一起被夺走生命的敬业的员工时,我不禁对曾经的老人福祉设施"三陆园"的原址合掌默哀,表达我的哀悼之情。

综上所述,虽然大城市的中心部分属于类别B,但经过广泛合并的入海口城市中,许多城市正经历着类别A的彻底毁坏到新城市创造的过程。

在从北部沿三陆海岸向南下的考察之旅中,我目睹山田町和大槌町不仅遭受了巨大海啸的袭击,还遭遇了火灾的双重打击,这样的悲惨景象难以用言语形容。正因为如此,如今市区建设中繁忙的工地景象,让我感慨万分。大槌町政府大楼被海啸整栋吞没,市长在此次灾难中殉职,成为唯一一位遇难的自治体首长。然而,当时考察的市长碇川丰表示,随着工程的全面展开,他觉得"人们变得更为温和了",这表达了对这一转变阶段的深切感受。

超预想的人工山丘

最能体现这种戏剧性变化的地方可能就是陆前高田市。尽管这片广阔的平原市区曾全部沉没在高达15米的海啸之中,但如今却正在进行着惊人的土木工程建设。他们挖掉了河对岸的一座山,并通过巨大的传送带将土石运送到市中心,另外还有五个分支的传送带正呼啸着将平原深处整个填满。

我们复兴构想会议的报告书提出了在建设安全城市的过程中，迁移到高地和多重防御两种类型的方案。目前来看，几乎所有的地区都在尝试将这两种策略结合起来运用。尽管如此，仍有一些情况超出了我们最初的预期和想象。

根据多重防御策略，我们预期会将防波堤、防潮堤、海滩公园及第二层防线等多种减灾手段结合起来使用。然而，他们还在丘陵边建造了人工山丘，并在上面建设起全新的城市。在陆前高田市的案例中，这些人工山丘不仅面积广阔，而且平均高度也达到了 10 米。在过去，地基不稳固的住宅在地震中容易受到影响，但如今的土木工程技术已经能够轻松处理 10 米高的填土问题。实际上，一辆重型压路机正在对垫高的山丘进行夯实。沿着三陆海岸的高速公路以及连接盛冈与宫古、花卷与釜石的横向道路的升级建设工作也在积极推进中，这为当地居民带来了新的希望。

毫无疑问，一个更加安全的城市将在三陆海岸诞生。回顾这片地区长期遭受海啸侵袭的历史，令人深深感慨。

现在面临的问题是，我们能否解决老龄化和人口减少的问题，并实现城市的繁荣发展。

这一片地区的海洋资源非常丰富，据说有些水产品的捕捞量已经恢复。但是，由于灾难的影响和人口老龄化，从事水产业所需的劳动力数量减少，这限制了业务的扩展。人们期待富有企业家精神的商业活动能够充分利用这些丰富的海洋资源，这其中包括了机械化和自动化的应用。目前，随着基础设施的逐

步完善，我们面临的未来核心课题是如何打造一个新的故乡，一个充满活力且令人向往的社区，并且培养出强大的软实力。㉚

复兴进程中看得见的差异

紧接着在 2015 年 6 月 8 日至 13 日，我访问了宫城县和福岛县的沿海灾区。除了福岛县的避难指示区域外，三个县受海啸影响的地区有很多相似之处。国家将灾后的五年时间定为"集中复兴期"，但在过去五年里，复兴进展一直很缓慢，甚至可以说是过于迟缓，这是 2015 年之前的实际感受。

然而，到了 2015 年，许多地区开始出现新的城市建设的迹象，这是"集中复兴期"的最后一年，东北灾区的每一个城市都在积极开展大规模的土木工程建设。

那些初始条件越困难的城市，工程就越庞大。整个城市被海啸吞没，大量居民受灾，连本应成为复兴中心的政府机关也遭到破坏，我将这样的城市归入类别 A，现在，这些城市正在致力于大型土木工程建设。在岩手县，属于这个类别的城市包括山田町、大槌町和陆前高田市，而在宫城县，则是南三陆町和女川町等地。

南三陆町的中心城市曾经被高达 15 米的海啸吞没，位于海边附近的志津川医院 4 楼也遭到海啸的冲刷，导致 70 名住院病患不幸遇难。当时有 43 人逃到了 12 米高的三层楼防灾战略大楼的顶层，但最终只有 11 人成功爬上了大楼的天线塔而幸存下来。我在震后一个月访问这个地方时，从当时町长佐藤仁那里听说他们计划将所有居民从平原地区的住宅搬迁到三个高地。

四年后,这一政策在稳步推进中。令我惊讶的是,两条河流之间的平原进行了接近 10 米的填土作业,一片广阔的人工丘陵即将形成。据说,这里还将建设商业街等设施。南三陆的发展,也是如此。它与陆前高田等地属于同一类型,这让我猜想是不是国家统一的改造政策,但实际并非如此。据了解,南三陆町在高地迁移过程中,将开山时产生的 400 万立方米的剩余土砂用于填充平原地区。

人们计划保留防灾对策大楼作为遗址,附近还建设了一个广阔的震灾复兴祈念公园,已于 2020 年完工。听说,这是由隈研吾先生设计的新街区。

在进行安全城市建设的灾区中,L1 与 L2 这两个术语频繁被提及。

像昭和三陆大海啸那样,它是百年一遇的灾难,造成了约 3000 名遇难者,这样的海啸被归为 L1 级别。而像东日本大地震这样的灾难,它导致了大约 2 万名遇难者,这种五百年甚至可以说是千年不遇的海啸则被称为 L2 级别。针对 L1 级别的海啸,可以通过建设防潮堤等硬件基础设施来应对,但对于 L2 级别的海啸,由于无法完全防御,我们必须依赖于逃生等非硬性措施来保护人们的生命安全。尽管如此,南三陆已经完成了所有住房向高地迁移的工程,成为最接近 L2 级别海啸应对措施的城市建设。

女川町拥有1万多人口，遭受了最高18.5米海啸的袭击，导致6栋大楼倒塌，连市政府也被淹没。位于海拔14.8米的女川核电站虽然逃过了一场严重的事故，但该市的遇难者占到了总人口的8.7%，在这场灾难中，人口损失最为惨重。原因是女川町地处面向太平洋外海的入海口位置，海啸在这里的冲击力尤为猛烈。

前县议会议员须田善明在震后成为町长，他整合了区域内各方的力量，充分利用NPO等的活动能力，致力于实现他理想的重建计划。这个计划包括修复连接石卷、仙台的铁路站和港口的步行街，使之成为城市的中心地带。这样的规划让人感觉到这座城市将充满魅力，能够吸引包括艺术家在内的国内外人士前来居住。所有的住宅都被迁移到了高地，大型土木工程正在紧张进行中。

在宫城县的灾区，我发现尽管不同地区遭受了类似的灾难，但由于领导力和复兴政策的不同，各地的恢复进程存在显著差异。

与隔壁的女川町一样，被山脉和海洋环绕的雄胜市，在平成时代的大规模合并中成了大城市石卷市的一部分。雄胜市除了丰富的海产外，还拥有占全国市场份额90%的特产——砚石。这个城市原本有4300人口，在海啸中不幸遇难的有236人，之后人口流失了一半，而且这种趋势还在持续，预计人口将降至原来的三分之一。尽管已经有些迟了，但我们即将开展安全城市建设，让居民进行高地迁移（即防灾群体迁移）。然而，我们只有等待石卷市政府做出决策后才能采取行动,这漫长的等待可能会消磨人们的斗志。相比之下,女川町展现出了极为积极的态度,这种对比让我们感受到了明显的差异。在这种情况下,曾是商社职员的立花贵先生在民间发起了一个名为"森海学校"的项目,这个项目致力于重建森林中的一所废弃小学,这让我看到了一线希望。

在所有受灾的自治体中,石卷市的遇难人数最多,共有3971人。这座拥有16万人口的城市失去了约2.5%的居民。日和山脚下的港口及工业区被彻底摧毁,背后的住宅区也被海水淹没,即使是像雄胜市这样经过合并的城市也遭受了毁灭性的打击。大川小学有84人被海啸吞噬,这是一个令人深感悲痛的集体悲剧。明明后方有山,为什么没有利用这个机会呢?访问这个地方的人都会有这样的疑问。有人建议将这所小学保留为遗址,如果成为现实,它可能会是最令人悲伤的遗址。

除了石卷市外,东松岛市失去了约2.7%的人口(1152人),气仙沼市损失了约1.95%的人口(1433人),这两个城市都因为市区重要部分受到了严重破坏,同时拥有与类别A相近的情况。但是,由于政府机构依然存在且持续应对,不至于完全破败,所以更接近于类别B,与岩手县的宫古市、釜石市、大船渡市的情况相似。

气仙沼市位于海湾最深处的鹿折地区,以及被海湾和大河环绕的朝日地区等地,都遭受了毁灭性的打击。此外,油罐起火使得火势蔓延至整个湾区，不仅影响了城市地区，还进一步冲击了山区，造成了双重打击。

幸运的是，市政府大楼成功避免了被淹没，这得益于地形多丘陵的特点，安全区域也相对较广。除了上述两个地区正在进行大规模的基础设施建设外，气仙沼市还在进行细致的本地化处理，这显示了对本地的关爱。他们推出了"鲨鱼之城"的城市营销活动，以及在建设海岸防潮堤时，他们非常注意不让堤坝过高而破坏景观等。

在东松岛市，沿岸的两个重要地区大曲和野蒜也遭受了毁灭性打击。这两个地区正在搬迁至内陆和山区，但最引人注目的是在市长阿部秀保的领导下，他们采用"地区内分权"的政策，这一政策非常重视与市民进行协商。不论是为灾害做准备、分拣建筑废墟，还是向内陆迁移，都强调通过市内八个地区的居民对话来建立共识。以居民为主导的复兴被证明是迅速且强大的。

岩沼市也面临同样的情况。

沿海沙丘附近的六个村落遭受了海啸的袭击。当时的市长井口经明采取了以村为单位的行动策略，将重点放在建立避难所和临时住宅上。在阪神淡路大地震中，由于从人道角度优先安排残疾人和老年人入住临时住宅，社区联系被切断，导致孤独死和自杀等悲剧。岩沼市从中吸取教训，决定采取以村为单位进行避难和迁往临时住宅的政策。

市政当局非常重视与该地区居民的协商。在一名当地女性

(她是东京大学名誉教授)的主持下，六个村庄在保持团结的同时，决定在设有小学和中学的玉浦地区建立一个新城镇。现在，我们可以预见这座在田地上稍加填筑就可建成的新城镇，房屋已经整齐地建立起来，甚至配备了购物中心。由此可见，岩沼市是大震灾后复兴的领跑者。

在危急时刻，强有力的领导者显得尤为重要。例如，福岛县相马市市长立谷秀清，从灾害发生时的紧急应对到如今的城市复兴，都展示了他出色的领导才能。

市长在海啸发生当晚召集市政府职员和市内的重要人物开会。这个会议一直持续到凌晨3点，其间决定了立即应对措施、中长期计划等全面方案，并将其明确记录在大纸上，以便所有人共享信息和达成共识。对于失去家园的人们，市长宣布发放3万日元的临时救济金，并迅速统计受灾者的具体情况。为了避免出现简陋的活动板房式临时住宅，他建造了许多可以作为灾后复兴住宅的木造房屋。对于老年人，他建造了一种新型养老院，这种养老院本身可以形成一个社区。作为一名医生和医院院长，市长的行动充分体现了他的责任感和领导能力。

然而，当富有洞察力的领导过于强硬，就可能适得其反。位于岩沼市北边的名取市，拥有历史悠久、颇具魅力的港口小镇"闲上"。这个小镇遭受了毁灭性打击。在初期条件极为艰苦、问题复杂的情况下，当局努力展现使命感并采取自上而下的领导方式，但可能因为没有充分听取市民的意见，未经充分协商就擅自做出了决定，市长的方针引发了市民的强烈反响，有支持的，也有反对的。

图 4-7 宫城县沿海受灾自治体

　　闲上市的复兴计划不得不再次进行修订,最终在第三次商讨中获得了一致同意并开始实施。这反映了当今社会对平衡领导力和民主进程的需求。

　　如果你访问过因核电事故而受到污染的福岛地区,你可能会感受到被迫背井离乡的人们所承受的无处释放的悲愤,这种情感常常让人无言以对。但这次,我感受到了一些积极的变化。
　　常磐自动车道和国道6号线都已经顺利通车,而且它们之间的连接道路现在也可以正常使用了。人们不断清除污染物和逐步缩小避难指示区域,这些都是不容忽视的进步。关于临时储存设施,我们是否也能看到一些希望呢?

以神户为例,只有三分之一的避难者选择返回。对于福岛的人们来说,情况可能更为严峻,但我们希望日本社会能够支持每个人做出的不同生活选择。[31]

注释

① 小泷俊介,《东日本大地震紧急灾害对策本部的90天——政府的初次行动与应急响应》,行政,2013年。菅直人,《东京电力福岛核电站事故:作为首相的考虑》,幻冬社新书,2012年。福山哲郎,《核危机:来自官邸的证言》,筑摩书房,2012年。船桥洋一,《倒计时·炉心熔毁(上)》,文艺春秋,2012年。木村英昭,《检验福岛核电站事故:官邸的100小时》,岩波书店,2012年。

② 北泽俊美,《为何日本需要自卫队》,角川One主题21,2012年。火箭芳文,《即动必遂——东日本大震灾陆上幕僚长的全部记录》,管理社,2015年。

③ 福山哲郎,《核危机:来自官邸的证言》。

④ 共同通信社核电站事故采访团队、高桥秀树编著,《全电源丧失的记忆》,祥传社,2015。

⑤ 福岛核电站事故记录团队编,《福岛核电站事故东京电力电视会议记录》,岩波书店,2013年。

⑥ 门田隆将,《看见死亡深渊的男人:吉田昌郎与福岛第一核电站的500天》(PHP研究所,2012年);同前述,《全电源丧失的记忆》;船桥,《倒计时·炉心熔毁(上)》;福岛核电站事故记录团队编,《福岛核电站事故时间线(2011—2012)》(岩波书店,2013年)。

⑦《全电源丧失的记忆》。

⑧ 福岛核电站事故独立检验委员会,《福岛核电站事故独立检验委员会调查验证报告书》,Discover Twenty-One,2012年。

⑨ 外务省,《东日本大地震与日美关系》,2011年6月统计。

⑩ 北村淳编著,《用照片观察"朋友作战"》,并木书房,2011年。

⑪ 日美协会编,五百旗头真、久保文明、佐佐木卓也、簑原俊洋监修,《另一段日美交流史——解读日美协会资料中的20世纪》,中央公论新社,2012年。波多野、饭森,《关东大震灾与日美外交》。

⑫ 村上友章,《自卫队的灾害派遣的历史发展》,《国际安全保障》(41—2),2013年。

⑬ 村上友章,《自卫队的灾害救援活动——战后日本的"国防"与"防灾"的冲突》,Minerva书房,2017年。

⑭ 五百旗头真,《复兴思想的变化》,五百旗头真、御厨贵、饭尾润监修,《综合检验:东日本大地震后的复兴》,岩波书店,2021年。

⑮ 中林启修,《美军在日本国内的灾害救援》,《地域安全学会论文集》,2017年。

⑯ 船桥洋一,《倒计时·炉心熔毁(下)》,文艺春秋,2012年。矶部晃一,《"朋友作战"的最前线》,彩流社,2019年。

⑰ 北村淳编著关于在日美军日常展开救援行动的详细记录。

⑱ 矶部前述书、菅直人前述书、福山哲郎前述书、门田前述书、木村英昭前述书、船桥前述书。

⑲ 矶部前述书、船桥前述书。

⑳ 矶部前述书、船桥前述书。

㉑ 北村前述编书。

㉒ 罗伯特·D.埃尔德里奇,《东日本大地震中美军的"朋友作战"》(前述片山编著书)。同作者,《"朋友作战"——气仙沼大岛与美国海军陆战队的奇迹般的"羁绊"》(集英社文库,2017年),同一人编,《为下一次大震灾做准备——美国海军陆战队"朋友作战"经历者们提出的新型军民合作方式》(近代消防新书,2016年)。

㉓ 首相菅直人于2011年3月20日在防卫大学对笔者的回应。

㉔ 福山哲郎,《内阁官房副长官(政务)访谈录》(2014年5月13日,参议院

议员会馆)。滩野欣弥,《内阁官房副长官(事务)访谈录》(2014年5月14日,都道府县会馆)。

㉕ 复兴构想会议,《第一次会议议长提交资料》(4月14日)。

㉖ 《东日本大地震复兴构想会议议事记录》(第一次2011年4月14日至第十三次11月10日)。

㉗ 东日本大地震复兴构想会议报告书《复兴提案——悲惨中的希望》(2011年6月25日)。[内阁官房网站上发布的《复兴构想七原则》(https://www.cas.go.jp/jp/fukkou/)。]

㉘ 五百旗头真,《东日本大地震复兴构想会议的作用》,饭尾润,《复兴对策本部与〈复兴基本法〉、复兴厅的启动》,林俊行,《东日本大地震复兴财政(复兴基金)》,这些均收录于兵库震灾纪念21世纪研究机构《灾害对策全书》编辑企划委员会编《灾害对策全书别册:"国难"与巨大灾害的应对》(行政,2015年)。牧原出,《政治主导下的政治学专业知识的作用——围绕东日本大地震复兴构想会议的分析》,收录于《立命馆法学》第399和400号,2022年3月。该论文是第三方首次进行的正式全面分析。

㉙ 广田纯一,《受灾类型的区分及各自的复兴模式》;五百旗头、御厨贵、饭尾润监修,《综合检验:东日本大地震后的复兴》,岩波书店,2021年。

㉚ 2015年对受灾地的视察报告,包括复兴厅、岩手县、沿岸市町村、广田教授、手塚沙耶香(釜石市复兴支援员)等人的指导意见。

㉛ 从2015年4月下旬在岩手县,6月8日至13日在宫城县和福岛县,6月29日在福岛核电站的现场,进行了视察,并提交了视察报告。

第五章

在地震的活跃期中生存

1 与里斯本地震的对比

历史上的里斯本地震典型案例

在本书中，我们不仅对比了近代日本的三次重大地震，还涉及了相关的其他重大灾害事件，比如明历时代的江户大火以及明治与昭和时代的三陆海啸。然而，仅仅聚焦于日本国内的灾害是否足够呢？

考虑到像日本这样人口密集的中心地区频繁遭受重大自然灾害的国家实属罕见，我们的研究自然倾向于以日本为中心。但不可忽视的是，世界其他国家同样也经历了大规模的自然灾害。特别是1755年的里斯本地震，它不仅摧毁了当时的世界帝国葡萄牙的首都，这场地震连同随后的海啸和大火一起，成为人类历史上的悲剧，并在西方历史上具有重大的意义。自东日本大地震之来，对于里斯本地震的提及在日本变得更加频繁，可能是因为人们意识到两国都面临着因地震而国运衰退的相似命运。

如果这种兴趣基于误解，那么我们有必要指出这一点：里斯本地震的危机管理、应急响应以及随后长达20年的重建工作，都可以视为一个卓有成效的历史模型。

通过将灾难转化为机遇，里斯本成功实现了创造性的重建，重塑了一个全新的、壮丽的首都。然而，随着19世纪拿破仑战争的爆发，葡萄牙的实力遭到削弱，长期以来一直无法与荷兰、英国等北方新兴工业国家竞争。虽然衰退并非由地震直接引起，但即便是壮丽的重建也未能改变长期的衰退趋势。

在里斯本地震260周年以及阪神淡路大地震20周年之际的2015年，两国共同举办了一场国际研讨会。我与关西大学的河田惠昭教授一同访问了里斯本，在11月1日的纪念活动以及随后两天的研讨会和工作坊期间，我们参观了市内的历史遗迹和博物馆，深入体验了260年前的灾难。

在重新审视里斯本地震及其重建的过程中，我们也对比了近代日本对大地震的应对措施。

大西洋中葡萄牙海岸线以外数百公里的地方，存在一个南北向的板块裂缝，并且还有一个从直布罗陀海峡通向地中海的东西向裂缝。这里的非洲大陆板块并不是向下潜入欧洲大陆板块，而是沿着东西方向滑动（我们不应该将亚洲的常见地质结构——印度次大陆板块潜入喜马拉雅山下，以及太平洋和菲律宾海板块潜入日本列岛下——直接套用于此）。1755年，这一地区发生了一次大规模地震，震级可能达到8.6级或更高。

那天是11月1日，正值天主教国家庆祝"诸圣节"，上午9

点半,在进行弥撒期间,剧烈的地震发生了。如今仍然可以看到,遗留下来的卡尔莫教堂没有天花板,信徒们当时所经历的惊恐可见一斑。欧洲的人文主义者开始质疑依赖神是否有益,而葡萄牙的耶稣会士则坚称这是上帝的惩罚。

地震共发生了三次,每次持续近 10 分钟,40 分钟后,一波 5 至 10 米高的海啸从特茹河冲向里斯本。随后的火灾持续了六天,城市中大部分建筑在地震、海啸和火灾的联合作用下被摧毁。

危机管理与应急响应的 A 级表现

幸运的是,国王若泽当时在贝伦宫,避开了灾难,但他感到非常沮丧,无法采取任何行动,也不愿意返回都城。后来,有一位被称为蓬巴尔侯爵的自信满满的大臣,国王将全部权力委托给了他。这一举措大获成功。蓬巴尔拥有丰富的国际经验,从 1666 年伦敦大火后的重建和在维也纳处理宗教事务的经历中学到了很多。

他乘坐马车进入灾区,直接在现场指挥。他劝说教会,并为避免疫情,让军队和市民将尸体投入特茹河进行水葬。他在倒塌的地区搭建帐篷,设立救助站和避难所,为幸存者提供水、食物和医疗。他还处理了火灾现场的抢劫问题,将犯罪者吊在广场上,并派遣军队恢复治安。此外,他还对食品和物资的价格进行了控制。从今天的角度看,他的危机管理和应急响应可以称为 A 级。

反观我们国家的情况如何呢?

在关东大地震期间,由于首相缺席,迟缓的政治决策以及流言蜚语导致自警团发生暴行,其危机管理和应急响应的效率远不及里斯本地震时的情形。

阪神淡路大地震中，灾区的兵库县政府以及首相官邸都缺失了有效的信息系统，导致半天内难以准确把握灾情。一线部队中，警察和消防部门虽奋力救援，但尤其是自卫队的初期响应存在延误。总体来说，阪神淡路大地震的危机管理和应急响应属于失败的案例。

然而，在东日本大地震中，政府和一线部队吸取了阪神淡路大地震的教训，进行了相应的改革，对地震和海啸做出了迅速反应。但是，东京电力公司对核电站事故的处理显得迟钝，政府的应急准备也显得不足。

里斯本的灾后恢复与重建

关于里斯本地震的重建也同样值得关注。

蓬巴尔侯爵禁止居民自发进行恢复工作，而是指派工程师们制订了五个重建方案。他选择了第四方案，将彻底毁坏的下城区改造为设有宽敞街道的棋盘式市中心。在下城区的海边和山边分别建立了两个大广场，一座辉煌的首都得以建成。

纪念地震260周年的研讨会的会场设在一个将教堂改建为银行的海边广场附近的大厅，其地下安装了许多涂有松脂的松木桩，不易腐烂，上面还建有木结构以加强基础结构。这种技术曾在威尼斯等地使用过，是防止地基液化的有效措施。我认为，其他国家如果因为铁桩无法触及坚实的地基而出现建筑物倾斜，可以借鉴这种方法。

不仅是地基，四层楼的建筑也是按照统一标准建造的，采用了被称为"鸟笼法"的木质外框架和砌体,以达到抗震的目的。尽管现在许多建筑物都增加了五层或六层,这一点令人担忧,但侯爵被赋予20年的独裁权,他运用了当时的技术精华,创造了一个全新的城市,这一成就非常值得肯定。

再来看看日本的情况。

关东大地震后,后藤的新帝都创造性重建计划虽然似乎因政治斗争而流产,但内务省重建局和东京市通过实施大量城市规划,为东京后来的发展奠定了基础。

阪神淡路大地震的重建过程中,国家的资金只提供到恢复阶段,"要比原来更好地重建"需由地方自行筹措资金,这成了一道行政障碍。尽管如此,地方政府依然坚持进行创新性重建,实施了包括防灾博物馆、智库群和艺术文化中心在内的多个将成为后代资产的项目。

东日本大地震后,创造性重建成为官方政策,目前,三陆海岸的地方政府正在进行大规模土木工程,力图建设一个远比原来安全的城镇。这种广泛的重建支持,得益于国民接受了为重建而增加的税收。

例如,宫城县南三陆町的所有住宅都迁移到了山上的高地,而在平原部分则建造了高达10米的人工丘,并在其上设置了商店街等。这种城市建设以百年一遇的海啸(L1)为基准,同时也提高了对千年一遇的海啸(L2)的抵抗能力。

但是,在核电站事故产生污染的区域,创造性重建几乎无法进行。实际上,福岛第一核电站的一至四号机组已进入退役过程,有些区域的居民至今无法返回。

表 5-1 里斯本和日本地震灾害应对对比

	里斯本地震	关东大地震	阪神淡路大地震	东日本大地震
发生日期	1755年11月1日	1923年9月1日	1995年1月17日	2011年3月11日
伤亡人数	6万人以上	105385人	6434人	共计19632人其中失踪2523人
灾害的种类	地震、海啸、火灾	地震、火灾	地震	地震、海啸	核事故
应对评价				
危机管理	A	D	C	A	D
紧急应对	A	C	B	A	C
恢复	—	B	A		
创造性重建	AA	A	A	AA	—

注:阪神淡路大地震和东日本大地震的死亡人数包括了灾害相关死亡。
出处:中央防灾会议《关东大地震报告书》第一编,《理科年表(2017年版)》。但是,东日本大地震的死亡和失踪人数数据,是根据2023年3月10日NHK的最新统计。

国家的兴衰与繁荣

蓬巴尔侯爵不仅重建了一个安全且具有抗震功能的首都,还致力于促进产业活化,对抗由地震造成的经济衰退。他得到了欧洲各国的大力支持,并对其最大的殖民地巴西征收了重建税作为财政来源。

此外,为了全面掌握大地震的实际情况,他实施了广泛的问卷调查，这一行动标志着对灾害进行科学处理的一个新起点。

虽然里斯本的重建成就非凡，历史上罕见，但这未能够根本改变国家的中长期衰退命运。葡萄牙这个位于伊比利亚半岛一角的小国，曾因其富饶的殖民地巴西而声名显赫，但随着拿破仑战争的发生，巴西逐渐从葡萄牙独立出去。而在领导欧洲现代化的先进产业方面，葡萄牙并没有像其北方的英国那样获得成功。①

虽然日本在东日本大地震中遭受了严重的核事故，但其复兴努力在日本历史上达到了前所未有的水平，可与历史上最佳的里斯本复兴相提并论。那么，日本是否能够避免衰退的命运呢？为了克服中长期衰退，日本需要恢复经济并持续其繁荣。这需要日本恢复世界领先的技术水平，并有效改善人口减少的问题。

但是，后灾难时期的日本可能难以逃脱与葡萄牙相似的命运。这主要是一个国家长期趋势的问题，而且不易通过灾后复兴的努力来改变。

历史告诉我们，无论是 7 世纪白村江之战的失败，19 世纪因黑船来袭而被迫打开国门，还是"二战"后的重建，日本都显示了从外部文明学习并实现巨大飞跃的惊人再生能力。虽然我们无法预知再生轨道何时启动，但期待这一天的到来是有道理的。

2 灾害应对后的当下

是复原还是复兴

在探讨未来灾害对策时，我们需要基于本书迄今为止的讨论，总结当前面临的问题及其积极迹象。

首先，应该是简单的恢复还是创造性的复兴？国家资金应仅支持公共功能还是也应涵盖私人财产和对个人生活的重建？

在关东大地震中，尽管后藤经历了挫折，但仍实施了为大东京发展奠定基础的创造性复兴。

在阪神淡路大地震期间，兵库县知事贝原俊民作为地方分权的代表，提出了地方主导的复兴计划，内阁村山富市也表示支持。两者一致同意，不设立像复兴院这样的新机构，而是政府全力支持灾区复兴的方案。

然而，中央政府和地方在一些问题上仍有分歧。虽然知事倡导创造性复兴，但中央政府制定了所谓的"后藤田学说"，限定国家资金仅用于恢复到灾前状态，新的改进应由地方负责，不能因灾而"沾光"。同时，中央机关强调法律体系的一致性，不允许使用国家资金支持灾区的"特区"或灾民个人生活的重建。

但最终，灾区的主张在东日本大地震前得到了认可。兵库县和神户市获得了国家的同意，设立了 9000 亿日元的复兴基金，资助那些国家资金无法覆盖但地方认为必要的项目。对于个人生活重建的支持，得到了全国知事会的同意及全国 2500 万人的签名支持,政治家们在震后三年通过议员立法,制定了《受灾者生活重建支援法》,最初提供的支援高达 100 万日元,后通过修正案增至 300 万日元。这表明了国家资金不仅可用于公共部门,也可用于私人财产的重建,这在任何先进国家都是常态,也是国际人道的正当之举。

现在,以联合国为中心的国际社会也将"更好地重建"作为灾后复兴的口号。东日本大地震发生一个月后,内阁会议成立了复兴构想委员会,并提出"不止于恢复旧貌,务必面向未来图强发展"。这顺应了时代观念的变化,也结束了关东大地震和阪神淡路大地震两次灾害中反复出现的历史矛盾。

在阪神淡路大地震中,由于未获得国家支援,兵库县提前对灾区进行了响应,包括对受灾弱者的关怀、心理支持在内的对受灾者的生活支援计划。这些计划在东日本大地震时被社会广泛认可,国家迅速组建了对受灾者的生活支援团队,将其定位为复兴的重要支柱。这显示了社会认识的成熟。②

国际援助

毫无疑问,东日本大地震获得了广泛的国际支援,这是非常值得一提的。

作为复兴工作的一部分,每当我访问外国时,我总是首先表达对他们的特别支援的感谢。而许多发展中国家则常回应说:"我们也要感谢日本长期以来给予的大量官方发展援助(ODA)等支持。"在这些令人印象深刻的交流中,我更加坚信战后日本选择的生活方式是正确的。

谈到国际援助，不得不提的是美国发起的"朋友作战"。考虑到可能发生的南海海沟或首都直下型等巨型灾害，日本自身的灾区支援能力可能会达到极限。因此，美国以及其他国家的国际援助显得尤为重要。

天皇的角色

在近现代的三次大地震中，天皇显然是最积极支持国民团结并与灾民同在的。

在关东大地震期间，身体不适的大正天皇由裕仁皇太子（即后来的昭和天皇）代理摄政，他热心地巡视灾区，在9月12日看到被焚毁的帝都夜景后，震惊地表示这就像"一个巨大的墓地"。③昭和天皇通过伊东巳代治起草的诏书，显示了他是创造性复兴的支持者。

9月1日大地震后，裕仁皇太子于9月15日和18日再次巡视东京灾区。他向宫内大臣牧野伸显提及了他因灾害的严重程度和范围而深感震惊，表达了"悲痛愈发加深"的情绪。他还提到，因为不忍心在灾难后立即进行自己的婚礼，所以决定推迟，牧野深受感动，并认为摄政已经显示出了人的成熟。④

这种行为体现了皇室一贯的传统，即在国民遭遇不幸时给予关怀和鼓励。

皇室的这种关怀传统可能从1990年"云仙普贤岳"灾害时开始更加明显。天皇和皇后深入避难所，他们不惜跪坐下来，与灾民同高度交谈并握手。天皇夫妇这种举动虽然引起了一些惊

第五章　在地震的活跃期中生存

讶和批评,但他们之后访问所有灾区时均保持这一做法。

阪神淡路大地震发生两周后,天皇夫妇考虑到不想给灾区带来额外麻烦,决定仅用一天的时间对灾区进行访问。他们充满关怀的行为深深感动了灾区居民。北淡町小久保町长记录道:"天皇夫妇的探望让人们原本几乎支离破碎的心灵得到了安慰,让他们重新团结起来,恢复了之前的温柔和亲切。"据兵库县知事贝原所述,多年来他一直被邀请到皇居,向天皇详细汇报灾区的复兴进展情况。⑤

平成天皇是新宪法下首位真正尝试将自己塑造为"国民统一象征"的天皇。他认为,与日本在战争中对其造成苦难的国家和解,使日本成为国际社会中的稳定一员,以及在国内关心遭受灾害、疾病和残疾命运等不幸的人们,从而恢复国民的团结,是他和皇后的主要使命。

对东日本大地震,天皇夫妇极其关心。地震发生五天后,即3月16日,他们发布了一则视频信息,表达了"希望每个国民都能长期关注受灾地区,并持续监督复兴进程"的愿望。正如前侍从长川岛裕所记录,他们自己就是这样做的最佳榜样。⑥

即使在最艰难的情况下,他们也发自内心地为团结国民开展着各种慰问活动。通过这些努力,两陛下发挥着重视人民、祝福人民的国家道德中心的作用。

安全之城的未来

东日本大地震发生时,战后日本作为一个经济大国,正经历着从冷战结束时的巅峰跌落的"失去的 20 年"。尽管当时的经济财政状况极为严峻,但由于史无前例的支援规模,经常遭受海啸袭击的地区得以安全重建,变成了安全的城镇。这一切得益于国民接受了复兴税,从而确保了稳定的财政来源。

在这一创记录的安全化进程中,最大的社会忧虑来源于人口下降的趋势,特别是灾区中的老龄化和少子化问题。在人口和产业都处于衰退期时,这些地区终于获得安全,这不免带有些许讽刺。如何打造一个能够吸引全国人口的有活力的城市,将成为今后最重要的任务。

一些人认为,为了迅速恢复繁荣,应该避免将住宅区和商业街迁移到高地,而应立即在海边重建,并建设逃生路线,确保在发生海啸时能够快速逃生。然而,在当前高度重视安全感的社会中,愿意继续居住在海啸危险区的人并不多,这样的城市反而可能人口加速减少。如果居民忘记了海啸的威胁,习惯了海边的便利,那么历史的悲剧可能会重演。我们必须意识到,只有同时考虑安全性和吸引力,才能真正实现可持续发展。

一个能够吸引人聚集的魅力城市首先需要有繁荣的经济和活跃的产业,这是基本要求。但这还不够,这个城市还应该是自然与人类和谐共处的美丽之地,拥有吸引人的节日和文化活动,并且最重要的是,它应该是一个珍视人际关系的温暖社区。在当今时代,这样的价值观同样至关重要。

对南海海沟和首都直下型地震的准备

在日本,灾害应对常常是事后的修补工作。例如在和歌山县串本町,目前正在进行的高地迁移项目就是为了应对可能发生的南海海沟地震和海啸。德岛县美波町也在制订高地迁移计划,这一计划是与德岛大学合作进行的,但资金来源尚不明确。目前国家并未为这类预先迁移项目提供资金。

在东日本大地震后,日本通过增税来筹集灾后资金,主要是在25年内将所得税增加了2.1%。我认为,应当继续实施这种增税策略,建立一个防灾管理局,逐步实施对未来潜在灾害的预防措施。日本社会通常在地震后投入大量资金进行恢复和重建,然而事前准备不仅成本更低,而且可以更有效地挽救生命和保护社会。比如,东北地区的三陆海岸在东日本大地震后的重建中已变得更能抵抗未来海啸。相比之下,除了静冈县,南海海沟沿岸的其他地区在这方面的准备工作几乎没有什么进展。

值得一提的是,通过颁布《国土韧性基本规划》等措施,日本已经具备了应对未来大灾害的能力。为了更深入了解各地的准备情况,我访问了高知县。

从高知平原到黑潮町的路上,海边近山。沿途可以看到很多全新的海啸避难路标志。据了解,国家会承担这些避难路整修费用的70%。

在高知沿海,地震后10分钟内就可能迎来海啸,平原地区的居民几乎没有时间逃往高地。因此,这里建造了多个钢结构的避难塔。这些避难塔的建设,70%的费用由国家承担,剩余30%由县政府负责。因此,该县不仅有避难路,还建立了100多个避难塔。

例如,黑潮町收到国家的警告,预计地震发生后10分钟内将面临高达 34 米的海啸。在这样一个被预测将严重受灾的地区,地方政府会努力确保地区安全并促进发展。然而,人口约 34 万的高知市的准备措施可能是最大的问题所在。

对未来可能发生的南海海沟地震做好了最坏情况下的防灾准备。但对于首都直下型地震,却排除了会导致首都功能丧失的大灾害发生的可能性。1974 年,专家预测将发生震度 7 级的直下型地震,兵库县和神户市一方面采纳了专家们的建议,另一方面却只是按震度 5 级的等级实施防灾措施,难道这次也要重蹈覆辙吗?

考虑到即将到来的大地震并非类似于关东大地震的海洋板块型地震,而是集中在震度 7 级的直下型断层地震,尽管大地震发生的可能性很大,但中央政府的应对措施可能导致将来必然发生的大地震的应对措施被耽误,这为不采取严肃措施纠正东京人口集中问题提供了理由。目前关东地区的人口密度是关东大地震时的近 10 倍,如果发生自然灾害的同时又发生二次社会灾害,那将惨不忍睹。而中央政府却普遍认为关东地区能够继续承担首都人口集中的功能。

然而,政府没有设立一个能进行国家级事前准备和在大灾害发生时危急时刻的综合处理的防灾机构。日本的行政是否打算继续维持这种无法进行有效危机管理的状态?

尽管日本为应对外部危机设置了防卫省和自卫队,对于频繁发生的自然灾害,却仅考虑动用一线部队(警察、消防、自卫队等),没有设立一个像参谋本部那样的中枢机构来统筹全局。

我们不应该回避一定会来临的大灾害,而应该直面它,深入研究它，并考虑如何从国家层面保护国家和国民。我们应该设立一个类似防灾部的新机构，不再仅仅依靠各个政府部门进行分散处理，而是能够实施全面的国家级应对措施，尽快开始综合处理。

注释

① 计盛哲夫，《里斯本地震的紧急响应及恢复与复兴》，收录于兵库震灾纪念21世纪研究机构《灾害对策全书》编辑企划委员会编，《灾害对策全书别册："国难"与巨大灾害的应对》(行政，2015年)，兵库震灾纪念21世纪研究机构调查研究本部，《里斯本地震及其文明史意义考察研究调查报告书》(2015年)。

② 阪神淡路大地震纪念协会编，《飞翔的凤凰——创造性复兴的群像》，阪神淡路大地震纪念协会，2005年；冈本全胜编，《东日本大地震的复兴将如何改变日本——政府、企业与NPO的未来形态》，行政，2016年。

③ 宫内厅，《昭和天皇实录(第三卷)》，东京书籍出版，2015年。

④ 波多野、饭森前述书。

⑤ 贝原俊民，《兵库县知事的阪神淡路大地震——15年的记录》，丸善出版，2009年。

⑥ 川岛裕，《天皇与皇后五年间的祈祷》，载于《文艺春秋》2016年4月号。川岛裕，《随行记：陪同天皇与皇后》，文艺春秋，2016年。

后　记

如果问我思考灾害应对的出发点是什么,我会坦率地回答:"基于阪神淡路大地震的经历。"

我失去了一位我指导的学生和超过 6000 名家乡同胞,这绝非一般经历。

尽管本书旨在进行全面比较分析,但我作为历史学家和社会科学家,也尽力关注每场大地震中受害者的具体悲剧,这可能与我亲身经历灾难有关。作为历史学家,我一直试图不仅仅关注宏大的历史脉络,而且要超越通常的讨论,探讨灾害的深层影响。

我在西宫市的家被完全毁坏,我的妻子和两个女儿转移到广岛的亲戚家中"疏散"。然而,与普遍的"艰难疏散生活"观念相反,我所见到的是一家人看似幸福的生活。次日早晨,我在门外目送 6 岁的小女儿和邻家姐姐们一起去上学,看着她背着红色书包欢快地跳上学校的台阶,我的眼眶湿润了。

神户并不孤单。不仅是广岛,全国各地的人民都如此温暖地接纳了我们这些灾区人民。

作为东日本大地震复兴构想会议的议长,我坚持的立场是不放弃任何灾区人民,虽然不承诺做到不可能的事,但尽可能做到最好。居住在这个多灾的群岛上,每个人都有可能成为受害者。

灾难使我们命运相连,这促使我们必须加强并正式化国民共同体。如复兴原则所明示的,列岛居民只有通过团结与分享才能克服大灾害。为了我们自身的生存,我们别无选择,只能向彼此伸出援手。

由于命运的安排,我参与了阪神淡路和东日本两场大地震的应对,活在这个大灾害时代的前线,这种经历加深了我对此的思考。

为何大灾害时代似乎格外选择与我为伴?

在结束防卫大学校长的任职后,我转而成为熊本县立大学的理事长。然而2016年4月熊本地震发生时,我恰好在西宫市的家中。地震次日,我接到了老友、熊本县知事蒲岛郁夫的电话,他请求我协助灾后重建,随后我担任了"熊本地震恢复与重建专家会议"的主席。

阪神淡路大地震后,地震波及整个日本列岛,途经鸟取县、中越县、岩手县和宫城县,然后顺时针方向移动,最终引发了东日本大地震。然而,随着熊本地震的发生,无可否认,日本西南部地区已经开启了新的局面。尽管这个地区常有水灾,但长期以来被认为无地震发生,我希望每个地区都能为下一场国家危机做好准备。

本书的初稿是由从2012年开始在《每日新闻》上连载了3

年8个月的《大灾害时代》专栏文章修改而成的。感谢岸俊光先生以及《每日新闻》的同人。如岩波现代文库版的序言所述，英文版由密歇根大学出版社出版时，我新增了原稿中资料不足的"盟友援助"一节。此外，借这次日文文库版的出版，新的研究著作已经问世，基于这些书，我进一步充实了"盟友援助"的内容。因此，这一版不仅是再版，更是一个增补版。尽管如此，我仍谨慎地进行了修改，例如根据最新统计更新了东日本大地震的死难者数字。

虽然我不想列出长长的感谢名单，但如果没有很多人的支持，这本书就不可能问世。我特别感谢我的另一个工作单位兵库震灾纪念21世纪研究机构的第一任理事长、已故的贝原俊民先生，以及为防灾减灾工作做出贡献的许多优秀人士，还有熊本县知事樋岛郁夫，以及东日本大地震后我在复兴构想会议和复兴机构的同事们。

我将这本书献给所有为这个列岛上居民的安全而努力工作的人。

五百旗头真　2023年7月

参考文献

书籍·论文等

青木荣一编.村松岐夫,恒川惠市监修.《走向恢复与复兴的地区和学校——从大地震学习的社会科学(第六卷)》.东洋经济新报社,2015年.

飨庭伸,青井哲人,池田浩敬,石博督和,冈村健太郎,木村周平,辻本侑生.《在海啸中能够生存下来的村庄》.鹿岛出版会,2019年.

井清司企划编辑.《特辑:灾害医疗与东日本大地震》.《住院医师》,2012年7月号.医学出版.

饭尾润.收录于兵库震灾纪念21世纪研究机构《灾害对策全书》编辑企划委员会编《灾害对策全书别册:"国难"与巨大灾害的应对》(行政,2015年).

五百旗头真.《危机管理——行政的应对》.收录于朝日新闻大阪本社《阪神淡路大地震志》编辑委员会编《阪神淡路大地震志——1995年兵库县南部地震》.朝日新闻社,1996年.

五百旗头真.《东日本大地震》.收录于兵库震灾纪念21世纪研究机构《灾害对策全书》编辑企划委员会编《灾害对策全书别

册:"国难"与巨大灾害的应对》.

五百旗头真.《东日本大地震复兴构想会议的作用》.收录于兵库震灾纪念 21 世纪研究机构《灾害对策全书》编辑企划委员会编《灾害对策全书别册:"国难"与巨大灾害的应对》.

五百旗头真监修.大西裕编著.《灾害中自治体间的合作——从东日本大地震看合作性治理的现状》.Minerva 书房,2017 年.

五百旗头真监修.片山裕编著.《防灾中的国际合作方式》.Minerva 书房,2017 年.

五百旗头真,御厨贵,饭尾润监修.《综合检验:东日本大地震后的复兴》.岩波书店,2021 年.

五十岚广三.《官邸的螺旋阶梯——市民派官房长官奋斗记》.行政,1997 年.

石原信雄述.御厨贵与渡边昭夫访谈.《首相官邸的决断——内阁官房副长官石原信雄的 2600 日》.中央公论社,1997 年.

矶部晃一.《"朋友作战"的最新线》.彩流社,2019 年.

岩手县.《岩手县海啸状况调查书》.1896 年.

NHK 特别采访组.《巨大海啸——那时人们是如何行动的》.岩波书店,2013 年.

NHK 东日本大地震系列片.《证言记录:东日本大地震 II》.NHK 出版,2014 年.

罗伯特·D. 埃尔德里奇编.《为应对下一次大地震——美国海军陆战队"朋友作战"经历者们提议的军民合作新模式》.近代消防新书,2016 年.

罗伯特·D. 埃尔德里奇收录于五百旗头监修、片山编著.

《防灾中的国际合作方式》.

罗伯特·D.埃尔德里奇.《"朋友作战"——气仙沼大岛与美国海军陆战队的奇迹般的"羁绊"》.集英社文库,2017年.

大畠章宏编.《东日本大地震紧急响应的88条智慧——国交省初次行动记录》.勉诚出版,2012年.

冈田义光.收录于防灾科学技术研究所编辑委员会编《防灾科学技术研究所主要灾害调查》第48号.2012年.

冈本全胜编.《东日本大地震的复兴将如何改变日本——政府、企业与NPO的未来形态》.行政,2016年.

贝原俊民.《兵库县知事的阪神淡路大地震——15年的记录》.丸善出版,2009年.

外务省.《东日本大地震与日美关系》.2011年6月统计.

计盛哲夫.收录于兵库震灾纪念21世纪研究机构《灾害对策全书》编辑企划委员会编《灾害对策全书别册:"国难"与巨大灾害的应对》.

门田隆将.《看见死亡深渊的男人:吉田昌郎与福岛第一核电站的500天》.PHP研究所,2012年.

河北新报社编辑局.《再次站起来!——河北新报社,东日本大地震的记录》.筑摩书房,2012年.

川岛裕.《天皇与皇后五年间的祈祷》.文艺春秋,2016年4月号.

川岛裕.《随行记:陪伴天皇与皇后》.文艺春秋,2016年.

河田惠昭.《大规模地震灾害所致的人员伤亡预测》.《自然灾害科学》第16卷,第1期.日本自然科学学会,1997年.

河田惠昭.收录于关西大学社会安全学部编《东日本大震灾复兴第 5 年的检证——复兴的实体与防灾、减灾、缩灾的展望》.Minerva 书房，2016 年.

菅直人.《东京电力福岛核电站事故：作为首相的考虑》.幻冬社新书，2012 年.

气象厅.气象厅震度等级相关说明表.气象厅网站：https://www.jma.go.jp/jma/kishou/know/shindo/kaisetsu.html.

北泽俊美.《为何日本需要自卫队》.角川 one 主题 21，2012 年.

北原糸子.《海啸灾害与近代日本》.吉川弘文馆，2014 年.

北村淳编著.《用照片观察"朋友作战"》.并木书房，2011 年.

木村英昭.《检验福岛核电站事故：官邸的 100 小时》.岩波书店，2012 年.

金七纪男.《里斯本大地震与启蒙都市的建设》.《JCAS 合作研究成果报告》8 号，2005 年.

宫内厅.《昭和天皇实录(第三卷)》.东京书籍出版，2015 年.

警察厅.《东日本大地震与警察》.警察厅，2012 年.

警察厅.绫子，栗栖薰子.收录于《地域安全学会论文集》第 20 期.2013 年.

小泷俊介.《东日本大地震紧急灾害对策本部的 90 天——政府的初次行动与应急响应》.行政，2013 年.

后藤新平研究会编著.《震灾复兴后藤新平的 120 天——城市是由市民创造的》.藤原书店，2011 年.

已故伯爵山本海军大将传记编纂会编.《伯爵山本权兵卫传

(下卷)》.山本清,1938 年.

寒川旭.《地震的日本史——大地在说些什么(增补版)》.中公新书,2011 年.

自然科学研究机构国立天文台编.《理科年表(2017 年版)》.丸善出版,2016 年.

涉泽荣一纪念财团,涉泽史料馆.《涉泽荣一与关东大地震》.2010 年.

世界银行编著.《从大灾害中学习——东日本大地震的教训》.华盛顿 DC,2012 年.

消防厅.《东日本大地震记录集(2013 年 3 月)》.消防厅,2013 年.

消防厅编.《阪神淡路大地震记录(第二卷)》.行政,1996 年.

消防厅编.《阪神淡路大地震记录(资料编)》.行政,1996 年.

消防厅灾害对策本部.《东日本大地震》第 149 报.消防厅,2014 年.

震灾应对研讨会执行委员会编.《"3·11"大震灾的记录——中央省厅、受灾自治体及各行业等的应对》(民事法研究会,2012 年).

震灾预防调查会.《震灾预防调查会报告》第 100 号.1925 年.

须藤昭.《自卫队救援活动日志:东北方面太平洋海域地震实地报告》.扶桑社,2011 年.

关泽爱.《减轻地震火灾的损害对策》.兵库震灾纪念 21 世纪研究机构《灾害对策全书》编辑企划委员会编.《灾害对策全书

2:应急对策》.行政,2011年.

善教将大.收录于五百旗头真监修、大西编著《灾害面前的自治体间联合》.

总务省.《各都道府对灾区县的支援状况(2012年3月21日)》.总务省网站:https://www.soumu.go.jp/main_content/000151767.pdf.

副田义也.《内务省的社会史》.东京大学出版会,2007年.

大霞会编.《内务省史(第三卷)》.地方财务协会,1971年.

高岛博视.《武人的本愿 FROM THE SEA——东日本大地震中的海上自卫队活动记录》.讲谈社,2014年.

高山文彦.《在大海啸中生存——巨大防潮堤与田老村百年的努力》.新潮社,2012年.

高桥重治编.《帝都复兴史》全三卷.复兴调查协会,1930年.

高寄昇三.《阪神大地震与自治体的对应》.学阳书房,1996年.

泷野隆浩.《纪实自卫队与东日本大地震》.白杨社,2012年.

中央防灾会议.《关于吸取灾害教训的专门调查会报告书:1657明历的江户大火》.2004年.

中央防灾会议.《关于吸取灾害教训的专门调查会报告书:1896明治三陆海啸》.2005年.

中央防灾会议.《关于吸取灾害教训的专门调查会报告书:1923关东大地震》第1编.2006年.

中央防灾会议.《关于吸取灾害教训的专门调查会报告书:1923关东大地震》第2编.2008年.

中央防灾会议.《关于吸取灾害教训的专门调查会报告书：1923 关东大地震》第 3 编.2009 年.

筒井清忠.《帝都复兴时代：关东大地震以后》.中公选书，2011 年.

恒川惠市编.《大地震：核电站危机下的国际关系》[村松岐夫、恒川惠市监修《从大地震学习的社会科学（第七卷）》].东洋经济新报社，2015 年.

鹤见祐辅.《后藤新平（第四卷）》.劲草书房，1967 年.

东京市编.《东京地震录》(前·中·后).东京市役所，1926 年.

东京电力福岛核电站事故调查验证委员会.《政府事故调查中间报告书》.MediaLand，2012 年.

东京电力福岛核电站事故调查委员会.《国会事故调查报告书》.德间书店，2012 年.

东京都杉并区.《"3·11"东日本大地震后的一年——杉并区的历程》.2012 年.

远野市.《远野市后方支援活动检验记录簿》.2013 年.

内务省社会局编.《大正震灾志（上册、下册）》.内务省社会局，1926 年.

内务大臣官房都市计划课.《三陆海啸受灾町村复兴计划报告》.1934 年.

中林启修.《美军在日本国内的灾害救援——阪神淡路大地震以后的进展》.《地域安全学会论文集》第 30 期.2017 年.

日美协会编，五百旗头真、久保文明、佐佐木卓也、篑原俊洋监修.《另一段日美交流史——解读日美协会资料中的 20 世纪》.中央公论新社，2012 年.

日本防卫学会编.《自卫队灾害派遣的实态与课题》.收录于《防卫学研究》第 46 号.2012 年.

波多野胜、饭森明子.《关东大震灾与日美外交》.草思社，1999 年.

林俊行.《东日本大地震复兴财政（复兴基金）》.收录于兵库震灾纪念 21 世纪研究机构《灾害对策全书》编委会编《灾害对策全书别册："国难"与巨大灾害的应对》.

阪神淡路大地震纪念协会编.《飞翔的凤凰——创造性复兴的群像》.阪神淡路大地震纪念协会，2005 年.

阪神淡路大地震纪念协会编.《阪神淡路大地震纪念协会口述历史》，收藏于人与防灾未来中心图书馆.

《阪神淡路大震灾调查报告》编辑委员会编著.《阪神淡路大震灾调查报告（共通编 2）》.土木学会·日本建筑学会，1998 年.

阪神复兴·岩井论坛事务局.《岩井论坛讲话集》第 3 号.2006 年.

《东日本大地震复兴构想会议议事记录》(第一次 2011 年 4 月 14 日至第十三次 11 月 10 日).内阁官房网站：https://www.cas.go.jp/jp/fukkou/.

东日本大地震复兴构想会议.《复兴提案——悲惨中的希望》.2011 年 6 月 25 日.内阁官房网站：https://www.cas.go.jp/jp/fukkou/.

火箱芳文.《即动必遂——东日本大震灾陆上幕僚长的全部记录》.管理社，2015 年.

兵库县.《东日本大地震：兵库县的支援一年的记录》.2012年.

兵库县复兴支援科.《关于东日本大地震的支援》.2015年.

兵库震灾纪念21世纪研究机构.《第二次自治体灾害对策全国会议报告书》.2013年.

兵库震灾纪念21世纪研究机构编.《飞翔的凤凰Ⅱ——防灾减灾社会的构建》.兵库震灾纪念21世纪研究机构，2015年.

兵库震灾纪念21世纪研究机构《灾害对策全书》编辑企划委员会编.《灾害对策全书1：灾害概论》.行政，2011年.

兵库震灾纪念21世纪研究机构《灾害对策全书》编辑企划委员会编.《灾害对策全书2：应急对策》.行政，2011年.

兵库震灾纪念21世纪研究机构《灾害对策全书》编辑企划委员会编.《灾害对策全书别册："国难"与巨大灾害的应对》.行政，2015年.

兵库震灾纪念21世纪研究机构调查研究本部.《里斯本地震及其文明史意义考察研究调查报告书》.兵库震灾纪念21世纪研究机构，2015年.

深尾良夫，石桥克彦编.《阪神淡路大地震与地震的预测》.岩波书店，1996年.

福岛县警察本部监修.《生活在福岛、守护福岛——警察官与家人的手记》.福岛县警察互助会，2012年.

福岛核电站事故记录团队编.《福岛核电站事故时间线（2011—2012）》.岩波书店，2013年.

福岛核电站事故记录团队编.《福岛核电站事故东京电力电视会议记录》.岩波书店,2013年.

福岛核电站事故独立检验委员会(民间事故调查).《福岛核电站事故独立检验委员会调查验证报告书》. Discover Twenty-One,2012.

福山哲郎.《核危机:来自官邸的证言》.筑摩书房,2012年.

藤泽烈.收录于冈本全胜编《东日本大地震的复兴将如何改变日本——政府、企业与NPO的未来形态》.行政,2016年.

船桥洋一.《倒计时·炉心熔毁(上、下)》.文艺春秋,2012年.

防卫厅陆上幕僚监部.《阪神淡路大地震灾害派遣行动史(平成七年一月一日至四月二十七日)》.陆上自卫队第十师团,1995年.

牧原出.《政治主导下的政治学专业知识的作用——围绕东日本大地震复兴构想会议的分析》.《立命馆法学》第399和400号,2022年3月.

松岛悠佐.《阪神大地震:自卫队的作战》.时事通讯社,1996年.

松叶一清.《阅读〈都复兴史〉》.新潮社,2012年.

御厨贵,金井利之,牧原出访谈.阪神淡路震灾复兴委员会(1995—1996)委员长下河边淳.《〈同时进行〉口述历史》(上).《C.O.E.口述·政策研究项目》(上)(GRIPS,2002年).

下河边淳.《〈同时进行〉口述历史》(上、下).《C.O.E.口述·

参考文献 325

政策研究项目》(上、下)(GRIPS,2002年).

南三陆消防署,亘理消防署,神户市消防局,川井龙介编.《东日本大震灾消防队员殊死搏斗的记录——在海啸与废墟中》.旬报社,2012年.

宫城县.《东日本大地震——宫城县在灾后一年间的灾害应对的记录及其验证》.2015年.

村井俊治.《东日本大地震的教训——在海啸中存活下来的人们的故事》.古今书院,2011年.

村上友章.《自卫队的灾害派遣的历史发展》.《国际安全保障》(41—2),2013年.

村上友章.《自卫队的灾害救援活动——战后日本的"国防"与"防灾"的冲突》.五百旗头监修、片山编著前引书《防灾中的国际合作方式》.

村山富市述.药师寺克行编.《村山富市回忆录》.岩波书店,2012年.

室崎益辉.《函馆大火(1934)与酒田大火(1976)》收录于兵库震灾纪念21世纪研究机构《灾害对策全书》编辑企划委员会编《灾害对策全书1:灾害概论》.行政,2011年.

森本公诚.《圣武天皇:责任全在我一人》.讲谈社,2010年.

山川雄巳.《阪神淡路大地震中村山首相的危机管理领导力》.《关西大学法学论集》第47期,关西大学法学会,1997年.

山崎正和评.《大灾害时代——为未来的国家级灾难做准备》.《每日新闻》2016年9月4日的《本周的书架》.

山下文男.《哀史之三陆大海啸——从历史的教训中学习》.河出书房新社，2011年.

山本纯美.《江户的火灾与消防》.河出书房新社，1993年.

横滨市市史编纂科编.《横滨市震灾志(第一册)》.横滨市市史编纂科，1926年.

姜德相，琴秉洞编.《现代史资料》6.吉野作造.《朝鲜人屠杀事件》.美铃书房，1963年.

吉村昭.《三陆海岸大海啸》.文艺春秋，1970年.

吉村昭.《关东大地震》.文艺春秋，1973年.

报　纸

《神户新闻》1974年6月26日晚刊.

《读卖新闻》1995年2月19日版.

《每日新闻》1995年3月12日版.

访谈、谈话与回忆等

兵库县副知事芦尾长司访谈(2000年8月30日，港湾银行总行进行)，收录于《阪神淡路大地震纪念协会口述历史》.

白欧寮宿舍自治会会长有田俊晃的回忆，收录于神户商船大学《震度7的报告》以及日本消防协会编《阪神淡路大地震志》.

内阁官房长官五十岚广三访谈(2003年6月3日)。内阁官房副长官石原信雄访谈(2003年4月8日).

冲绳、北海道开发担当大臣小里贞利访谈(2002年8月

21日).

神户大学医学部附属医院集中治疗部副护士长小田千鹤子的谈话,收录于日本消防协会编《阪神淡路大地震志》.

笔者在防卫省(市谷)的会议等中听取自卫队统合幕僚长折木良一的讲话.

兵库县知事贝原俊民访谈(1995年4月15日,于兵库地区政策研究机构进行,及2001年10月5日,兵库县厅进行),收录于《阪神淡路大地震纪念协会口述历史》.

芦屋市消防团团长川合友一的谈话,收录于日本消防协会编《阪神淡路大地震志》.

首相菅直人回应笔者于2011年3月20日在防卫大学提出的问题.

芦屋市市长北村春江访谈(2003年9月19日,阪神淡路大地震纪念协会进行),收录于《阪神淡路大地震纪念协会口述历史》.

陆上自卫队东北方面总监以及防卫大学前总监君塚荣治的谈话(2011年10月21日).

神户市消防局局长上川庄二郎的采访(1999年12月6日,阪神淡路大地震纪念协会进行),警察厅长官国松孝次访谈(2004年10月7日,东京,损保日本总社进行),收录于《阪神淡路大地震纪念协会口述历史》.

陆上自卫队第36普通科联队长黑川雄三的采访(2005年9月17日,滋贺县守山市黑川宅内),收录于《阪神淡路大地震纪念协会口述历史》.

北淡町（现淡路市）町长小久保正雄访谈录（2002年8月7日，北淡町役所），收录于《阪神淡路大地震纪念协会口述历史》.

芦屋市副市长后藤太郎访谈录（2003年8月7日，阪神淡路大地震纪念协会），收录于《阪神淡路大地震纪念协会口述历史》.

兵库县秘书科科长（后任副知事）齐藤富雄，兵库县记录备忘录《关于自卫队在阪神淡路大震灾中的初期灾害派遣》（2010年2月8日）.

神户市市长笹山幸俊访谈录（2001年2月5日，神户国际会馆），收录于《阪神淡路大地震纪念协会口述历史》.

下河边淳访谈录（2000年5月11日）.

兵库县警本部长泷藤浩二访谈录（2002年9月19日，JR西日本本社），收录于《阪神淡路大地震纪念协会口述历史》.

内阁官房副长官（事务）滩野欣弥访谈录（2014年5月14日，都道府县会馆）.

兵库县防灾股长野口一行访谈录（1998年6月22日，阪神淡路大地震纪念协会），收录于《阪神淡路大地震纪念协会口述历史》.

西宫市市长马场顺三访谈录（2002年10月3日，西宫市役所），收录于《阪神淡路大地震纪念协会口述历史》.

陆上自卫队第3特科联队长林政夫访谈录（2005年7月29日，高知县厅），收录于《阪神淡路大地震纪念协会口述历史》.

北淡町消防团副团长繁田安启的谈话，收录于日本消防协会编《阪神淡路大地震志》。

这些内容摘自笔者与陆上幕僚长火箱芳文的一系列对话。

内阁官房副长官（政务）福山哲郎访谈录（2014年5月13日，参议院议员会馆）。

兵库县妇女防火俱乐部联络协议会会长前泽朝江的谈话，收录于日本消防协会编《阪神淡路大地震志》。丹市市长松下勉伊访谈录（2007年1月25日，阪神淡路大地震纪念协会），收录于《阪神淡路大地震纪念协会口述历史》。

陆上自卫队中部方面总监松岛悠访谈录（2004年10月6日，东京大金空调本社），收录于《阪神淡路大地震纪念协会口述历史》。

尼崎市市长宫田良雄访谈录（2006年12月9日，阪神淡路大地震纪念协会），收录于《阪神淡路大地震纪念协会口述历史》。

三宅仁长田区西代户崎自治会联合协议会副会长的谈话，收录于日本消防协会编《阪神淡路大地震志》。

首相村山富市的采访（2003年2月19日）。

首相村山富市的采访（2015年1月17日，神户）。

神户市市长山下彰启访谈录（1999年11月18日，神户市役所），收录于《阪神淡路大地震纪念协会口述历史》。

西宫市教育长（后任市长）山田知的采访（2005年8月25日，西宫市役所），收录于《阪神淡路大地震纪念协会口述历史》。

本书《大灾害时代：为未来的国家级灾难做准备》初版于2016年6月，由每日新闻社出版发行。2020年7月，增补的英文版由密歇根大学出版社发行，书名为 *The Era of Great Disasters: Japan and Its Three Major Earthquakes*。在岩波现代文库收录本书时，我进行了增补修订，书名更改为《大灾害时代：日本三大地震启示录》。

关于本书中的图片，除特别注明外，均由每日新闻社提供.

译 后 记

2024年3月4日，被誉为日本"基辛格"的五百旗头真先生在神户的兵库震灾纪念21世纪研究机构会见了到访的片山启先生（原日本首相福田康夫后援会事务局局长），商议在中国出版《大灾害时代》及翻译人选事宜。会后，五百旗头先生委托片山先生作为特使将书带到中国。然而世事无常，3月6日，五百旗头先生突然离世，享年80岁。3月14日，我受邀出席日本国驻广州总领事馆的招待会，在总领事贵岛善子的见证下，从片山先生手中接过了五百旗头先生亲笔签名的书，并郑重接受了翻译此书的重托。

我与防灾减灾事业的渊源始于2008年。当时，我在日本筑波大学从事世界文化遗产保护修复与活化利用的研究工作，同时兼任四川省西南科技大学和西南民族大学的客座教授。5月12日，汶川大地震爆发，这场地震是中华人民共和国成立以来破坏性最强、波及范围最广的自然灾害之一。灾后第二周，我随日本地震灾害分析专家团队赶赴震中附近，目睹了满目疮痍的景象。悲痛之余，我意识到汶川迫切需要灾后重建，随即向《国际城市规划》杂志副主编孙志涛老师建议增设"特稿"专栏，专访日本灾后重建专家，为中国提供宝贵的国际经验。

2009年4月,我通过严格考核,加入兵库震灾纪念21世纪研究机构,担任主任研究员,专注于防灾减灾的国际合作研究。入职后,我才得知直属上司竟是时任日本防卫大学校长的五百旗头真先生。作为他团队中唯一的工科背景且来自中国的研究员,我深感荣幸。在五百旗头先生的指导下,我每年完成一项研究课题,课题方向由他提出,我负责拟定题目并组织实施。我们的团队还包括首席专家、斯坦福大学经济学博士林敏彦教授,研究成果屡获高度评价。

2011年5月,正值汶川地震三周年之际,我随兵库震灾纪念21世纪研究机构特别顾问、原兵库县知事贝原俊民先生赴成都参加"灾后重建与经济社会发展研讨会暨全国日本经济学会2011年年会"。会上,中日专家围绕汶川地震、阪神淡路大地震及东日本大地震的防灾减灾与重建经验展开了深入交流。会后,兵库震灾纪念21世纪研究机构与四川省社会科学院达成协议,将日本的《灾害对策全书》部分内容翻译成中文在中国出版。这部由近300位日本专家历时五年完成的巨著,系统总结了从灾害发生到重建全过程的对策,是防灾领域的权威工具书。我有幸担任中文版的编者和翻译统筹者,精选了39篇文章集为一册,此书为中国防灾工作提供了重要参考。

五百旗头先生等人选择我参与本书的翻译工作,正是基于我在防灾减灾领域的多年积累。面对这份重托,我深感责任重大,唯有全力以赴。

回望历史,日本关东大地震(1923年)已过去102年,阪神淡路大地震(1995年)30周年,东日本大地震(2011年)14周年,汶川地震（2008年）17周年。明年，则是唐山大地震（1976年）50周年。这些灾难警示我们：人类在大自然面前的脆弱从未改变。2025年3月28日，缅甸发生7.9级地震，再次提醒我们巨灾的威胁近在咫尺。正如贝原俊民先生在2011年成都那场研讨会上所说："过去，我们过于迷信科技的力量，却忽视了自然的不可控性。每一次灾难都在提醒我们，过度的索取与轻视自然，终会让我们付出代价。"

防灾减灾是一场永不停息的战斗，它需要刚性的制度与韧性的文化，其核心是对大自然的敬畏与对生命的尊重，是人与自然和谐共生的理念。愿《大灾害时代》的出版，能为中国的防灾减灾事业提供参考。

本书得以顺利出版，应感谢多位重要参与者的大力支持与辛勤付出。感谢原兵库县知事、兵库震灾纪念21世纪研究机构特别顾问井户敏三和日本国驻广州总领事贵岛善子。还要感谢兵库震灾纪念21世纪研究机构顾问片山启、阪神淡路大地震纪念馆人与防灾纪念中心部长河田惠昭，以及日本笹川日中友好基金会代表于展。

本书的翻译工作由三位译者共同完成，杨晶老师负责岩波现代文库版序言、前言及第一章，我负责第二、三章，王怡玲老师负责第四、五章。

秋原雅人

2025年5月12日，汶川地震17周年之际